镁合金腐蚀防护的理论与实践

卫英慧　许并社　等编著

U0318965

北　京
冶金工业出版社
2008

内 容 简 介

　　本书共分6章,在阐述镁及其合金基础理论的基础上,对镁合金在各种介质中的腐蚀机理和不同环境状况下的防护方法进行了较为全面的总结,突出介绍了目前应用最为广泛的镁合金薄壁压铸件的生产过程、后续表面处理以及相关的影响铸件性能的因素,并对目前高强镁合金的研究开发及合金设计、镁合金的防护新思路等热点问题进行了讨论。

　　本书适于从事轻合金材料的腐蚀与防护的工程技术人员,以及轻合金材料研究和应用专业方向的本科生、研究生阅读。

图书在版编目(CIP)数据

镁合金腐蚀防护的理论与实践/卫英慧等编著. —北京:
冶金工业出版社,2007.4(2008.5重印)
ISBN 978-7-5024-4232-3

Ⅰ.镁… Ⅱ.卫… Ⅲ.①镁合金 – 腐蚀 ②镁合金 – 防腐 Ⅳ.TG146.2

中国版本图书馆 CIP 数据核字(2007)第 043627 号

出 版 人　曹胜利
地　　址　北京北河沿大街嵩祝院北巷 39 号,邮编 100009
电　　话　(010)64027926　电子信箱　postmaster@cnmip.com.cn
责任编辑　马文欢　张 卫　张爱平　美术编辑 李 心 版式设计 张 青
责任校对　侯 珺　李文彦　责任印制　牛晓波
ISBN 978-7-5024-4232-3
北京鑫正大印刷有限公司印刷;冶金工业出版社发行;各地新华书店经销
2007 年 4 月第 1 版;2008 年 5 月第 2 次印刷
148 mm×210 mm;12 印张;354 千字;372 页;3001-6000 册
38.00 元
冶金工业出版社发行部　电话:(010)64044283　传真:(010)64027893
冶金书店　地址:北京东四西大街 46 号(100711)　电话:(010)65289081
　　　(本书如有印装质量问题,本社发行部负责退换)

前　言

　　近年来,随着全球经济的快速增长,人类对能源的需求也与日俱增。一方面要开发新能源,另一方面要节能降耗,而构件的轻量化正是实现后者的一个重要途径。镁及其合金由于密度小,比强度、比刚度高,具备了目前结构材料发展大趋势所必备的特点,因此受到了世界范围的广泛关注,其应用领域也在不断扩大。但是阻碍镁合金应用的主要问题包括两个方面,一是强度低,二是耐蚀性差。世界范围内的关于镁合金的研究和开发都主要集中在这两个方面,也取得了很多令人鼓舞的进展。我们课题组结合山西镁资源丰富的优势,与镁合金生产和产品开发企业合作,在镁合金的腐蚀与防护方面做了一些工作,对镁合金的腐蚀和防护基础理论有了更进一步的认识,并在生产实践中进行了验证,取得了较好的结果,促进了镁合金应用技术革新和科技进步,实现了较好的经济效益和社会效益。以此为基础,我们编著了本书,期望将一些心得和经验与同行交流,起到抛砖引玉的作用。

　　本书在对镁及其合金基本概念和基础理论阐述的基础上,收集了大量的文献,并结合我们的研究成果,重点对镁合金在各种介质中的腐蚀机理和不同环境状况下的防护方法进行了较为全面的总结;突出介绍了目前应用最为广泛的镁合金薄壁压铸件的生产过程、后续表面处理以及相关的影响铸件性能的因素等;最后对目前高强度镁合金的研究开发、高强镁合金的设计、镁合金腐蚀防护的新思路等热点问题进行了讨论。

　　参加本书编写的人员有太原理工大学的侯利锋(第1、第2和第4章)、余春燕(第3章)、卫英慧(第5章)、林万明(第6章)。全书由卫英慧负责统稿和校对。

　　本书在编著过程中得到了新材料界面科学与工程省部共建教育部重点实验室诸多人员的大力协助,特别是得到了郭耀文和余斌等镁合金专家的指导和帮助；出版工作得到了国家自然科学基金（50471070，50644041）、教育部新世纪优秀人才支持计划（NCET－04－0257）、山西省青年学科带头人基金以及山西省自然科学（青年）基金（20041023，20051050）的支持，在此表示诚挚的感谢！本书的完成，是本研究室全体人员，包括毕业于本研究室的研究生共同努力的结果，由于篇幅所限，具体人员不再一一列出，在此深表谢意。还要指出的是，本书的出版得到了冶金工业出版社，尤其是张卫先生的大力支持，我们在此也表示衷心的感谢。

　　由于编著者业务水平和工作经验所限，书中存在的疏漏和不足之处，热忱希望广大读者、同行惠予指正。

　　书中的许多资料来自国内外文献及已出版的各种手册，尤其选用了其中的一些图表，在此对这些作者一并致谢。

太原理工大学新材料界面科学与

工程省部共建教育部重点实验室

卫英慧

2006 年 11 月于太原

目　录

1 纯镁的性质与特点

镁是地球上第八大富有元素,分别占地球壳层质量的 1.93%[●] 和海洋质量的 0.13%。作为结构材料,它是以合金的形式出现,具有高的比强度和比刚度,低的密度(密度是铝的 2/3,是铁的 1/4),高的导热性,高的尺寸稳定性,良好的电磁屏蔽性能,高的抗冲击性能以及优良的机加工性能,并能回收循环再利用[1]。这些特点使其在许多领域得到了广泛的应用,如用于制造汽车和计算机零部件、航空部件、移动电话结构件、体育器材、手动工具和家用设备等。镁及其合金由于具有较低的密度和良好的生物兼容性,在医疗上也可作为植入用材料[2]。同时,世界上有限的资源储存和燃料消耗后释放的产物所带来的严重环境污染,促使人们在日益发达的汽车工业上大力推进构件轻量化以降低能耗,镁合金在这方面大有作为,在降低重量的同时不会牺牲结构强度。

1.1 镁的性质

镁的原子序数为 12,相对原子质量为 24.32,电子结构为 $1s^2 2s^2 2p^6 3s^2$,位于元素周期表中第 3 周期第 ⅡA 族,镁的晶体结构为密排六方(hcp)。在 298 K 时,镁的晶格常数为 $a = 0.3202$ nm,$c = 0.5199$ nm,晶胞的轴比为 $c/a = 1.6237$[2]。配位数等于 12 时的原子半径为 0.162 nm。镁单胞内沿主要晶面和晶轴方向的原子排列如图 1-1 所示。镁晶格常数 a 和 c 与温度的关系如图 1-2 所示。

1.1.1 镁的一些物理性质

表 1-1、表 1-2 和表 1-3 分别列出了纯镁的一些重要物理参数、不同纯度纯镁的密度以及一些物理参数随温度的变化情况[2,3]。

[●] 如不特别注明,均为质量分数。

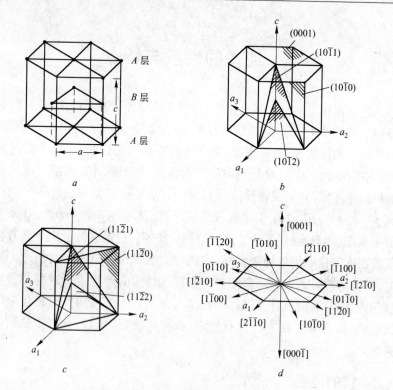

图 1-1 镁单胞的原子结构

a—原子位置;b—基面、晶面和[1$\bar{2}$10]区的主要晶面;
c—[1$\bar{1}$00]区主要晶面;d—主要晶向

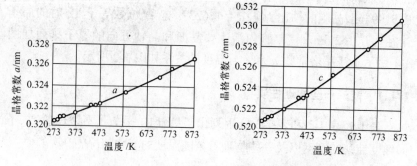

图 1-2 镁晶格常数 a、c 与温度的关系曲线

表 1-1 纯镁的一些重要的物理参数

熔点/K	沸点/K	燃烧热/kJ·kg⁻¹	熔化热/kJ·kg⁻¹	感应电流透入深度/μm			
				1 MHz	10 MHz	100 MHz	1000 MHz
923±1	1380±3	25020	368	108	34.2	10.8	3.42

再结晶开始温度/K	在固态下的收缩率/%	弹性模量 E/MPa	热导率/W·(m·K)⁻¹	液态下的黏度/mPa·s
423	2.0	45000	155	1.25

表 1-2 不同纯度的镁的密度

镁的纯度/%	99.99	99.95	99.94	99.90	99.0
在 293K 时的密度/g·cm⁻³	1.7388	1.7387	1.7386	1.7381	1.7370
状 态	变形	变形	变形	变形	砂型铸

表 1-3 纯镁的一些物理参数随温度的变化

温度/K	195	273	293	373	473	573
密度/g·cm⁻³			1.738	1.724		
比热容/kJ·(kg·K)⁻¹			1.025	1.034		
原子热容量/J·(mol·K)⁻¹	22.105	24.394	24.752	25.833	26.879	27.882

温度/K	673	873	923(固)	923(液)	943(液)	973(液)
密度/g·cm⁻³	1.692	1.622	1.610	1.580	1.562	1.544
比热容/kJ·(kg·K)⁻¹		1.327	1.360	1.322		
原子热容量/J·(mol·K)⁻¹	28.966	31.508	32.235			

1.1.1.1 热学性质

镁在 293 K 的体积比热容为 $1.025\,kJ/(kg·K)$，比所有其他金属的比热容都低(见表 1-4)。另外，合金元素对镁的热容影响不大，所以镁及其合金加热和散热都比其他的金属快。

表 1-4　室温下镁及其他金属的体积热容比较[4]

金　属	镁	铝	钛	镍	铜	铁	锌	钼	银	钽
比热容 /kJ·(kg·K)$^{-1}$	1.025	2430	2394	4192	3459	3521	2727	2815	2468	2307

不同温度下多晶镁的线胀系数见表 1-5。合金元素对镁的线膨胀系数的影响如图 1-3 所示。

表 1-5　不同温度下镁的线胀系数

温度/K	线胀系数/K^{-1}	温度区间/K	线胀系数/K^{-1}
23	$0.63×10^{-6}$	293~373	$26.1×10^{-6}$
48	$5.4×10^{-6}$	293~473	$27.1×10^{-6}$
73	$11.0×10^{-6}$	293~573	$28.0×10^{-6}$
123	$17.9×10^{-6}$	293~673	$29.0×10^{-6}$
173	$21.8×10^{-6}$	293~773	$29.9×10^{-6}$
223	$23.8×10^{-6}$		

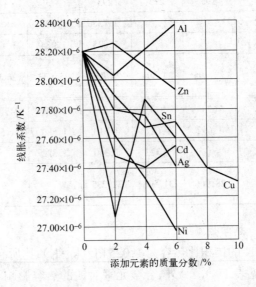

图 1-3　合金元素对镁的线胀系数的影响(273~573K)

表 1-6 中列出了纯镁的低温和高温热导率测量值。表 1-7 给出了根据 Bungardt 和 Kallenbach 公式计算出的纯镁的热导率值。

表 1-6 镁的热导率测量值[5]

温	度	热导率 k	温	度	热导率 k	温	度	热导率 k
/K	/℃	/W·(m·K)$^{-1}$	/K	/℃	/W·(m·K)$^{-1}$	/K	/℃	/W·(m·K)$^{-1}$
1	−272	986	15	−258	4110	150	−123	161
2	−271	1960	20	−253	2720	200	−73	159
3	−270	2900	30	−243	1290	250	−23	157
4	−269	3760	40	−233	719	300	27	156
5	−268	4500	50	−223	465	350	77	155
6	−267	5080	60	−213	327	400	127	153
7	−266	5470	70	−203	249	500	227	151
8	−265	5670	80	−193	202	600	327	149
9	−264	5700	90	−183	178			
10	−263	5580	100	−173	169			

表 1-7 镁的热导率的计算值

温度/K	热导率 k /W·(m·K)$^{-1}$	温度/K	热导率 k /W·(m·K)$^{-1}$	温度/K	热导率 k /W·(m·K)$^{-1}$	温度/K	热导率 k /W·(m·K)$^{-1}$
255	155.7	311	154.1	477	152.8	644	153.7
273	155.3	366	153.7	533	152.8	700	154.1
293	154.5	422	153.2	589	153.2	755	154.9

Bungardt 和 Kallenbach 公式为:

$$k = 22.6T/\rho + 0.0167T$$

式中, k 为热导率; ρ 为电阻率; T 为绝对温度。

镁中添加合金元素后,热导率一般呈下降趋势,图 1-4 所示为几种常见合金元素对镁导热率的影响。

293 K 下镁的比热容 c_p 为 1.025 kJ/(kg·K),比热容与温度的关系如图 1-5 所示。表 1-8 中列出了镁的部分蒸汽压值。镁的蒸汽压与温度的关系如图 1-6 所示。

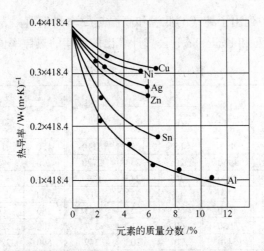

图 1-4　几种常见的合金元素对镁热导率的影响

表 1-8　镁的部分蒸汽压值

温度/K	蒸汽压/Pa	温度/K	蒸汽压/Pa	温度/K	蒸汽压/Pa
给定温度下的蒸汽压		923(液体)	3.65×10^7	551	1.02×10^2
298.15	1.54×10^{-10}	1000	1.40×10^8	594	1.02×10^3
400	5.34×10^{-4}	1100	5.92×10^8	644	1.02×10^4
500	4.00×10^0	1200	1.96×10^9	703	1.02×10^5
600	1.42×10^3	1300	5.28×10^9	776	1.02×10^6
700	9.16×10^4	1370	1.02×10^{10}	865	1.02×10^7
800	2.05×10^6	1400	1.23×10^{10}	982	1.02×10^8
900	2.27×10^7	给定蒸汽压时的温度		1143	1.02×10^9
923(固体)	3.65×10^7	482	1.02×10^0	1376	1.02×10^6
		514	1.02×10^1		

　　镁在 30 K 以上的德拜特征温度 θ 为 326 K。741 K 下镁的自扩散系数为 4.4×10^{-10} cm$^2 \cdot$ s^{-1}。

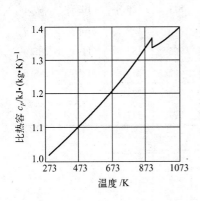
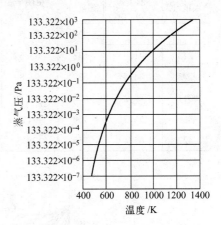

图 1-5　纯镁的比热容与温度的关系　　图 1-6　纯镁的蒸汽压与温度的关系

1.1.1.2　电学性质

纯镁的一些电学性质如表 1-9 所示。室温下合金元素对镁电导率的影响如图 1-7 所示。镁的电阻率随温度变化如图 1-8 所示。多晶固态镁和液态镁的电阻率见表 1-10。相对标准氢电极,镁的标准电极电位为 -2.37 V;Mg^+ 的离子电位为 7.65 eV;Mg^{2+} 的离子电位为 15.05 eV。

表 1-9　纯镁的一些电学性质

电导率 /%IACS[①]	电阻率 ρ(293 K) /nΩ·m		电阻温度系数(293 K) /nΩ·m·K^{-1}		接触电极电位 /mV	
	a 轴向	c 轴向	a 轴向	c 轴向	参比电极 饱和甘汞 (298 K)	参比电极 铜(300 K)
38.6	45.3	37.8	0.165	0.143	44	-0.222

① IACS 为 International annealed copper standard 的简写。

表 1-10　不同温度下镁的电阻率

温度/K	电阻率/nΩ·m	温度/K	电阻率/nΩ·m	温度/K	电阻率/nΩ·m	温度/K	电阻率/nΩ·m
固　态		477	74.5	811	129.8	1033	280.1
273	41.0	533	83.6	866	139.5	1089	282.9
293	44.5	589	92.8	923	153.5	1144	285.6
311	47.2	644	101.9	液　态		1200	288.5
366	56.3	700	111.1	923	274.0		
422	65.4	755	120.3	977	277.4		

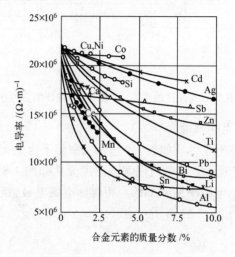

图 1-7　合金元素对电导率的影响

1.1.1.3　磁学性质[6]

纯镁的磁化率为 $(6.27 \sim 6.32) \times 10^{-3}$ mks,磁导率为 1.000012,霍尔系数为 -1.06×10^{-16} Ω·m·(A·m)$^{-1}$。

1.1.1.4　光学性质[6]

镁具有金属光泽,呈亮白色。入射光波长为 0.50 μm 时,镁的反射率为 0.72;波长为 1.00 μm 时,反射率为 0.74;波长为 3.0 μm 时,反射率为 0.8;波长为 9.0 μm 时,反射率为 0.93;日光吸收率为 0.31。295 K 下辐射系数为 0.07。波长为 0.589 μm 时,吸收率为 4.42,折射

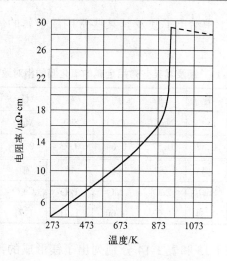

图 1-8　温度对纯镁电阻率的影响

率为 0.37。

1.1.1.5　声学性质[6]

声波在拉拔并退火的镁材中的传播速度为 5.77 $km \cdot s^{-1}$；横波传播速度为 3.05 $km \cdot s^{-1}$；纵波传播速度为 4.94 $km \cdot s^{-1}$。

1.1.2　化学性质[7]

镁在金属中是电化学顺序最后的一个，因此镁具有很高的化学活性。镁在潮湿的大气、海水、无机酸及其盐类、有机酸、甲醇等介质中均会引起剧烈的腐蚀，但镁在干燥的大气、碳酸盐、氟化物、铬酸盐、氢氧化钠溶液、苯、四氯化碳、汽油、煤油及不含水和酸的润滑油中却很稳定。在室温下，镁的表面与空气中的氧起作用，形成保护性的氧化镁薄膜，但是由于氧化镁薄膜比较脆，而且也不像氧化铝薄膜那样致密，故其耐蚀性很差。氧化镁薄膜的致密系数 α 可由下式计算[8]。

$$\alpha = \frac{m_{MgO} / \rho_{MgO}}{m_{Mg} / \rho_{Mg}} = 0.79$$

式中，m_{MgO} 和 m_{Mg} 分别为氧化镁和镁的相对分子质量；ρ_{MgO} 和 ρ_{Mg} 分别是氧化镁和镁的密度。

由于 $\alpha < 1$，所以镁氧化后生成氧化镁的体积缩小，镁的氧化膜是

疏松的。表 1-11 中给出了镁及其某些常用的金属的氧化物薄膜的相对致密度。

表 1-11　镁及其某些常用金属的氧化膜的相对致密度

金属	钾	锂	钠	钙	硅	镁	镉	铝
氧化物	K_2O	Li_2O	Na_2O	CaO	SiO_2	MgO	CdO	Al_2O_3
α 值	0.41	0.57	0.57	0.64	0.73	0.79	1.21	1.24
金属	铅	锡	锌	镍	铍	铜	铬	铁
氧化物	PbO	SnO_2	ZnO	NiO	BeO	Cu_2O	Cr_2O_3	Fe_2O_3
α 值	1.29	1.34	1.57	1.60	1.71	1.71	2.03	2.16

表 1-12、表 1-13 和表 1-14 分别列出了镁形成的部分化合物的生成热、镁形成的金属间化合物的生成热和这些化合物的性质。表 1-15 为镁在不同介质中的腐蚀情况。

表 1-12　镁的化合物的生成热

名　称	分 子 式	生 成 反 应	生成热/$J \cdot mol^{-1}$
氯化镁	$MgCl_2$	$Mg + Cl_2$	$+6.34 \times 10^5$
氧化镁	MgO	$Mg + 1/2O_2$	$+6.12 \times 10^5$
氢氧化镁	$Mg(OH)_2$	$Mg + O_2 + H_2$	$+9.13 \times 10^5$
氮化镁	Mg_3N_2	$3Mg + N_2$	$+5.03 \times 10^5$
硫酸镁	$MgSO_4$	$Mg + S$ 斜方 $+ 2O_2$	$+1.27 \times 10^5$
碳酸镁	$MgCO_3$(沉淀)	$Mg + C + 3O$	$+1.12 \times 10^5$

表 1-13　某些镁的金属间化合物的生成热

金属间化合物	生成热/$J \cdot mol^{-1}$	金属间化合物	生成热/$J \cdot mol^{-1}$	金属间化合物	生成热/$J \cdot mol^{-1}$
$Mg_{17}Al_{12}$	2.94×10^4	Mg_3La	1.34×10^4	Mg_3Ce	1.81×10^4
MgCd	1.93×10^4	Mg_2Sn	8.40×10^4	MgCe	2.73×10^4
Mg_4Ca_3	2.56×10^4	Mg_3Pr	1.78×10^4	MgZn	1.76×10^4
MgLa	1.22×10^4	MgPr	1.72×10^4		

表 1-14 某些镁化合物的性质

名　称	分子式	相对分子质量	颜色	结晶系	密度 /g·cm^{-3}	熔点/K	沸点/K
氮化镁	Mg_3N_2	100.98	黄绿色				
氢氧化镁	$Mg(OH)_2$	58.34	无色	Ⅲ	2.36		
偏硅酸镁	$MgSiO_3$	100.38	无色	Ⅳ Ⅴ	3.16 2.85	1833	
氧化镁	MgO	40.32	白色	Ⅰ	3.2~3.7	<2773	3073
硫酸镁	$MgSO_4$	120.39	白色		2.66	1393	
七水硫酸镁	$MgSO_4·7H_2O$	246.50	无色	Ⅳ,Ⅴ	1.68(Ⅳ)		
碳酸镁	$MgCO_3$	84.32	白色	Ⅲ,Ⅳ	3.04		
氯化镁	$MgCl_2$	95.24	无色	Ⅲ	1.32	991	

表 1-15 镁在各种介质中的腐蚀情况

介质种类	腐蚀情况	介质种类	腐蚀情况
淡水、海水、潮湿大气	腐蚀破坏	甲醚、乙醚、丙酮	不腐蚀
有机酸及其盐类	强烈腐蚀破坏	石油、汽油、煤油	不腐蚀
无机酸及其盐类（不包括氟盐）	强烈腐蚀破坏	芳香族化合物（苯、甲苯、二甲苯、酚、萘、蒽）	不腐蚀
氨溶液、氢氧化铵	强烈腐蚀破坏		
甲醛、乙醛、三氯乙醛	腐蚀破坏	氢氧化钠溶液	不腐蚀
无水乙醇	不腐蚀	干燥的空气	不腐蚀

1.1.3 力学性质

293 K 下,纯度为 99.98％时,镁的动态弹性模量为 44 GPa,静态的弹性模量为 40 GPa;纯度为 99.80％时,镁的动态弹性模量为 45 GPa,静态弹性模量为 43 GPa。随着温度的提高,镁的弹性模量下降,弹性模量与温度的关系如图 1-9 所示。纯镁的泊松比为 0.33。纯镁的蠕变断裂数据如图 1-10 所示。阻尼性能如图 1-11 所示。

室温下镁的力学性质见表 1-16。温度和应变速率对镁拉伸性能的影响如图 1-12 和图 1-13 所示。可以看出,纯镁不论是铸态的还是

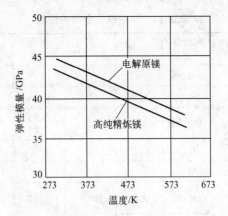

图 1-9　纯镁的弹性模量与温度的关系[9]

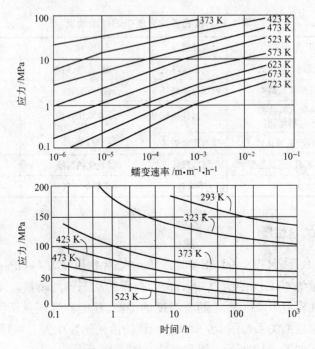

图 1-10　纯镁的蠕变速率与应力和温度的关系

变形态,其强度均较低,塑性较差。这是因为其晶体结构主滑移面为基

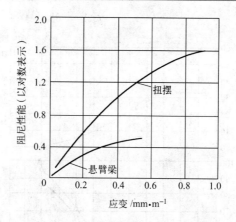

图 1-11　纯镁的蠕变断裂寿命与应力和温度的关系

面(0001),滑移系数目较少造成的,且其临界切应力也只有$(48\sim49)\times10^5$ Pa。当温度提高到 $423\sim498$ K 时,由于棱柱面$(10\bar{1}0)$和棱锥面$(10\bar{1}1)$也开始参与滑移,因而高温塑性较好,在 373 K、473 K、523 K 和 573 K,其伸长率可分别达到 18%、28%、40% 和 58%,故可进行各种形式的热变形加工。

表 1-16　室温下纯镁的力学性质[6,7]

加工状态及试样的规格	抗拉强度 σ_b/MPa	屈服强度 σ_s/MPa	弹性模量 E/GPa	伸长率 δ/%	断面收缩率 ψ/%	硬　　　度	
铸态	11.5	2.5	45	8	9	30(HBS)	
变形状态	20.0	9.0	45	11.5	12.5	36(HBS)	
砂型铸件 ϕ13 mm	90	21		$2\sim6$		16(HRE)	30(HB)
挤压件 ϕ13 mm	$165\sim205$	$69\sim105$		$5\sim8$		26(HRE)	35(HB)
冷轧薄板	$180\sim220$	$115\sim140$		$2\sim10$		$48\sim54$ (HRE)	$45\sim47$ (HB)
退火薄板	$160\sim195$	$90\sim105$		$3\sim15$		$37\sim39$ (HRE)	$40\sim41$ (HB)

镁属于密排六方晶体结构,虽然这种结构的体致密度和原子配位数与面心立方晶体相同,但由于两种晶体原子密排面的堆垛方式不同,

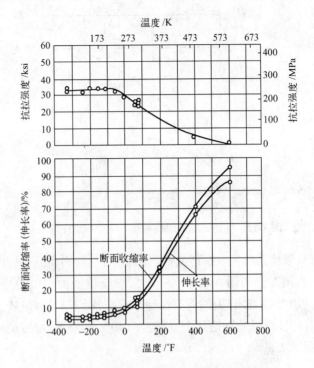

图 1-12　试验温度对镁拉伸性能的影响[5]

(挤压态试棒直径为 15.875 mm,应变速率为 1.27 mm·min⁻¹)

晶体的塑性变形能力相差悬殊。面心立方晶体具有 12 个滑移系,而密排六方晶体在室温下只有 1 个滑移面(0001),也称基面。滑移面上的 3 个密排方向[1120]、[2110]和[1210]与滑移面组成了这类晶体的滑移系,即密排六方晶体在室温下只有 3 个滑移系,其塑性比面心和体心立方晶体都低,塑性变形需要更多地依赖于孪生来进行。因此,密排六方晶体金属的塑性变形依赖于滑移与孪生的协调动作,并最终受制于孪生;滑移与孪生的协调动作是此类金属和合金塑性变形的一个重要的特征。实际上,同为密排六方晶体的金属,但如果轴比不同,晶体的塑性变形能力也存在着很大差异,例如,锌的塑性就比镁的要高得多,拉伸时锌多晶体的伸长率大约为 40%,而镁多晶体的只有 10%,锌是镁的 4 倍。可见,要了解和掌握镁的塑性变形能力,必须对其晶体结构

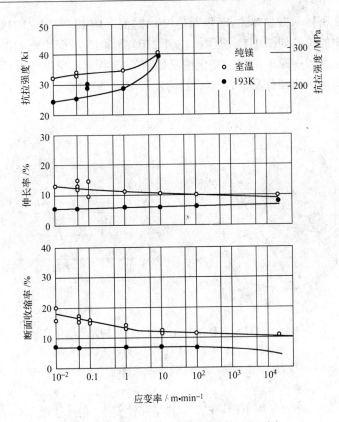

图 1-13　应变速率对镁拉伸性能的影响[5]

中孪晶的微观特征进行细致的分析。图 1-14 是镁孪生前后密排六方晶体中(0001)晶面上的原子的二维排列图形。

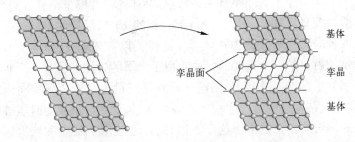

图 1-14　密排六方晶体中(0001)晶面上原子孪生前后的二维排列图形

在密排六方晶体中,孪生面是$(10\bar{1}2)$面,$(10\bar{1}2)$与$(1\bar{2}10)$晶面在晶胞中的位向如图 1-15 所示。在$(1\bar{2}10)$晶面上,沿孪生面$(10\bar{1}2)$两侧孪生过程中原子排列的变化情况如图 1-15 所示。孪生结束后,沿孪生面两侧的两部分晶体以$(10\bar{1}2)$为镜面对称,形成孪晶。

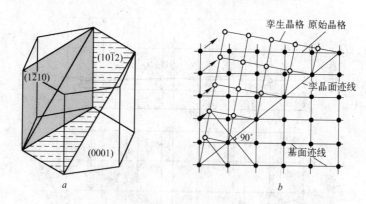

图 1-15　密排六方晶体中$(1\bar{2}10)$上孪生的原子偏移情况

a—密排六方晶胞中$(1\bar{2}10)$、(0001)晶面和$(10\bar{1}2)$孪晶面;

b—$(1\bar{2}10)$晶面上孪生前后的原子排列情况(箭头表示孪生方向)

金属在外力作用下,首先发生的是弹性变形,在弹性范围内应力与应变符合胡克定律:$\sigma = E\varepsilon$ 或者 $\tau = G\gamma$,式中 σ、τ 分别为拉应力和切应力;ε、γ 分别为正应变和切应变;E 和 G 分别为弹性模量和切变模量。金属的弹性模量 E 的大小取决于原子间的结合力,而原子间结合力的大小又与原子的间距有关,所以单晶体的弹性模量是有方向性的。镁的弹性模量比较低,约为铝的 60%,钢的 20%,但镁的单晶体的弹性模量的各向异性不像锌、镉那样大(见表 1-17)。较低的弹性模量是镁作为结构材料的一个重要的特性。由于金属的弹性模量是一个对组织不敏感的指标,因此镁合金同镁一样弹性模量也很低。当受同样外力时,镁合金结构件能够产生较大的弹性变形,受到冲击载荷时能够吸收较大的冲击功。正是由于这个原因,镁合金被用于制造飞机起落架和赛车的轮毂,民用工业中用于风动工具的零件。

表 1-17 HCP 金属 Mg、Zn、Cd 及 A1 的单晶体与多晶体的弹性模量

金属	单 晶 体								多 晶 体	
	E_{max}/GPa	方位[1]	E_{min}/GPa	方位[1]	G_{max}/GPa	方位[1]	G_{min}/GPa	方位[1]	E[2]/GPa	G[2]/GPa
Al	77	[100]	64	[111]	29	[100]	25	[111]	72	27
Mg	51.4	0°	43.7	53.3	18.4		17.1		45	18
Zn	126.3	70.2°	35.6	0°	49.7		27.8		100	37
Cd	83	90°	28.8	0°	25.1		18.4		51	22

① 密排六方单晶体的方位是指外力与晶轴所成的角度。

② 多晶体的弹性模量和切变模量具有伪各向同性,表现为单晶体在各个方向上的平均值。

1.2 镁的分类和牌号

表 1-18 和表 1-19 分别给出了重熔用镁锭和工业纯镁的牌号及化学成分。表 1-20 为世界主要国家镁锭牌号对照。

表 1-18 重熔用镁锭牌号与化学成分[10]

级别	牌 号	化学成分(质量分数)/%									
		Mg≥	杂质元素≤								杂质总和
			Fe	Si	Ni	Cu	Al	Cl	Mn	Ti	
特级	Mg99.96	99.96	0.004	0.004	0.0002	0.002	0.006	0.003	0.003		0.04
一级	Mg99.95	99.95	0.004	0.005	0.0007	0,003	0.006	0.003	0.01	0.014	0.05
二级	Mg99.90	99.90	0.04	0.01	0.001	0.004	0.02	0.005	0.03		0.10
三级	Mg99.80	99.80	0.05	0.03	0.002	0.02	0.05	0.005	0.06		0.20

表 1-19 纯镁的牌号与规格[7]

牌 号	化学成分(质量分数)/%					
	Mg≤	杂质元素≤				
		Si	Ni	Cr	Al	Cl
1 号纯镁	99.95	0.01		0.005	0.01	0.003
2 号纯镁	99.92	0.01	0.001	0.01	0.02	0.005
3 号纯镁	99.85	0.03	0.002	0.02	0.05	0.005

表 1-20　镁锭牌号对照[10]

相　应　牌　号							
中　国	欧共体			ISO	日　本 JIS	俄罗斯 ГОСТ	美　国
	德国	法国	英国				
Mg99.96						МГ-96	
Mg99.95	EN MB99.95A(B)			M-99.95		МГ-95	9995A
Mg99.90					1 级	МГ-90	9990A
Mg99.80	EN MB99.80A(B)			M-99.80	2 级		9980A(B)

注:相应牌号只是化学成分接近,并不是完全相同。

1.3　镁的冶炼方法[5,6,11]

根据资源和种类的不同,目前生产镁的方法有两大类,即氯化熔盐电解法和热还原法。表 1-21 是利用氯化熔盐电解法和热还原法生产镁的化学反应及所需能量的对比情况[11]。

表 1-21　氯化熔盐电解法和热还原法生产镁的化学反应及所需的能量

生产方法	反应方程式	能量消耗/J		
		理论值	电解过程	全部过程
电解法	$MgCl_2(l) = Mg(l) + Cl_2(g)$	2.5×10^7 $(t=655℃)$	$(4.0 \sim 6.8)$ $\times 10^7$	$(8.3 \sim 11.2)$ $\times 10^7$
热还原法	$2CaO \cdot MgO + (xFe)Si + nAl_2O_3$ $= xFe + SiO_2 \cdot 2CaO \cdot nAl_2O_3(l) + 2Mg(g)$	1.9×10^7 $(t=1550℃)$		$(11.5 \sim 12.6)$ $\times 10^7$

注:表中 l 和 g 分别指液态和气态。

1.3.1　电解法

氯化熔盐电解法包括氯化镁的生产及电解制镁两大过程。该方法又可分为以菱镁矿为原料的无水氯化镁电解法和以海水为原料制取无水氯化镁的电解法,其中后者最大的难点是如何去除 $MgCl_2 \cdot 6H_2O$ 中的结晶水。一般来说,采用普通的加热法可以去除部分结晶水,生成

$MgCl_2 \cdot (3/2)H_2O$。但是 $MgCl_2 \cdot (3/2)H_2O$ 在空气中加热时很容易发生水解反应，生成不利于电解过程的杂质，如 $Mg(OH)_2$。现在镁的电解方法已有多种，但基本原理都相同，其中最有代表性并历史悠久的 3 种，即道屋(DOW)工艺、IG 法奔(I. G. Farben)工艺和曼格诺拉(Magnola)工艺等，前两者的差别在于 $MgCl_2$ 水合作用的程度和电解槽的特征。

1916 年道屋工艺在美国 Michigan 的 Midland 首次得到应用。当时所用的制备 $MgCl_2$ 的方法是将海水与煅烧白云石一起制成浆体，与盐酸反应，生成氯化镁溶液，将其浓缩并干燥处理后生成 $MgCl_2 \cdot (3/2)H_2O$。这种原料直接加入电解槽内进行反应，即可得到纯镁。副产物氯气可以回收利用。

1941 年道屋化学公司在塔克斯自由港建立了一个工厂，从海水中提取镁的电解原料。海水由引水槽引入，滤过淤泥后导入沉淀池内，与石灰混合，过滤后与 20% HCl 反应生成 $MgCl_2$，蒸发后得到固体的氯化镁，然后经干燥炉干燥得到低水合氯化镁[$MgCl_2 \cdot (3/2)H_2O$]，成为道屋工艺电解制镁的原料。

许多生产厂家都采用与道屋工艺类似的方法电解海水来生产镁（见图 1-16），主要的区别在于提取无水氯化镁的方法不同。道屋化学公司通过在含大量 $MgCl_2$、$NaCl$ 和 $CaCl_2$ 混合溶液的电解池中直接加入少量部分脱水氯化物来迅速脱水。挪威诺斯克－希德罗(Norsk-Hydro)公司是欧洲主要的镁生产商，他们通过在干燥的氯化氢气氛中加热 $MgCl_2 \cdot 6H_2O$ 来实现完全脱水。前苏联则主要采用往电解池中加入无水光卤石来脱水。最近，澳大利亚金属镁公司开发了一种制备无水氯化镁原料的全新的工艺，在氯化镁溶液中加入一种称为 Gylol 的物质，蒸馏脱水，然后喷雾氨生成六氨合氯化镁，接着焙烧制备高质量的无水氯化镁。在该工艺中，溶剂和氨都可以循环使用。

IG 法奔工艺在 20 世纪初期由德国 IG 法奔工业公司首先使用，欧洲的主要镁生产商海德鲁公司也曾经使用过这种方法。IG 法奔工艺是用从矿物或海水中得到的干 MgO 与还原剂（例如煤粉）和 $MgCl_2$ 溶液制成团块，先经过轻微煅烧，在约 1373 K 氯化生产熔融无水 $MgCl_2$后，直接送往约 1023 K 的电解槽中。在电解槽中加入其他的氯化物如

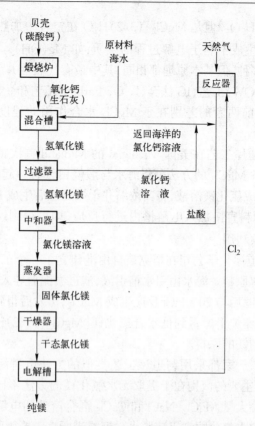

图 1-16　道屋工艺生产镁的流程[5]

NaCl 和 CaCl$_2$，以改善电解液的导电性、黏性和密度。每个槽内部相对地挂着石墨阳极和铸钢阴极。镁以小滴的形式聚集在阴极表面上，然后上升到电解液液面上，而氯在阳极析出后返回循环使用，以生产电解槽起始用的 MgCl$_2$ 原料。

　　曼格诺拉工艺利用蛇纹石❶ 中的氯化镁进行电解来生产镁。工艺过程如图 1-17 所示。采用浓盐酸浸泡石棉矿尾渣制备氯化镁溶液，

---

❶　蛇纹石，因其外表分化呈灰白、石红色网纹，似蛇皮而得名。主要用作烧制钙镁磷肥、炼钢熔剂、耐火材料、建筑用板材、雕刻工艺、提取氧化镁和多孔氧化硅，还用于医疗方面，净化高氟水，制造氟宁片等。

通过调节 pH 值和离子交换技术生产浓缩的超高纯度 $MgCl_2$ 溶液,然后进行脱水和电解。加拿大也开发了这种工艺,利用石棉矿尾渣中的硅酸镁来制备镁。

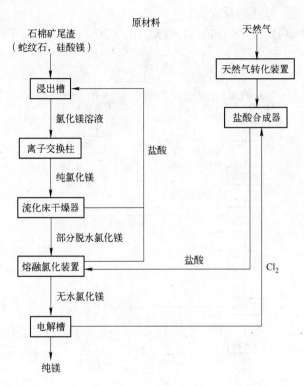

图 1-17 曼格诺拉工艺生产镁的流程[13]

1.3.2 热还原法

热还原法根据还原剂不同,又分为硅热法、碳化物热还原法和炭热法,其中后两种在工业上较少采用。硅热法又分为外热法和内热法。采用铁还原氧化镁生产金属镁的工艺有皮江工艺和马格内瑟姆工艺。皮江工艺属于外热法;马格内瑟姆工艺属于内热法,根据生产的连续性又分为间歇式和半连续式。

1941 年加拿大科学家 L. M. Pidgeon 教授发明了一种硅热还原

炼镁工艺,如图 1-18 所示。该工艺将煅烧后的白云石和纯硅按一定的比例磨成细粉,压成团块,装在由耐热合金制成的蒸馏器内,在 1423～1473 K 及 1.33～13.3 Pa 条件下还原得到镁蒸汽,冷凝结晶成固态镁,再熔成镁锭。其还原反应为:

$$2(CaO \cdot MgO)(s) + Si(Fe)(s) = 2Mg(g) + 2CaO \cdot SiO_2(s) + Fe(Si)(s)$$

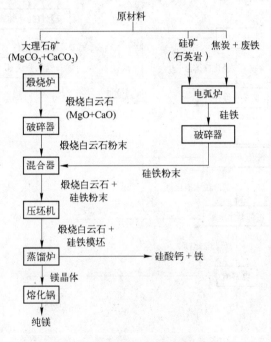

图 1-18　皮江法生产镁的流程[5]

该工艺投资少,产品质量高,但不能连续生产,成本比电解法的高。加拿大、中国和印度均建有采用皮江工艺生产镁的工厂,特别是近年来国内很多中小型企业采用皮江工艺生产镁,使原镁产量急剧的增加。

马格内瑟姆工艺是第二次世界大战后不久由法国发展起来的一种镁生产新工艺。与皮江工艺相比,该工艺的反应温度高,生成的熔渣为液态,可以直接抽出而不破坏设备内的真空。马格内瑟姆工艺采用了一个钢的外壳内砌有保温材料及炭素内材的密封还原炉,采用电阻材料内部加热。炉料中除煅烧白云石和硅铁外,还有煅烧铝土矿。在配制炉料时,应使炉渣的摩尔比为: $w(CaO)/w(SiO_2) \leqslant 1.8$, $w(Al_2O_3)/w(SiO_2) \geqslant 0.26$。加入铝土矿的主要目的是为了降低熔渣的熔点,利用熔渣通电产生的热量来加热炉料并保持炉内温度 1723～1773K,连续加料、间断排渣和出镁,为半连续生产。其还原反应为

$$2(CaO \cdot MgO)(s) + Si(Fe)(s) + 0.3Al_2O_3(s)$$
$$= 2Mg(g) + 2CaO \cdot SiO_2 \cdot 0.3Al_2O_3(l) + Fe(Si)(s)$$

马格内瑟姆工艺设备生产能力大,成本高,工艺流程如图 1-19 所示。尽管这种工艺生产的纯镁纯度较低,但该种方法具有生产连续化、单体设备产能大、不产生污染环境的气体等特点。20 世纪 70 年代以来,法国、美国和前南斯拉夫等都建立了采用马格内瑟姆工艺制镁的工厂。

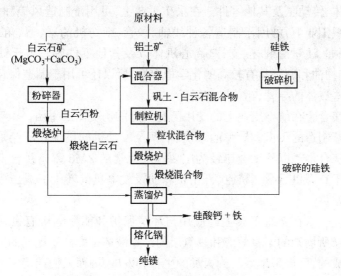

图 1-19 马格内瑟姆法生产镁的流程[5]

电解法和热还原法生产的粗镁中还含有少量的金属和非金属杂质,一般用熔剂或 SF$_6$ 精炼,使镁达到 99.85% 以上的纯度,或合金化后制成镁锭和毛坯,就可作为商品在市场上销售了。目前世界上有 17 个国家能生产镁,总的生产能力可以达到 50 万 t,年产量及消耗量在 40 多万 t。中国是镁的资源大国,同时也是镁的生产大国,目前产量居世界第一,但是中国的镁的应用十分落后,所生产的镁几乎全部用于出口。

1.4　纯镁的用途

纯镁比较软,不能直接作为结构材料使用。因此一般情况下,镁都是以合金的形式出现。镁合金的主要特点是密度低、比刚度和比强度高,因而在航空、航天、交通工具、3C 产品(computer, communication and consumer electronics)、纺织和印刷工业等领域得到了广泛的应用。

到目前为止,汽车上已经有 80 多个零部件采用了镁合金,综合看来,有 7 种部件的镁合金的使用频率较高,它们是仪表盘基座、座位框架、方向盘轴、发动机的阀盖、变速箱的壳体、进气的歧管、汽车的车身。镁合金还可用于摩托车和自行车的生产,制造发动机机匣、分配盒盖、轴承体、传动匣及其他零件。在采矿工业上,可用于制造风镐和风钻。在纺织工业上,可用于制造各种线轴、沙管、细纺机的罩、盖、角铁、轴瓦、刷握、注润滑剂杯、支柱、离心机体以及其他零件等。由于镁对燃料、矿物油和碱等具有较高的化学稳定性,所以还可用于制造保存和运送这些液体的导管、箱体和储罐等。

镁合金在航空工业上的应用已有一定的历史。20 世纪 50 年代一些国家制造的飞机和导弹的蒙皮、框架及发动机的机匣就已经采用了稀土镁合金。以稀土金属钕为主要添加元素的 ZM6 铸造镁合金已扩大用于直升机后减速机匣、歼击机翼肋及发电机的转子引线压板等重要的零件。

镁合金在交通工具上的应用与环境保护和能源危机有密切的关系。众所周知的温室效应和臭氧层的严重破坏是由汽车尾气的大量排放造成的,已严重地威胁到人类的生存和发展,因而人们期待着用镁合金作为轻质材料应用于汽车,以减轻汽车的重量、节约能源、降低污染、改善环境,世界许多国家目前正努力致力于开发新型镁基合金材料,这种材料被公认为是 21 世纪最具开发和应用潜力的"绿色材料"和机械构件轻量化的"明星"[14,15]。

镁燃烧时,会形成白亮而耀眼的火焰。镁的这种特征在生活中用于节日的烟火,在军事中用于制作信号弹、照明弹、曳光弹和燃烧弹等。

镁在工业上主要可用作铝的合金化元素、钢铁的脱硫脱氧剂、球墨铸铁、还原剂及阳极保护材料等。

镁也是人体不可或缺的元素。镁在人的肌体内起催化剂和激活剂的作用。除有助于钙元素、维生素和碳水化合物的新陈代谢外,还可使中老年人精力充沛、增强活力。它还可以激活全身的几百个酶系,有助于人体的生长、细胞的生存、肌肉功能及神经活动。缺少镁元素会使人产生疲乏感,易激动、抑郁、心跳加快和易抽搐。镁与肥胖、高血脂、糖尿病及心脑血管疾病也有关系。镁长期的摄入不足,心血管疾病和肿瘤的发生率会显著增高。

参 考 文 献

1 Kojima. Y. Platform science and technology for advanced magnesium alloy. Mater. Sci. Forum, 2000,350~351:3

2 Usk, B R S. Magnesium products design. New York: The International Magnesium Association, 1987

3 Klaus Roehrig Taschenbuch der Giesserei-Praxis. Berlin: Fachverlag Schiele & Schoen GmbH, 2000

4 Norsk Hydro Databank. Norsk Hydro Research Center Porsgrunn, 1996

5 Michael M Avedesian, Baker H. ASM speciality handbook magnesium and magnesium alloys. Ohio: ASM International Materials Park, 1999

6 陈振华等. 镁合金. 北京:化学工业出版社,2004

7 刘正,张奎,曾小勤. 镁基轻质合金理论基础及其应用. 北京:机械工业出版社,2002

8 陆树苏,顾开道,郑来苏. 有色铸造合金及熔炼. 北京:国防工业出版社,1983

9 Lide D R, Jr(ed). CRC handbook of chemistry and Physics. 78 th ed. CRC Press, 1997, 14

10 范顺科,朱玉华,李震夏. 袖珍世界有色金属牌号手册. 北京:机械工业出版社,2001

11 杨重愚. 轻金属冶金学. 北京:冶金工业出版社,2002

12 Fieara P, Chin E, Walker T, et al. A novel commercial process for the primary production of magnesium. CIM Bulletin, 1998, (4):75

13 Celik C, Ghatas N E, Lenz J, et al. Proc. Int. Symp. On advances in production and fabrication of light metals and metal matrix composites. Metallurgical Society, Canadian Institute of Mining and Metallurgy, 1992. 3

14 刘正,王越,王中光,等. 镁基轻质材料的研究与应用. 材料研究学报,2000,14(6):449

15 卫英慧,侯利锋,许并社. 机械构件的轻量化与镁合金的研发. 机械管理开发,2005(2):1

16 王祝堂. 以色列死海镁厂. 世界有色金属,1998(4):46

17 (澳)波尔米尔. 轻合金. 陈昌麒等译. 北京:国防工业出版社,1985

18 冷举顺,李相增. 皮江法炼镁技术发展现状. 轻金属,1995(11):34

2 镁合金的性质与特点

镁合金是以镁为基体,向其中添加一定种类和数量的合金元素后获得的合金材料,主要用作结构材料。目前已经有许多镁合金成功应用于航空航天、汽车、电子工业等领域。

2.1 镁合金的牌号与分类[1~4]

2.1.1 镁合金的牌号

镁合金有多种表示方法,世界各国亦各不相同。但目前美国的ASTM标准在世界上应用最为广泛。

根据 ASTM 对镁合金的命名方法,一般镁合金名称由"字母 – 数字 – 字母"三部分组成,第一部分由镁合金中所含除镁元素以外的两种主要合金元素的代码组成,按元素含量的高低顺序排列,元素代码见表2-1;第二部分由这两种元素的质量分数组成,按元素代码顺序排列,质量分数四舍五入到最接近的整数;第三部分由指定的字母如 A、B、C 和 D 等组成,表示合金发展的不同阶段,"X"表示该合金仍然是试验性质的。

表 2-1 ASTM 标准中镁合金和铝合金标记法中
的元素代号与所代表的化学元素

元素代码	元素符号	中文名称	元素代码	元素符号	中文名称
A	Al	铝	F	Fe	铁
B	Bi	铋	G	Mg	镁
C	Cu	铜	H	Th	钍
D	Cd	镉	K	Zr	锆
E	RE	混合稀土	L	Li	锂

元素代码	元素符号	中文名称	元素代码	元素符号	中文名称
M	Mn	锰	S	Si	硅
N	Ni	镍	T	Sn	锡
P	Pb	铅	W	Y	钇
Q	Ag	银	Y	Sb	锑
R	Cr	铬	Z	Zn	锌

例如,AZ91D 是一种 Mg-9Al-1Zn 合金,含铝和锌的质量分数分别为 $w(Al)=8.3\%\sim9.7\%$ 和 $w(Zn)=0.4\%\sim1.0\%$,是第 4 种登记的具有这种标准组成的镁合金。ASTM 规定该合金的化学组成为:$w(Al)8.3\%\sim9.7\%$;$w(Zn)0.35\%\sim1.0\%$;$w(Si)\leqslant0.10\%$;$w(Mn)\leqslant0.15\%$;$w(Cu)\leqslant0.30\%$;$w(Fe)\leqslant0.005\%$;$w(Ni)\leqslant0.002\%$;$w(其他)\leqslant0.02\%$。

由于 ASTM 标准标记既适用于镁合金也适用于铝合金,所以,镁合金中以杂质元素出现的铁,考虑到在铝合金中的应用,故也列于表 2-1 中,这样的元素包括铁、铜和镍等重金属。

ASTM 镁合金命名法中还包括表示镁合金性质的代码系统,由字母外加一位或多位数字组成(见表 2-2)。合金代码后为性质代码,以连字符分开,如 AZ91C-F 表示铸态 Mg-9Al-Zn 合金。我国对镁合金的标记比较简单,由两个汉语拼音和阿拉伯数字组成,前面汉语拼音将镁合金分为变形镁合金(MB)、铸造镁合金(ZM)、压铸镁合金(YM)和航空镁合金。其中 M 表示镁合金,B 表示变形,Z 表示铸造,Y 表示压铸。用于航空构件的铸造镁合金与其他铸造镁合金在牌号上略有区别,即 ZM 二个字母与代号的连接加一个横杠。例如,1 号铸造镁合金为 ZM1,2 号变形镁合金为 MB2,5 号压铸镁合金为 YM5,5 号航空铸造镁合金为 ZM-5。由此可见,我国对镁合金标记的特点是按成形工艺划分的。表 2-3 列出了国产镁合金的牌号和主要化学成分。表 2-4 列出了一些国家部分相近镁合金牌号。

表 2-2　镁合金牌号中的性质代码

代码		性　　质	代码	性　　质
一般分类	F	铸态	T3	固溶处理 + 冷加工
	O	锻件处于退火、再结晶等软化状态	T4	固溶处理:镁合金中原子扩散速度慢,对自然时效不敏感,淬火后在室温放置仍能保持淬火状态的原有性能。此时,镁合金处于亚稳、单相和固溶状态
	H	形变硬化		
	T	热处理获得不同于 F、O 和 H 的稳定性质		
			T5	高温加工冷却 + 人工时效
	W	固溶处理状态(性质不稳定)	T6	固溶处理 + 人工时效:目的是提高合金的屈服强度,但塑性有所降低
H	H1	形变硬化:硬化程度由在其符号后添加的 0~8 整数表示,其中 0 表示退火状态,8 表示完全硬化状态	T61	热水中淬火 + 人工时效:这一工艺对于对冷却速度敏感的镁合金如 Mg-RE-Zr,效果明显
	H2	形变硬化 + 部分退火:硬化程度表示同 H1	T7	固溶处理 + 稳定化处理
	H3	形变硬化 + 稳定化:硬化程度表示同 H1	T8	固溶处理 + 冷加工 + 人工时效
T	T1	冷却后自然时效:铸造或加工变形后,不再进行固溶处理直接时效	T9	固溶处理 + 人工时效 + 冷加工
	T2	退火:消除铸件残余应力及变形合金冷作硬化而进行的处理过程	T10	冷却 + 人工时效 + 冷加工

表 2-3　主要国产镁合金牌号和化学成分

合金代号	主要的成分(质量分数)/%						≤杂质(质量分数)/%							
	Al	Mn	Zn	Ce	Zr	Mg	Al	Cu	Ni	Zn	Si	Be	Fe	其他杂质
变形镁合金(YB627—66)														
MB1		1.3~2.5				余量	0.3	0.05	0.01	0.3	0.15	0.02	0.05	0.2
MB2	3.0~4.0	0.15~0.5	0.2~0.8			余量		0.05	0.005		0.15	0.02	0.05	0.3
MB3	3.5~4.5	0.3~0.6	0.8~1.4			余量		0.05	0.005		0.15	0.02	0.05	0.3
MB5	5.5~7.0	0.15~0.5	0.5~1.5			余量		0.05	0.005		0.15	0.02	0.05	0.3

续表 2-3

合金代号	主要的成分(质量分数)/%						≤杂质(质量分数)/%							其他杂质
	Al	Mn	Zn	Ce	Zr	Mg	Al	Cu	Ni	Zn	Si	Be	Fe	
变形镁合金(YB627—66)														
MB6	5.0~7.0	0.2~0.5	2.0~3.0			余量		0.05	0.005		0.15	0.02	0.05	0.3
MB7	7.8~9.2	0.15~0.5	0.2~0.8			余量		0.05	0.005		0.15	0.02	0.05	0.3
MB8		1.5~2.5		0.15~0.35		余量	0.3	0.05	0.01	0.3	0.15	0.02	0.05	0.3
MB15			5.0~6.0		0.3~0.9	余量	0.05	0.05	0.005	0.1M	0.05	0.02	0.05	0.3

合金代号	化 学 成 分①										
	Al	Mn	Si	Zn	RE	Zr	Ag	Fe	Cu	Ni	杂质总量
ZM1	7.5~9.0	0.15~0.5	0.30	3.5~5.5		0.5~1.0		0.05	0.10	0.01	0.30
ZM2	7.5~9.0	0.15~0.5	0.30	3.5~5.0	0.75~1.75	0.5~1.0		0.05	0.10	0.01	0.30
ZM3	7.5~9.0	0.15~0.5	0.30	0.2~0.7	2.5~4.0②	0.4~1.0		0.05	0.10	0.01	0.30
ZM4	7.5~9.0	0.15~0.5	0.30	2.0~3.0	2.5~4.0②	0.5~1.0		0.05	0.10	0.01	0.30
ZM5	7.5~9.0	0.15~0.5	0.30	0.2~0.8				0.05	0.20	0.01	0.50
ZM6	7.5~9.0	0.15~0.5	0.30	0.2~0.7	2.0~2.8③	0.4~1.0		0.05	0.10	0.01	0.30
ZM7	7.5~9.0	0.15~0.5	0.30	7.5~9.0		0.5~1.0	0.6~1.2	0.05	0.10	0.01	0.30
ZM10	9.0~10.2	0.1~0.5	0.30	0.6~1.2				0.05	0.20	0.01	0.50

① 可以加入不大于 0.002%(质量分数)的铍。

② RE 为铈含量 45%(质量分数)的混合稀土。

③ 钕含量≥85%(质量分数)的混合稀土金属,其中钕加镨不少于 95%(质量分数)。

表 2-4　几个主要国家镁合金相近牌号的对照

国　际	美国 (ASTM)	英国 (BS)	法国 (NF)	德国 (DIN)	中国 (YB)	俄罗斯 (ГОСТ)
MgMn2	M1A	MG101	G-M2	MgMn2	MB1	MA1
MgAl3Zn	AZ31B	MAG111		MgAl3Zn	MB2	MA2
MgAl6Zn	AZ61A	MAG121		MgAl6Zn	MB5	MA3
MgZn6Zr	ZK60A	MAG161		MgZn6Zr	MB15	BM65-1
Mg-Al8Zn	AZ81A AZ91C	MAG1 3L122	G-A8Z G-A9Z	G-MgAl8Zn1 G-MgAl9Zn1	ZM5	MЛ5
Mg-Al9Zn	AM100A	MAG3 3L125	G-A9Z	G-MgAl9Zn1	ZM10	MЛ6

目前,世界各国大多采用美国的 ASTM 标准,我国的镁产品也基本上是以 ASTM 标准规定的牌号供货。因此本书在未加特别指明的情况下均以 ASTM 标准来标记镁合金。

2.1.2　镁合金的分类

镁合金的分类主要依据有以下三种:以所含合金元素的种类分类、以合金的成形工艺分类和以是否含锆分类。

(1) 按所含合金元素种类,镁合金可以分为 Mg-Al、Mg-Mn、Mg-Zn、Mg-RE、Mg-Zr、Mg-Th、Mg-Ag 和 Mg-Li 等二元合金系以及 Mg-Al-Zn、Mg-Al-Mn、Mg-Mn-Ce、Mg-RE-Zr、Mg-Zn-Zr 等三元系及其他多组元镁合金系列。

(2) 按成形工艺,镁合金可分为铸造镁合金和变形镁合金,两者在成分、组织结构和性能上存在很大的差异。变形镁合金是以固溶体为基体,要求具有良好的塑性变形能力和尽可能高的强度。铸造镁合金多以铸造的方法生产,包括砂型铸造、金属型铸造、挤压铸造等,其中压铸工艺应用较为广泛,其特点为生产效率高、精度高、铸件表面质量好、铸态组织优良、可生产薄壁及复杂形状的构件等。

(3) 根据是否含有锆,镁合金可划分为含锆镁合金和无锆镁合金两类。常见的含锆的镁合金有 Mg-Zn-Zr、Mg-RE-Zr、Mg-Th-Zr 和 Mg-Ag-Zr 等。不含锆的合金系有 Mg-Zn、Mg-Mn 和 Mg-Al 等。目前应用最多的是不含锆的压铸镁合金 Mg-Al 系。含锆的镁合金与不含锆的镁合金中均既包含有变形镁合金，又包含有铸造镁合金。

2.2 镁合金的强化方式与途径

纯镁由于强度太低，不能用作结构材料，一般要通过合金化、热处理、细化晶粒和复合等方式和手段来强化，才能获得可应用于工程实际的高强度轻质合金材料。

2.2.1 镁的合金化[1~6]

合金元素可以影响镁合金的力学、物理、化学和工艺性能。铝是镁合金中最重要的合金元素，通过形成 $Mg_{17}Al_{12}$ 相（β相）可显著提高镁合金的抗拉强度，锌和锰具有类似的作用；银能提高镁合金的高温强度；硅降低了镁合金的铸造性能并导致脆性；锆与氧的亲和力较强，能形成氧化锆质点细化晶粒；稀土元素钇、钕和铈等通过沉淀强化可大幅度提高镁合金的强度。铜、镍和铁等因为影响耐蚀性而很少采用。大多数情况下，合金元素的作用大小与添加量有关。在固溶范围内作用大小与添加量呈近似的正比关系（图 2-1）。值得注意的是，合金元素除了对镁合金的力学、物理和化学性能起决定作用的同时，还会极大地影响其加工性能，这对镁合金的应用是至关重要的。下面将逐一介绍镁合金中主要合金元素的作用。

2.2.1.1 银

银在镁中的固溶度大，最大可达到 15.5%。银的原子半径与镁相差 11%，当银溶于镁中后，固溶原子会造成非球形的对称畸变，产生很强的固溶强化效果，同时银能增大固溶体和时效析出相之间的单位体积自由能。此外，银与空位结合能较大，可优先与空位结合，使原子扩散减慢，阻碍时效析出相的长大；阻碍溶质原子和空位逸出晶界，减少或消除了时效处理时在晶界附近出现的无沉淀带（precipitated-free zone），使合金组织中弥散性连续析出的 γ 相占主导地位。因此，镁合金中添加银，能增强时效强化效果，提高镁合金的高温强度和蠕变抗力，但会降低合金的抗蚀性。有关银对 Mg-Al-Zn 合金显微组织和力学性能影响的研究表明，随银含量的增加，合金的屈服强度和抗拉强度

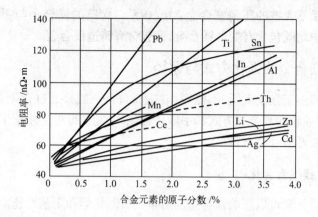

图 2-1　合金元素添加量对镁合金电阻率的影响

可显著提高[7]。

2.2.1.2　铝

铝是镁合金中常用的合金元素。镁和铝能形成有限固溶体。在共晶温度下(710 K),铝的饱和溶解度为 12.7%(质量分数)。在提高合金的强度和硬度的同时,能够扩展凝固区,改善铸造性能。一般用于压铸的镁合金,其中的铝含量应大于 3%(质量分数)。由于随着温度的降低,铝在镁中的溶解度降低,所以镁铝合金可以进行热处理。铝含量过高时,合金的应力腐蚀倾向加剧,脆性提高。研究表明,铝含量为 6%左右时,镁合金的强度和延展性匹配较好。

2.2.1.3　铍

微量的铍(一般低于 3.0×10^{-5})能有效地降低镁合金在熔融、铸造和焊接过程中金属熔体表面的氧化。目前,压铸镁合金和锻造镁合金都成功地应用了这种特性。但铍的存在,使晶粒粗化,因此砂型铸造镁合金中需谨慎使用。

2.2.1.4　钙

少量的钙能够改善镁合金的冶金质量。添加钙的主要目的有两点:一是在铸造合金浇铸前加入以减轻金属熔体和铸件热处理过程中的氧化;二是细化晶粒,提高合金的蠕变抗力,提高薄板的可轧制性。钙的添加量一般应控制在 0.3%以下,否则薄板在焊接过程中容易开裂。钙还可以降低镁合金的微电池效应。据报道,Mg-Cu-Ca 合金中由于 Mg_2Ca 的析出中和了 Mg_2Cu 相的电池效应,从而导致了阴极活性区域小,快速凝固 AZ91 合金中添加 2%Ca 后腐蚀速率由 $0.8mm \cdot a^{-1}$ 下降到 $0.2\ mm \cdot a^{-1}$。但钙在水溶液中不稳定,在 pH 值较高时能形成 $Ca(OH)_2^{[8]}$。此外,添加钙将导致铸造镁合金产生黏模缺陷和热裂。

2.2.1.5 锂

锂在镁中的溶解度相对较高,可以产生固溶强化效果,并能显著降低镁合金的密度,甚至能够得到比纯镁密度还低的镁锂合金。锂还可以改善镁合金的延展性,特别是锂含量达到约 11% 时,能形成具有体心立方结构的 β 相,从而大幅度地提高镁合金的塑性变形能力。锂能提高镁合金的延展性,同时也会显著降低强度和抗蚀性。温度稍高时,Mg-Li 合金会出现过时效现象,但有时也能产生时效强化效果。由于 Mg-Li 合金的强度较低,迄今为止其应用仍然非常有限。此外,锂增大了镁蒸发及燃烧的危险,只能在保护密封条件下冶炼。当锂含量达到约 30% 时,镁锂合金具有面心立方结构。表 2-5 示出了不同锂含量的镁合金的力学性能[9]。

表 2-5 室温下含锂镁合金的力学性能

镁合金材料	抗拉强度 σ_b/MPa	屈服强度 σ_s/MPa	伸长率 δ/%	硬度 HV
Mg-5.5Li	131.5	70.0	52.3	46.6
Mg-8.5Li	121.2	85.8	65.2	43.2
Mg-8.5Li-1Y	121.2	90.4	64.0	46.6

2.2.1.6 锰

锰对镁合金的抗拉强度几乎没有影响,但是能稍微提高屈服强度。锰能生成 AlMnFe 化合物,沉入熔体渣中,可除去铁及其他重金属元素,避免生成有害的晶间化合物来提高 Mg-Al 合金和 Mg-Al-Zn 合金的抗海水腐蚀能力。锰在镁中的固溶度很低,镁合金中的锰含量通常低于 1.5%(质量分数)。在含铝的镁合金中,锰的固溶度不到 0.3%。此外,锰还可以细化晶粒,提高可焊性。

2.2.1.7 稀土

稀土是一种重要的合金化元素,开发高温稀土镁合金是近年来的研究热点[10]。稀土镁合金的固溶和时效强化效果随着稀土元素原子序数的增大而增加,因此稀土元素对镁的力学性能的影响基本是按镧、铈、富铈的混合稀土、镨、钕的顺序排列。镁合金添加的稀土元素分为两类:一类为含铈的混合稀土,另一类为不含铈的混合稀土。含铈的混合稀土是一种天然的稀土混合物,由镧、钕和铈组成,其中铈含量为50%;不含铈的混合稀土为85%钕和15%镨的混合物。稀土元素原子扩散能力差,既可以提高镁合金再结晶温度并减缓再结晶过程,又可以析出非常稳定和弥散的强化相,从而大幅度提高镁合金的高温强度和蠕变抗力。近年来有关 Gd、Dy 等稀土元素对镁合金性能的影响的研究表明,Gd、Dy 和 Y 等通过影响沉淀析出的反应动力学和沉淀相的体积分数来影响镁合金的性能,Mg-Nd-Gd 合金时效后的抗拉强度高于相应的 Mg-Nd-Y 和 Mg-Nd-Dy 合金[11]。镁合金中添加两种或两种以上稀土元素时,由于稀土元素之间的相互作用,能降低彼此在镁中的固溶度,并相互影响其过饱和固溶体的沉淀析出动力学,后者能产生附加的强化作用[12]。此外,稀土元素能使合金凝固温度区间变窄,并且能减轻开裂和提高铸件的致密性。

　　钇在镁中的固溶度较高,约为 12.4%,同其他的稀土元素一起能提高镁合金的高温抗拉强度和蠕变性能,改善腐蚀行为。高温力学性能的改善可归因于固溶强化、对合金枝晶组织的细化和析出相的弥散强化。镁中添加 4%~5%的钇能形成 WE54 和 WE43 合金,在 523 K以上高温服役的性能优良。对 Mg-Y 二元合金,其延展性随钇含量的增加而由高延展性到低延展性再到脆性转变,当钇含量大于 8%时,Mg-Y 合金会产生脆性[13]。但从实用的观点来看,钇由于价格昂贵且难以加进熔融的镁中,所以其用量并不大。

2.2.1.8　锑

　　锑能细化 Mg-Al-Zn-Si 合金晶粒,并改变 Mg₂Si 相的形貌,由粗大的汉字形变为细小的多边形,其晶粒细化效果甚至比钙更显著[14]。锑和混合稀土一起加入 Mg-Al-Zn-Si 合金时,镁合金的抗蚀性大大提高,甚至优于 AE42 合金,其室温力学性能优于 AZ91 合金,高温性能优于AE42 合金[15]。

2.2.1.9 硅

镁合金中添加硅能提高熔融金属的流动性。与铁共存时,会降低镁合金的抗蚀性。添加硅以后生成的 Mg_2Si 具有高熔点(1358 K)、低密度(1.9 g/cm^3)、高的弹性模量(120 GPa)和低的线膨胀系数(7.5×10^{-6} K^{-1}),是一种非常有效的强化相,通常在凝固速度较快的过程中得到[15]。特别是与稀土一起加入时,可以形成稳定的硅化物以改善合金的高温抗拉强度和蠕变性能,但对合金抗蚀性不利。

2.2.1.10 锡

在镁合金中添加锡并与少量的铝结合是非常有效的。锡能提高镁合金的延展性,降低热加工时的开裂倾向,有利于锻造和轧制。

2.2.1.11 钍

钍已成为某些镁合金系如 Mg-Th-Zr、Mg-Th-Zn-Zr、Mg-Ag-Th-RE-Zr 等的重要组元,这些含钍的镁合金可以应用于导弹和宇宙飞船上。但是由于钍存在放射性并危害环境,这些合金基本上被限制使用。英国将含钍超过 2%(质量分数)的合金列为放射性材料,要求进行特殊处理,这就增加了加工成本和难度。目前,人们正在研制和生产替代含钍镁合金的新材料。

2.2.1.12 锌

锌在镁中的最大溶解度为 6.2%,是除铝以外的又一种非常有效的合金化元素,具有固溶强化和时效强化的双重作用。锌通常与铝结合来提高室温强度。但当镁合金中铝含量为 7%~10%,且锌的添加量超过 1% 时,镁合金的热脆性会明显增加。锌也可同锆、稀土或者钍结合,形成强度较高的沉淀强化镁合金。高锌镁合金由于结晶温度区间间隔太大,合金流动性大大降低,从而铸造性能较差。此外,锌也能减轻因铁和镍存在而引起的腐蚀影响。

2.2.1.13 锆

锆在镁合金中的固溶度很小,在包晶温度下仅为 0.58%,具有很强的晶粒细化作用。α-Zr 的晶格常数($a=0.323$ nm, $c=0.514$ nm)与镁的($a=0.321$ nm, $c=0.521$ nm)非常接近,在凝固过程中先形成的富锆固相微粒将为镁晶粒提供异质的形核位置。锆可以添加到含锌、稀土、钍或这些元素的合金中充当晶粒细化剂。锆不能添加到含铝、硅、铁、锡、镍和锰等的合金中,因为它能同这些元素形成稳定的化合物而从固溶体中分离出来,无法起到细化晶粒的作用。一般认为,只有固溶于基体中的锆才能起细化晶粒的作用,不是所有加入合金中的锆都有效果。

2.2.1.14　铜

铜是影响镁合金抗蚀性的元素,添加量不小于 0.05% 时,可显著降低镁合金抗蚀性,但能提高合金的高温强度。

2.2.1.15　铁

与铜一样,铁也是一种影响镁合金的抗蚀性的元素,即使含极微量的杂质铁也会大大降低镁合金的抗蚀性,通常镁合金中铁的平均含量为 0.01% ~ 0.03%。为了保证镁合金的抗蚀性,铁的含量不得超过 0.05%。

2.2.1.16　镍

镍类似于铁,是另一种有害的杂质元素,少量的镍会大大降低镁合金的抗蚀性,常用镁合金的镍含量为 0.01% ~ 0.03%。如果要保证镁合金的抗蚀性,镍含量不得超过 0.005%。

以上这些元素,除了杂质对镁合金的性能有害之外,一般都是通过溶于镁合金基体中形成固溶体而产生固溶强化,或者是形成析出相起到第二相强化作用。镁合金中随着合金元素含量的提高,强度提高,但塑性降低。以 Mg-Al 合金为例,铝在 α-Mg 中的室温固溶度大约为 2%,通常此类合金的铸态组织中存在 α-Mg 和 β-$Mg_{17}Al_{12}$ 两相,如图 2-2所示。当铝含量很低时,随着合金中铝含量的增加,铝在 α-Mg 中的固溶度增大,强化效果随之增强;当 α-Mg 中的固溶度达到极限时,随着合金中铝含量的增加,β-$Mg_{17}Al_{12}$ 相析出增加,由此导致弥散强化效果增强。铝含量对 Mg-Al 合金的力学性能的影响见表 2-6。

表 2-6　铝含量对 Mg-Al 合金力学性能的影响

w(Al)/%	抗拉强度 σ_b/MPa		屈服强度 σ_s/MPa		伸长率 δ_{10}/%	
	平均值	标准误差	平均值	标准误差	平均值	标准误差
2.0	217	3	99	1	18.8	2.0
4.8	229	12	126	3	15.2	1.7

续表 2-6

·w(Al)/%	抗拉强度 σ_b/MPa		屈服强度 σ_s/MPa		伸长率 δ_{10}/%	
	平均值	标准误差	平均值	标准误差	平均值	标准误差
5.3	249	6	123	3	16.0	1.3
5.8	253	8	125	5	16.1	1.4
6.4	250	12	131	6	14.3	2.9
6.9	248	14	132	5	12.8	2.5
7.5	258	10	151	9	8.7	1.8
8.0	245	7	159	18	5.4	1.6

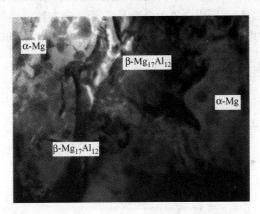

图 2-2 铸态镁合金的组织结构图

2.2.2 镁合金的热处理强化

前已述及(表 2-2),可以通过热处理来调整和改善镁合金的力学性能和加工性能。综合起来,镁合金的热处理工艺大致可分为退火和固溶时效两大类。退火的主要目的是降低镁合金铸件的铸造内应力或淬火应力,提高工件的尺寸稳定性。镁合金能否进行固溶和时效处理取决于其所含合金元素的固溶度是否随温度而变化,当合金元素的固溶度随温度变化时,镁合金就可以进行热处理强化。图 2-2 示出了不同类型的合金在相图上的成分范围。可以看出,合金元素在基体中的溶解度随温度的降低而减小,所以合金能进行淬火强化。位于溶解度

c 点附近的合金,时效强化效果最高。成分向左或者是向右偏离 c 点,强化效果都将降低。合金成分向左偏离时,由于 α 固溶体的过饱和度降低,故淬火时效果减小。合金成分位于 b 点以左时,合金不再可能通过热处理进行强化。合金成分向右偏离 c 点,淬火时效强化效果也将降低,因为时效过程是在 α 固溶体中进行的,根据杠杆定律,合金成分向右偏离 c 点越远,其所含 α 固溶体的量越少,故强化效果越低。但如果第二相不太脆,合金的强度也可能有所增加,因为第二相的硬度往往高于 α 固溶体,其含量增多势必增大合金的强度。

　　Mg-Al 合金富镁端具有如图 2-3 所示的相似的形态。c 点和 b 点的成分分别为 12.7% 和 2%。随着温度的提高,铝在镁中的溶解度从 2% 提高到 12.7%,所以 AZ91 合金具备了一定的通过热处理时效强化的潜力,其强度有可能通过固溶和时效的方法得到进一步的提高。

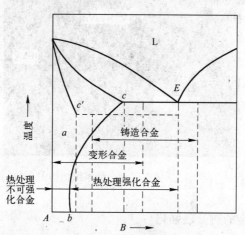

图 2-3　不同类型的合金在相图上的成分范围

　　Clark[16]对 Mg-Al 合金(w(Al)＝9%)进行了固溶和时效研究,试验用两块抛光后经过 4% 压缩应变的试样。其中,一块试样在 813℃ 经历了 1 h 的固溶处理;另一块试样在相同的固溶处理之后,又在 533℃ 经历了 16 h 的时效。两种处理状态的试样的表面呈现出不同的形态。对于固溶处理的试样观察显示,除了平行的滑移线之外,还在晶界上发现了很多的孪晶,如图 2-4 所示。而时效态试样除了基面滑移外,晶体中还发生了柱面滑移,这一方面使得晶体滑移的能量增高;另一方面柱面滑移使原来的单系滑移转为多系滑移,使得晶体中形成位错缠结,导致时效态 AZ91D 的屈服应力增加。

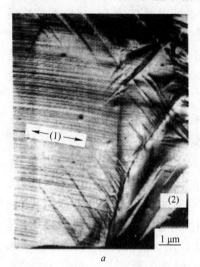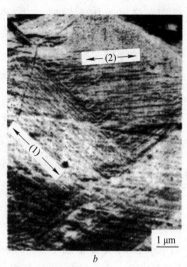

图 2-4 不同热处理状态下试样表面的形态

a—固溶处理:(1)基面滑移线,(2)晶界上的孪晶;

b—时效处理的试样:(1)基面滑移线,(2)柱面滑移线

根据合金元素的种类,可热处理强化的铸造镁合金有 6 大系列,即 Mg-Al-Mn 系(如 AM100A)、Mg-Al-Zn 系(如 AZ63A、AZ81A、AZ91C 和 AZ92A 等)、Mg-Zn-Zr 系(如 ZK51A 和 ZK61A 等)、Mg-RE-Zn-Zr (如 EZ33A 和 ZE41A)、Mg-Ag-RE-Zr(如 QE22A)和 Mg-Zn-Cu 系 (如 ZC63A);可热处理强化的变形镁合金有 3 大系列,即 Mg-Al-Zn 系 (如 AZ80A)、Mg-Zn-Zr 系(如 ZK60A)和 Mg-Zn-Cu 系(如 ZC71A)。某些热处理强化效果不显著的镁合金通常选择退火作为最终热处理工艺。

镁合金热处理的最主要的特点是固溶和时效处理时间较长,其原因是因为合金元素的扩散和合金相的分解过程极其缓慢。由于同样的原因,镁合金淬火时不需要进行快速的冷却,通常在静止的空气中或者人工强制流动的气流中冷却即可。

2.2.3　镁合金的晶粒细化强化[9]

目前,大多数的镁合金零部件都是通过铸造工艺生产的,特别是多采用压铸和半固态铸造工艺,相对来说采用锻造、轧制、挤压等塑性变形工艺生产的镁合金产品较少。但是为了扩大镁合金的应用范围,对这些通过变形工艺生产的镁合金的研究非常重要,因为热加工和热处理后的塑性变形可以控制合金中第二相的析出和细化晶粒,从而能改善镁合金的力学性能。

一般来说,合金的屈服强度和晶粒尺寸之间满足 Hall-Petch 关系:

$$\sigma = \sigma_0 + Kd^{-1/2} \tag{2-1}$$

式中,σ 是屈服应力,σ_0 是单晶体的屈服应力,K 是常数,d 是晶粒尺寸。K 值随泰勒(Taylor)因子的提高而提高[17]。泰勒因子一般取决于滑移系的数量。因为滑移系是有限的,hcp 金属的泰勒因子比 fcc 和 bcc 金属的都大,所以 hcp 金属的晶粒尺寸对强度具有较强的影响。因此,人们认为细晶粒的镁合金能够获得高的强度。图 2-5 中示出了 AZ91 合金和 5083(H321)合金的屈服应力和晶粒尺寸之间的关系[18]。5083(H321)合金的单晶屈服应力和 K 分别为 230 MPa[19]和63 Pa[20]。可以看出,在较大的晶粒尺寸范围内($\geqslant 2\ \mu m$),镁合金的屈服应力比铝合金的低,但是镁合金的屈服应力在小的晶粒尺寸范围内比铝合金要高。

晶粒细化不仅能够提高室温强度,而且也能提高在高温下的超塑性。一般情况下能够获得大于 300 % 的伸长率。这样的伸长率对复杂形状产品的近净成形(near-net-shape)是足够的了。迄今为止,超塑性成形主要是在铝合金、钛合金等方面应用于航空工业[21]。但是镁合金的超塑性成形还很少使用,因为它的 hcp 结构,而导致成形性能较差,镁合金的超塑性成形一直期待能用于生产实际。

通常情况下,大的伸长率可能出现在非常低的应变速率范围内(约 $1\times10^{-3}\ s^{-1}$),对传统的超塑性材料才能获得。然而在现代的超塑性成形技术中存在的一个缺陷是低的成形速率,导致了比较低的成材率。因此,在工业上超塑性成形技术一直没有得到很好的推广应用。但是最近一些铝基合金在较高的应变速率下($1\times10^{-2}\ s^{-1}$)实现了超塑性成形[22,23]。因此,引起了人们在这方面的兴趣。

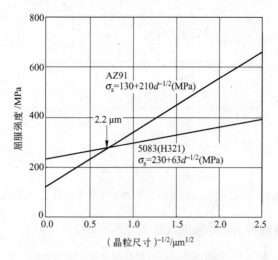

图 2-5 AZ91 镁合金和 5083(H321)合金的
屈服应力和晶粒尺寸之间的关系

2.2.3.1 热挤压

研究表明,对 AZ91 镁合金,可以将晶粒尺寸较大的铸锭进行热加工而不需要额外的热处理就可以得到小于 10 μm 的小的晶粒尺寸。挤压态试样的晶粒尺寸与挤压温度密切相关,在 573 K、673 K 和 753 K 研究挤压温度的影响,分别得到 7.6 μm、15.4 μm 和 66.1 μm[24] 的 3 个晶粒尺寸,这说明晶粒尺寸随着挤压温度的降低而减小。挤压材料的晶粒尺寸和挤压条件参数 Z 有关。$Z = \dot{\varepsilon}\exp(Q/RT)$,这里 $\dot{\varepsilon}$ 是挤压应变速率,Q 是镁的晶格扩散激活能(135 kJ/mol[25]),R 是气体常数,T 是挤压温度。晶粒尺寸和挤压条件参数 Z 之间的关系示于图 2-6。可以看出,晶粒尺寸随着 Z 参数的降低而降低。研究认为,在相对较低的温度下(423 K),挤压获得的 ZK60 镁合金可达到 500 MPa 的高强度,这主要是因为其获得了很小的晶粒尺寸。另外,挤压材料的伸长率超过了 10%,这说明不仅能提高强度也能提高韧性。

2.2.3.2 粉末冶金

粉末冶金方法[26]能够在镁合金中得到细小的晶粒,但成本较高。对 AZ91 和 ZK61 镁合金的研究表明,通过粉末冶金的方法可以获得晶粒尺寸为大约 1 μm,而且在高温下晶粒尺寸更为稳定,晶粒长大受

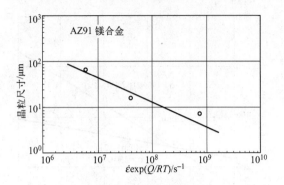

图 2-6　AZ91 镁合金的晶粒尺寸和挤压条件参数 Z 之间的关系

到抑制。这两种合金的室温抗拉强度示于表 2-7。

表 2-7　不同方法晶粒细化后镁合金的室温力学性能

处理工艺	镁合金材料	抗拉强度 σ_b/MPa	0.2%屈服强度 σ_s/MPa	伸长率 δ/%
铸　态	AZ91(F) AZ91(T6)	131 235	72 108	1~3 3
铸　态	ZK60(F) ZK60(T5)	275 314	196 265	5 4
挤压态	AZ91 ZK60	341 371	244 288	13 18
粉　末	AZ91	432	376	6
冶　金	ZK60	400	383	7

2.2.3.3　热机械处理的方法

通过热加工和热处理的方式进行热机械处理(thermomechanical treatment,简称 TMT)以控制析出相析出,细化晶粒。这种方法使得 Mg-Y-RE 合金得到高强度、高延展性、高蠕变抗力和高应变速率下的超塑性。Mohri 等人[27]对 Mg-4Y-3RE(WE43)合金进行了 TMT,热挤压在 673 K 进行,挤压比为 100∶1,然后在 473 K 人工时效 7.2 ks。图 2-7 示出了固溶处理、峰值时效和 TMT 3 种处理状态下的 WE43 合金的强度和伸长率。TMT 处理状态下,具有最好的强度和韧性的配合,强度为 320 MPa,而延展性为 20%,这可能是由于晶粒细化后晶间断裂被限制而引起的。

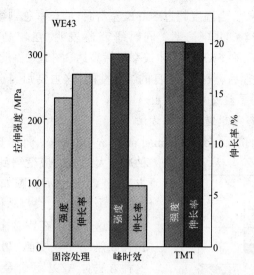

图 2-7 WE43 镁合金 TMT 处理后的强度和伸长率的变化

抗拉强度和伸长率随温度的变化示于图 2-8。强度随温度的提高,先在约 300 MPa 保持一定高的水平,然后突然下降。而伸长率在

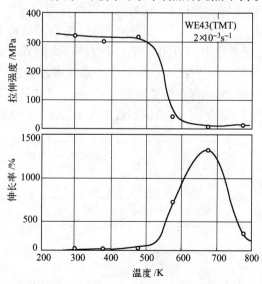

图 2-8 WE43 镁合金 TMT 处理后强度和伸长率随温度的变化

低温下变化不大,当温度超过 500 K 左右时,伸长率急剧增大,在673 K 可以获得 1274% 的伸长率。同时研究还表明,在较高的应变速率 4×10^{-1} s^{-1}下,在 673 K,其伸长率仍然高达358%。因此,WE43 合金经过 TMT 处理后,获得了优良的综合性能,这主要归因于细小弥散的析出相和小的晶粒尺寸(约 1 μm)。

2.2.3.4　等通道角挤压方法

等通道角挤压(equal channel angular extrusion,简称 ECAE)是一种通过大的剪切应变得到细小晶粒的方法。ECAE 的示意图如图 2-9 所示。通过这个技术,大块粗晶材料能够得到细化。这个技术在铝合金上应用已经比较成熟[28,29]。文献[30]报道了通过这种方法对 AZ91 镁合金进行处理,可以获得小于 1 μm 的晶粒。

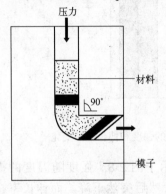

图 2-9　ECAE 的示意图

通过 ECAE 处理的 AZ91 镁合金在低温范围内(448~473 K),显示出了较高的超塑性行为。这个温度范围大概是 $0.5\ T_m$ 左右。其伸长率随应变速率的变化示于图 2-10。在 $0.5\ T_m$ 可以获得大约 660% 的伸长率。一般情况下,只有在大于$0.5\ T_m$ 的温度才能获得超塑性。例如,细晶粒的 7075 铝合金,是一种典型的超塑性合金,在 793 K 具有超塑性行为,而 793 K 是 $0.85\ T_m$(T_m 是铝的熔化温度,大约为 933 K)。

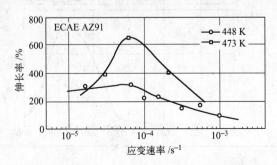

图 2-10　通过 ECAE 加工的 AZ91 合金的伸长率随应变速率的变化

2.2.3.5 快速凝固技术

由英国应用快速凝固技术研制的镁合金 EA55RS(Mg-5Al-5Zn-5Nd)已经应用于商业化生产。大块产品的组织趋于一致,晶粒尺寸在 0.3~5 μm 之间,组织中还包含有 $Mg_{17}Al_{12}$、Al_2Ca、Mg_3Nd 和 $Mg_{12}Ce$ 等弥散的化合物,其抗拉强度可以超过 500 MPa,而未经快速凝固的镁合金其抗拉强度仅在 250~300 MPa 之间。日本东北大学的井上明久(A Inoue)等[31]采用快速凝固的方法,成功开发了具有极高的强度和延展性的镁合金,新的镁合金具有 100~200 nm 的微细结构。按相对原子质量计算,它的成分 97% 为镁,钇和锌分别占 2% 和 1%。这种新型的镁合金强度大约是高强铝合金的 3 倍,据称是世界上强度最高的镁合金。此外,它还具有超塑性、高耐热性和高耐腐蚀性。

2.2.4 镁合金复合材料

在保持镁合金轻质优势的同时,镁合金的强度和耐磨性还可以通过同 SiC、Al_2O_3、石墨(碳)等颗粒(粉末)、纤维和晶须增强相的复合而得到进一步的提高。一般是将这些增强相加入熔融的镁合金中采用压铸或挤压铸造的方法而获得复合材料的。由于镁合金易与陶瓷增强相表面的氧和氮反应,因此陶瓷增强相同基体镁合金之间的润湿性好,特别是 SiC 可与镁反应生成 Mg_2Si,更有利于提高与基体镁合金之间的润湿性,这也是与铝基复合材料相比,镁基复合材料所具有的一个重要的优点。

碳纤维/镁金属基复合材料的优点在于这种材料具有碳纤维高的强度(3~4 GPa)和高的弹性模量(100 GPa);相对较低的密度(<2 g/cm³);基体材料具有很好的延展性。但是,对纤维/基体的界面的优化和防止纤维的退化是获得低密度和高强度工程材料的关键所在[32,33]。

通过挤压铸造方法制备的含有体积分数 $\varphi(Al_2O_3)=16\%$ 的 Al_2O_3 纤维的镁合金 AZ91 复合材料,在 453 K 时的疲劳极限比原来提高了 1 倍。当 $\varphi(Al_2O_3)=30\%$ 时,其弹性模量也增加 1 倍。然而,当 Al_2O_3 纤维体积分数减少至 10%~15% 时,其塑性和断裂韧性急剧降低。对 $\varphi(Al_2O_3)=20\%$ 的镁合金 AZ91 的复合材料 Al_2O_3/AZ91 与基体材料 AZ91 的蠕变性能对比试验显示,在 423~473 K 和恒定的应力下,复合材料的最小蠕变速率相当于 AZ91 的 1/2~1/3,蠕变寿命提高了 1

倍[34,35]。镁基复合材料的基体不仅可以用铸造镁合金,也可以用锻造镁合金来制备,表2-8是用挤压镁合金 AZ31 为基体的 SiC 晶须增强复合材料的力学性能,可见随 SiC 晶须含量的增加,材料的弹性模量和强度增加,但伸长率降低。

表 2-8　SiC 晶须对镁基复合材料 SiC/AZ31 力学性能的影响

基 体 材 料	$\varphi(\text{SiC})$ /%	弹性模量 E/MPa	屈服强度 σ_s/MPa	抗拉强度 σ_b/MPa	伸长率 δ/%
	0	45	221	290	15
AZ31	10	69	314	368	1.6
	20	100	417	447	0.9

由挤压铸造方法制备的含 $\varphi(\text{SiC}) = 20\%$ 晶须的镁基复合材料 $\text{SiC}_w/\text{AZ91D}$,经 683 K、2 h 固溶处理后在热水中淬火,接着进行 443 K、5 h 的回火处理,试样的抗拉强度达到 392 MPa,弹性模量升高至 78 GPa,但合金的脆性增加[36]。

龙思远等[37]研究了基体中铝含量对 $\text{Mg-Al}_x/\text{C}_f$ 纤维增强复合材料强度的影响。实验中将 T300B 碳纤维用缠结法制备成体积分数为 65%、尺寸为 8 mm×80 mm×90 mm 的单向纤维预成形块,并将预成形块在保护气氛下加热至 973 K。与此同时,将镁合金熔化并加热到 1023 K,挤压模具预热到 523 K,之后在 100 MPa 压力下进行挤压浸渗和加压凝固。挤压铸造后,将所制得的复合材料沿纤维方向加工成工作段为 ϕ4 mm×15 mm 的拉伸试棒。表 2-9 是所测得的 $\text{Mg-Al}_x/\text{C}_f$ 纤维增强复合材料的抗拉强度及模量。

表 2-9　$\text{Mg-Al}_x/\text{C}_f$ 纤维增强复合材料的抗拉强度及模量

基体中的铝含量 $w(\text{Al})$/%	0	0.5	1.0	2.0	4.0	100
σ/MPa	970.3	1148.8	1470.9	897.7	727.8	332.3
E/MPa	162.6	165	155.4	173.4	157.8	157.6

在金属基复合材料(MMC)的加工方法中,熔体渗透技术(melt infiltration technique)即使对一个复杂形状工件的成形,也能接近净成

形,所以这种技术应用较广。在碳纤维/镁基材料的研究中,发现由于纯态的 C/Mg 在化学上不反应,并且可形成两种二元镁合金碳化物 MgC_2 和 Mg_2C_3,它们都是吸热型的化合物,它们分别在大约 773 K 和 923 K 开始分解[38,39]。因此,在 MMC 的加工温度范围内(973~1073 K)不能形成 MgC_2 和 Mg_2C_3,这导致了纤维和基体之间非常脆弱的结合。因此进一步改善纤维表面和基体的化学反应性来提高界面结合性能,是镁基复合材料界面工程的一个研究的热点[40]。

文献[41]研究表明,将纳米级的 SiC、Al_2O_3 和 ZrO_2 颗粒加入镁中,对镁在室温和高温都可起到明显的弥散强化作用,如图 2-11 和图 2-12

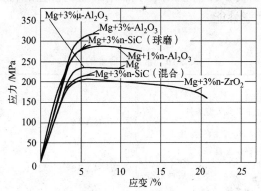

图 2-11 纳米陶瓷微粒增强镁基复合材料的室温应力－应变曲线

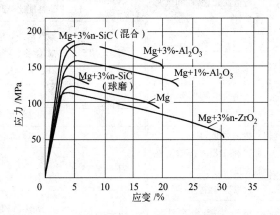

图 2-12 纳米陶瓷微粒增强镁基复合材料的高温(373K)应力－应变曲线

所示。其中 SiC、Al_2O_3 和 ZrO_2 颗粒的平均直径分别为 14 nm、13 nm 和 30 nm。图中所示的氧化物百分含量为体积分数，"n"表示纳米级的 微粒，"μ"表示微米级的微粒。例如 Mg + 3% n-Al_2O_3 表示在镁的基体 中含有体积分数为 3% 的 Al_2O_3 纳米级的微粒。

2.3　常用镁合金及其性能[1~4]

2.3.1　常用镁合金的性能

表 2-10 和表 2-11 分别列出了常用工业镁合金的特性、标准化学 组成和室温力学性能。

表 2-10　常用镁合金的特性

合　金	特　性	合　金	特　性
砂型铸件和永久型铸件		WE43A-T6	室温和高温强度较高，抗腐蚀性良好
AM100A-T61	气密性好，强度和伸长率匹配良好	WE54A-T6	类似于 WE43A-T6，423 K 下会缓慢失去延展性
AZ63A-T6	室温强度、延展性和韧性良好	ZC63A-T6	气密性良好，强度和铸造性能比 AZ91C 优良
AZ81A-T4	铸造性能、韧性和气密性良好	ZE41A-T5	气密性好，中等强度高温合金，铸造性能比 ZK51A 优良
AZ91C 和 E-T6	普通合金，强度适中		
AZ92A-T6	气密性和强度适中		
EQ21A-T6	气密性和短时间高温力学性能优良	ZE63A-T6	特别适合于强度高、薄壁和无气孔铸件合适
EZ33A-T5	铸造性能、阻尼性、气密性和 518 K 抗蠕变性能优良	ZK51A-T5	室温强度和延展性良好
		ZK61A-T5	类似于 ZK51A-T5，屈服强度较高
K1A-F	阻尼性良好		
QE22A-T6	铸造性能、气密性良好，473 K 屈服强度较高	ZK61A-T6	类似于 ZK61A-T5，屈服强度较高

续表 2-10

合 金	特 性	合 金	特 性
压铸件		ZK31-T5	强度高,焊接性能适中
AE42-F	强度高和 423 K 抗蠕变性能优良	ZK60A-T5	强度接近 AZ80A-T5,但延展性更高
AM20-F	延展性和冲击强度较高	ZK61A-T5	类似于 AZ60A-T5
AM50A-F	延展性和能量吸收特性优异	ZM21-F	锻造性能和阻尼性能良好,中等强度
AM60A 和 B-F[①]	类似于 AM50A-F,强度稍高	挤压件	
AS21-F	类似于 AE42-F 类似于 AS21-F,	AZ10A-F	成本低,强度适中
		AZ31B 和 C-F	中等强度
AS41A-F[②]	延展性和抗蠕变性能降低,强度和铸造性能提高	AZ61A-F	成本适中,强度高
		AZ80A-T5	强度比 AZ61A-F 高
		M1A-F	抗腐蚀性高,强度低,可锤锻
AZ91A,B 和 D-F[③]	铸造性能优良、强度较高	ZC71-T6	成本适中,强度和延展性高
锻件		ZK21A-F	强度适中,焊接性能良好
AZ31B-F	锻造性能优良,强度适中,可锤锻	ZK31-T5	强度高,焊接性能适中
AZ61A-F	强度比 AZ31B-F 高	ZK40A-T5	强度高,比 ZK60A 的挤压性能好,但不适合焊接
AZ80A-T5	强度比 AZ61A-F 高	ZK60A-T5	强度高,不适于焊接
AZ80A-T6	抗蠕变性能比 AZ80A-T5 高	ZM21-F	成形性和阻尼性能良好,中等强度
		片与板材	
M1A-F	抗腐蚀性高,中等强度,可锤锻	AZ31B-H24	中等强度
		ZM21-0	成形性和阻尼性能良好
		ZM21-H24	中等强度

① A 和 B 性能差不多,但 AM60B 铸件杂质含量为≤0.005% Fe、≤0.002% Ni 和≤0.010% Cu。

② A 和 AB 性能差不多,但 AS41B 铸件的杂质含量为≤0.0035% Fe、≤0.002% Ni 和≤0.020% Cu。

③ A、B 和 D 性能相同,在 AZ91B 中铜含量为≤0.30%,AZ91D 铸件中杂质含量为≤0.005% Fe、≤0.002% Ni 和≤0.030% Cu。

表2-11　镁合金的标准化学组成和室温力学性能

合金	化学组成/%						抗拉强度/MPa	屈服强度			50mm伸长率/%	剪切强度/MPa	硬度HR③
	Al	Mn	Th	Zn	Zr	其他②		拉伸/MPa	压缩/MPa	承载/MPa			
砂型和永久型铸件													
AM100A-T61	10.0	0.10					275	150	150		1		69
AZ63A-T6	6.0	0.15		3.0			275	130	130	360	5	145	73
AZ81A-T4	7.6	0.13		0.7			275	83	83	305	15	125	55
AZ91C和ET6④	8.7	0.13		0.7			275	145	145	360	6	145	66
AZ92A-T6	9.0	0.10		2.0			275	150	150	450	3	150	84
EQ21A-T6					0.7	1.5Ag2.1	235	195	195		2		65~85
EZ33A-T5				2.7	0.6	3.3RE	160	110	110	275	2	145	50
HK31A-T6			3.3		0.7		220	105	105	275	8	145	55
HZ32A-T5			3.3	2.1	0.7		185	90	90	255	4	140	57
K1A-F					0.7		180	55		125	1	55	
QE22A-T6					0.7	1.5Ag 2.1D	260	195	195		3		80
QH21A-T6			1.0		0.7	1.5Ag 2.1D	275	205			4		
WE43A-T6					0.7	4.0Y 3.4RE	250	165			2		75~95
WE54A-T6					0.7	5.4Y 3.0RE	250	172	172		2		75~95
ZC63A-T6		0.25		6.0		2.7Cu	210	125			4		55~65
ZE41A-T5				4.2	0.7	1.2RE	205	140	140	350	3.5	160	62
ZE63A-T6				5.8	0.7	2.6RE	300	190	195		10		60~85
ZH62A-T5			1.8	5.7	0.7		240	170	170	340	4	165	70
ZK51A-T5				4.6	0.7		205	165	165	325	3.5	160	65
ZK61A-T5				6.0	0.7		310	185	185			170	68
ZK61A-T6				6.0	0.7		310	195	195		10	180	70
压铸件													
AE42-F	4.0	0.1				2.5RE	230	145	145		11		60

合 金	化学组成/%						抗拉强度/MPa	屈服强度			50mm伸长率/%	剪切强度/MPa	硬度HR[3]
	Al	Mn	Th	Zn	Zr	其他[2]		拉伸/MPa	压缩/MPa	承载/MPa			
压 铸 件													
AM20-F	2.1	0.1					210	90	90		20		45
AM50-F	4.9	0.26					230	125	125		15		60
AM60 和 B-F[5]	6.0	0.13					240	130	130		13		65
AS21-F	2.2	0.1				10Si	220	120	120		13		55
AS41A-F[6]	4.2	0.20				10Si	240	140	140		15		60
AZ91A,B,D-F[7]	9.0	0.13		0.7			250	160	160		7	20	70
锻 件													
AZ31B-F	3.0	0.20		1.0			260	170			15	130	50
AZ61A-F	6.6	0.15		1.0			295	180	125		12	145	55
AZ80A-T5	8.5	0.12		0.5			345	250	170		11	172	75
AZ80A-T6	8.5	0.12		0.5			345	250	170		11	172	75
M1AF		1.2					250	160			7	110	47
ZK31-T5				3.0	0.6		290	210			7		
ZK60A-T5				5.5	0.45[1]		305	215	160	285	16	165	65
ZK61-T5				6.0	0.8		275	160			7		
ZM21-F		0.5		2.0			200	125			9		
挤 压 件													
AZ10A-F	1.2	0.2		0.4			240	145	69		10		
AZ31B 和 C-F[8]	3.0	0.2		1.0			255	200	97	230	12	130	49
AZ61A-F	6.5	0.15		1.0			305	205	130	285	16	140	60
AZ80A-T5	8.5	0.12		0.5			380	275	240		7	165	80
M1A-F		1.2					255	180	83	195	12	125	44
ZC71-T6		0.5		6.5		1.25Cu	295	324			3		70~80
ZK21A-F				2.3	0.45[1]		260	195	135		4		
ZK31-T5				3.0	0.6		295	210			7		
ZK40A-T5				4.0	0.45[1]		275	255	140		4		

合　金	化学组成/%						抗拉强度/MPa	屈服强度			50 mm伸长率/%	剪切强度/MPa	硬度HR③
	Al	Mn	Th	Zn	Zr	其他②		拉伸/MPa	压缩/MPa	承载/MPa			
挤　压　件													
ZK60A-T5				5.5	0.45①		350	285	250	405	11	180	82
ZM21-F				2.0			235	155			8		
片材与板材													
AZ31B-H24	3.0	0.20		1.0			290	220	180	325	15	160	73
ZM21-O		0.5		2.0			240	120			11		
ZM21-H24		0.5		2.0			250	165			6		

① 最小量。

② RE(稀土)和 Di(主要含钕和镨的混合稀土)。

③ 载荷 4900 kg，球径 10 mm。

④ C 和 E 的性能相同，但 AZ91E 铸件中含≥0.17% Mn、≤0.005% Fe、≤0.0010% Ni 和≤0.015% Cu。

⑤ A 和 B 性能相同，但在 AM60B 铸件中含≤0.005% Fe、≤0.002% Ni 和≤0.010% Cu。

⑥ A 和 B 性能相同，但在 AS41B 铸件中含≤0.0035% Fe、≤0.002% Ni 和≤0.002% Cu。

⑦ A、B 和 D 性能相同，但在 AZ91B 铸件中含≤0.30% Cu、AZ91D 铸件中含≤0.0005% Fe、≤0.002% Ni 和≤0.030% Cu。

⑧ B 和 C 性能相同，但 AZ31C 铸件中含≥0.15% Mn、≤0.03% Ni 和≤0.1% Cu。

2.3.2　无锆镁合金系

2.3.2.1　Mg-Al 系合金

　　铝是镁合金中最主要的合金元素。Mg-Al 系合金既有铸造合金又有变形合金，是目前牌号最多、应用最广的镁合金系列。Mg-Al 合金共晶温度较低(710 K)，随铝含量增加合金的铸造性能也相应提高，并且具有优异的力学性能和良好的抗蚀性，并能通过过热或变质处理细化晶粒。目前大多数 Mg-Al 系合金含 3% ~ 9% Al，并添加少量锌和锰，锌提高了镁合金的拉伸强度，锰则改善抗腐蚀性能。所形成的 AZ91 合金应用最为广泛，由于其优异的成形性，甚至可以压铸成复杂结构的薄壁零件。

　　铝含量大于 2% 的铸态镁铝合金,在晶界附近会形成 $Mg_{17}Al_{12}$ 相,尤其是在缓冷的砂型或永久型铸件中出现较多。随着铝含量增加,该相在晶界处形成网络状,特别是铝含量超过 8% 时,镁合金延展性急剧下降。因此,镁合金中铝含量不宜过高,否则将导致合金变形能力下降,这可以通过添加其他的合金元素如锰或进行热处理等加以改善。此外,镁铝系二元合金随着铝含量的增加,合金热裂倾向减小,合金的结晶温度区间增大,流动性降低;铝含量进一步增加时,流动性便随着合金中共晶相相对含量的增加而相应提高。

　　锌在镁铝合金中主要以固溶态形式存在。α 固溶体和 β 相($Mg_{17}Al_{12}$)中锌含量超过 2% 时,在凝固过程中出现热裂倾向,在使用过程中容易出现应力腐蚀开裂,因此要控制其含量。与锌不同,锰在合金中是以游离态形式存在。它可以与铝生成 Al_4Mn 或 Al_6Mn,也可和铁生成 MnAlFe 三元化合物,起到提高镁合金耐蚀性的作用。

　　图 2-13 所示为完整的 Mg-Al 合金相图。以 Mg-Al 二元合金为基础,发展的三元合金系有 Mg-Al-Zn、Mg-Al-Mn、Mg-Al-Si 和 Mg-Al-RE 等 4 大系列。

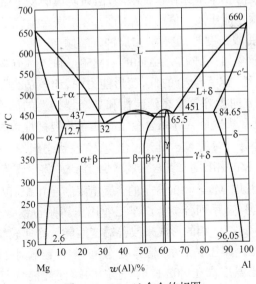

图 2-13　Mg-Al 合金的相图

AZ63A、AZ81A、AZ91A、AZ92A 和 AM100A 是极为常见的结构用含铝镁合金,AZ63B 合金在钢结构保护中充当阳极。AZ91 是最常用的压铸合金,其抗腐蚀性受铁、镍等电负性杂质的影响,因此在某些场合下必须严格控制这些元素含量。高纯 AZ91 合金如 AZ91D 的盐雾腐蚀速率不及 AZ91C 合金的 1%,抗蚀性和铸铝件相当。我国的 Mg-Al-Zn 合金牌号为 ZM5,其典型的铸态组织为 α-Mg 固溶体 + 晶界上非连续分布的含有 $Mg_{17}Al_{12}$ 相的共晶组织。共晶组织的大小、形状、数量和分布特征与凝固过程中的冷却速度有关。冷却速度越快,共晶组织尺寸越小,分布越均匀,其中所含 $Mg_{17}Al_{12}$ 相也相应减少[41]。

大多数变形镁合金也是基于 Mg-Al-Zn-Mn 系。常用的结构镁合金有 M1AF、AZ10A、AZ31B、AZ31C、AZ61A、AZ80A 等,其成分见表 2-11。

研究发现,虽然 Mg-Al 和 Mg-Al-Zn 合金的铸造性能和耐蚀性能优良,但其铸件有形成微孔的倾向。高于 393～403 K 时,AZ 和 AZ 系镁合金因晶界滑动产生蠕变而导致力学性能急剧下降。$Mg_{17}Al_{12}$ 相的熔点为 733 K,低温下比较软,不能阻碍这些合金中晶界的运动。此外,Mg-Al 系合金铸件表面直角处容易出现微孔并且不能压实。人们已经开发了浸渗技术来弥补这种缺陷,但只能填满皮下微孔,并且需要通过多个步骤才能压实。值得注意的是,含铝镁合金完全时效后,当应力超过 50% 屈服强度时,也有应力腐蚀开裂倾向。

低铝镁合金如 AM60A、AM60B、AM50A 和 AM20 等的室温强度不高,但脆性比 AZ 系合金的低,变形能力强,比较适合于制造汽车轮毂、座位架和方向盘等要求高延展性和高断裂韧性的部件。晶界附近 $Mg_{17}Al_{12}$ 相显著减少是 AM 系合金延展性和断裂韧性改善的最根本原因。对于锰小于 1% 的 Mg-Al-Mn 合金,室温状态组织一般为 α-Mg + $β(Mg_{17}Al_{12})$ + MnAl 相,随着锰含量的增加,组织中将出现脆性相,降低合金的延展性,因此,Mg-Al-Mn 合金的含锰量限制在 0.6% 以下[42]。

AS(Mg-Al-Si)系列合金是汽车工业用压铸耐热镁合金,加入硅的目的是减少 $Mg_{17}Al_{12}$ 相的形成来改善蠕变性能。冷速较快时,AS41A、AS41B 和 AS21 等压铸件的晶界处分布着晶粒较小、硬度较高的 Mg_2Si 颗粒,当温度高于 403 K 时,它们的蠕变性能优于 AZ91,如图 2-14所示。通过降低含铝量可进一步改善合金的蠕变性能,如 AS21

的性能优于 AS41A 和 AS41B,但是合金流动性差,难于铸造成形。为
了抑制合金中形成粗大的 Mg_2Si 微粒,要求过冷度较高,一般采用压铸
工艺来实现,往合金熔体中分别加入 Ca、P 和 Sb 等元素能细化晶粒,
并能细化 Mg_2Si 颗粒,改善合金的力学性能和抗蚀性[14,15,43]。目前,
AS 系列镁合金已大规模地应用于大众 Beetle 汽车发动机上,但 Mg-
Al-Si 系合金的蠕变性能低于 A380 铸造铝合金(见图 2-14),于是人们
开始在 Mg-Al 系合金中添加天然稀土金属混合物开发新型镁合金。
含稀土的镁铝合金不易于压铸成形,这与合金在冷却速度较低的凝固
条件下易生成非常稳定的 Al-RE 化合物沉淀相关。AE42 合金具有
优良的综合性能,蠕变强度比 Mg-Al-Si 系合金高。Mg-1.3%RE 二元
合金时效处理后,会出现均匀分布的析出相,但稀土对蠕变性能的影响
机理尚不清楚。Mg-Ce 合金蠕变过程中在晶界附近发生了 $Mg_{12}Ce$ 微
粒的形核,这有利于抑制晶界滑移而发生变形,但添加稀土元素的镁合
金成本比加硅的镁合金高数倍。

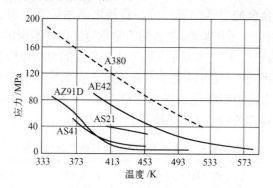

图 2-14 不同温度下 Mg-Al 系铸造合金和 A380 铸造铝合金
蠕变 100 h 产生 0.1%应变所需要施加的应力

最近研究的高锌含铝的镁合金如 AZ88,合金的流动性非常好,可
以进行压力铸造,甚至比传统的 AZ91 合金要好得多。图 2-15 是压铸
Mg-Al-Zn 合金的热裂区、脆性区和可铸造区的成分范围。目前人们正
在进行 Mg-12Zn-4Al 合金的压铸工艺的研究,低铝含量这一特性可以
改善其表面涂敷功能。钙具有阻燃的作用,可以提高 Mg-Al 基合金的
耐热性能,但是将降低压铸性能并导致热裂[44,45]。往 Mg-Al-Ca 合金

中添加锌开发了高锌的 Mg-Zn-Al-Ca 合金,其压铸性能大大提高,耐热性能良好[46]。

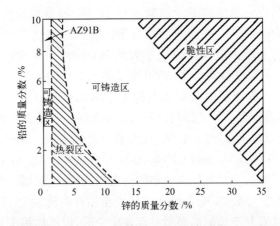

图 2-15　压铸 Mg-Al-Zn 合金的热裂区、脆性区和可铸造区的成分范围

　　镁铝系合金的力学性能与铸件直径之间的关系见表 2-12。表内数据表明,当铝含量增加时,合金的力学性能随铸件截面的增大而显著降低,镁合金中气体(主要是氢)的含量对合金的力学性能和致密性有很大影响,合金的吸气量随温度升高而增大。氢在固态镁铝合金中的溶解度随着合金中铝含量的增加而显著减小(见表 2-13)。镁合金含氢会促使微观疏松的生成或加剧。

表 2-12　镁铝系合金的力学性能与铸件直径的关系

合　　金	铸件直径/mm	抗拉强度/MPa	伸长率/%
Mg + 3 % Al	8	174	11.2
	15	175	10.0
	30	176	12.2
	45	165	11.2
	60	151	10.5
Mg + 6 % Al	8	183	3.6
	15	181	7.2
	30	187	8.1
	45	171	7.6
	60	155	7.2

合　　金	铸件直径/mm	抗拉强度/MPa	伸长率/%
Mg + 8%Al	8	180	4.4
	15	171	3.5
	30	147	2.5
	45	139	2.8
	60	111	1.6
Mg + 10%Al	8	169	2.8
	15	150	2.5
	30	119	2.2
	45	80	2.0
	60	68	1.7
Mg + 12%Al	8	155	1.8
	15	139	
	30	95	1.7
	45	61	1.7
	60	50	1.3

表 2-13　氢在固态镁铝合金中的溶解度和铝含量的关系

合金状态	铝的原子分数/%						
	0~2	2~4	4~6	6~8	8~10	10~12	12~14
	100 g 合金中的氢含量/cm³						
铸造态	22		17	13		9	7
淬火态	25	25	21	21	21	21	19

2.3.2.2　Mg-Mn 系合金

图 2-16 所示为 Mg-Mn 二元合金相图,可以看出,926 K 时 Mg-Mn 发生包晶反应:$L + (\alpha - Mn) \rightarrow \alpha(Mg)$。在 926 K 时锰在镁固溶体中的溶解度为 2.2%,773 K 时为 0.75%,673 K 时为 0.25%,溶解度随温度的下降而降低。由于镁和锰不形成化合物,因此脱溶析出的锰为纯锰,强化作用很小。

锰在加热时可以阻碍晶粒的长大,因此 Mg-Mn 系合金在热变形

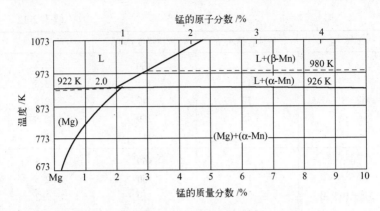

图 2-16　Mg-Mn 合金相图

或退火后力学性能下降幅度不大。在 Mg-Mn 合金中添加 0.15% ～ 0.35%Ce,能进一步细化晶粒,提高合金塑性和强度。铈在镁中溶解度很低,886 K 仅为 0.85%,温度降低时,溶解度随之减小,生成的 $Mg_{12}Ce$ 化合物具有很高的硬度和耐热性,因而提高了合金的高温性能。

钪(Sc)在镁中的溶解度很大,并随温度降低而下降,存在时效强化效应,但是二元 Mg-Sc 合金时效析出过程缓慢并且沉淀析出相界面不连续,因而对合金的强化效果并不显著。在 Mg-Mn-Sc 系合金中,能够形成 Mn_2Sc 相,提高了合金的抗蠕变性能和硬度,但是因为 Sc 的价格昂贵而应用受到限制。人们通过添加 Gd、Y 和 Zr 等合金元素代替钪而开发了蠕变性能较好的 Mg-Mn-Sc-Gd、Mg-Mn-Sc-Y 和 Mg-Mn-Y-Zr 等四元合金[47]。

Mg-Mn 系合金牌号主要有中国牌号 MB1 和 MB8。MB1 和 MB8 的室温力学性能见表 2-14 和表 2-15。

表 2-14　MB1 合金的室温力学性能

材料品种及状态	抗拉强度 σ_b/MPa	屈服强度 $\sigma_{0.2}$/MPa	伸长率 δ/%	断面收缩率 ψ/%	弹性模量 E/MPa	泊松系数 μ	弯曲疲劳强度 σ_{-1}[1]/MPa
挤压棒材	260	180	4.5	6.0	40000	0.34	75
退火板材[2]	210	120	8				75

材料品种及状态	剪切模量 G/MPa	扭转强度 τ_b/MPa	抗剪强度 σ_τ/MPa	抗压强度 σ_y/MPa	抗压屈服强度 $\sigma_{-0.2}$/MPa	冲击韧性 α_k/J·cm^{-2}	硬度 HB/MPa
挤压棒材	16000	190	130	330	120	5.9	400
退火板材[2]						4.9	450

① 反复弯曲次数 $N = 5 \times 10^7$;

② 573℃退火,30 min。

表 2-15　MB8 的室温力学性能

材料品种及状态	规格/mm	取样方向	抗拉强度 σ_b/MPa	屈服强度 $\sigma_{0.2}$/MPa	伸长率 δ/%	硬度 HB/MPa	弹性模量 E/MPa	剪切模量 G/MPa	泊松系数 μ
板材(300~623 K 退火,30 min)	0.8~3.0	纵向	270	200	11		41000	16000	
		横向	250	180	20		41000		
	3.1~10	纵向	260	160	10	550	41000		0.34
		横向	240	140	18	550	41000		
板材(523 K 退火,30 min)	0.8~3.0	纵向	290	210	8				
		横向	270	190	15				
	3.1~10	纵向	270	190	7				
		横向	250	160	12				
热挤压棒材	D130以下	纵向	260	150	7				
		横向	200	170	10				

　　MB1 合金具有中等的强度,优良的抗腐蚀性能,可以采用氩弧焊甚至氧乙炔焊进行焊接。MB8 则是在 MB1 基础上添加 0.15% ~ 0.35%Ce 而发展起来的,保持了 MB1 合金的抗腐蚀性能和焊接性能,而强度有较大幅度的改善。

　　Mg-Mn 系合金最主要的优点是具有优良的焊接性能和耐蚀性。其焊接性能良好,适宜气焊、氩弧焊、点焊等,并具有良好的切削加工性能。但是该合金铸造工艺性能差,凝固收缩大,热裂倾向高,合金强度低,所以其强度的提高主要依靠形变强化,因而 Mg-Mn 系合金都属于变形合金。另外,Mg-Mn 系合金挤压效应大,挤压制品的强度超过轧制制品。在耐蚀性方面,由于锰易同有害杂质化合,消除了铁对耐蚀性的影响,这样腐蚀速率特别是海水的腐蚀速率大大降低。Mg-Mn 系合金在中性介质中没有应力腐蚀开裂倾向,也没有晶间腐蚀倾向。

基于上述特点,Mg-Mn 系合金可以加工成各种不同规格的管、棒、型材和锻件,其板材可用于飞机的蒙皮、壁板及内部构件,其模锻件可制作外形复杂的构件,管材多用于汽油、润滑油等要求抗腐蚀性能的管路系统。但需要注意的是,Mg-Mn 系合金中容易出现锰的偏析夹杂,它们虽然对合金的抗拉强度、屈服强度和疲劳性能没有明显的影响,但对合金的伸长率、冲击韧性有一定的影响,并随锰偏析夹杂含量的增加而影响加剧。Mg-Mn 合金中含 1.5% Mn 时可获得最佳的耐蚀性,过量的锰反而造成耐蚀性和塑性的下降。

2.3.2.3　Mg-Zn 系合金

图 2-17 为 Mg-Zn 合金的相图。锌在镁中最大的固溶度为 8.4%,并且固溶度随温度降低而下降,因此 Mg-Zn 系合金也可以进行时效强化。在 613 K,锌含量为 53.5% 时发生共晶反应,即:$L \rightarrow \alpha\text{-}Mg + Mg_7Zn$。温度下降到 585 K 时发生共析反应,即:$Mg_7Zn \rightarrow \alpha\text{-}Mg + MgZn$。合金的室温平衡组织由 $\alpha\text{-}Mg$ 和 MgZn 化合物组成,温度降低时析出强化相 MgZn 化合物。

Mg-Zn 系合金的时效过程非常复杂,Mg-5.5% Zn 合金 G.P. 区固溶线温度在 $343 \sim 353$ K 之间,稍低于固溶线温度进行预时效处理能细化 G.P. 区内形成的 $MgZn_2$ 相,而最大的时效强化效果与这种共格相的形成有关。但是,由于 Mg-Zn 系合金形成连续的 G.P. 区和半连续的中间析出物,所以不能通过过热和变质处理来细化晶粒。Mg-Zn 二元合金结晶温度区间大,流动性差,容易产生显微疏松,并且晶粒细化困难,不能用作工业用的铸件或锻件材料,大大限制了其工业应用,所以这一合金系都是寻求加入第三组元,形成三元合金系使用。

对 Mg-5% Zn 合金,时效温度高于 477 K 时,在 $5 \sim 10$ h 内出现时效强化效应;而当温度低于 422 K 时,时效强化效应出现的时间很长。产生时效强化的原因是在 $\alpha\text{-}Mg$ 晶界上析出类似于 $MgZn_2$(Laves 相)晶体结构的 $MgZn(\beta'$ 相)造成的。当锌含量小于 6% 时,Mg-Zn 合金的

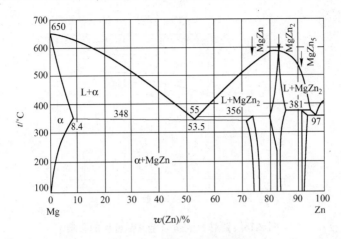

图 2-17　Mg-Zn 合金相图

抗拉强度和屈服强度随锌含量的增加而提高,而伸长率随之下降;锌含量大于 6% 时,其抗拉强度随锌含量的提高而下降,伸长率下降则更多[48]。工业上使用的 Mg-Zn 系合金锌含量一般低于 6%。

　　往 Mg-Zn 合金中加入铜形成的 Mg-Zn-Cu 合金,具有较高的延展性并增强时效强化效应,其铸件的室温力学性能达到了 AZ91 合金的水平,高温稳定性好并且可以进行回收。此外,铜的加入还能提高共晶温度,便于在更高的温度下进行固溶处理(见图 2-18),增加锌和铜在镁基体中的固溶量。ZC63 是一种典型的 Mg-Zn-Cu 砂型铸造合金,其时效状态下抗拉强度为 145 MPa,伸长率为 5%,高于 Mg-Al-Zn 系合金中的 AZ91 合金的强度。虽然铜是降低抗蚀性的元素,但 Mg-Zn-Cu 中大多数铜以共晶相 Mg(Cu,Zn)$_2$ 存在,危害得以缓解。砂型铸造、重力压铸和精密铸造技术可以生产 Mg-Cu-Zn 合金铸件,这些合金铸造性能优良,铸件中没有微孔收缩,不需要变质处理也可以获得组织致密的铸件,同时可以采用标准钨电极惰性气体保护焊的方法进行焊接。Mg-Zn-Cu 合金强度比传统的 AZ91 合金更优良,可以在汽车发动机上广泛应用。含 6%Zn、2%Cu 的 ZC62 合金,其抗拉强度、屈服强度和伸长率均高于 AS21 合金(见表 2-16)。与高锌低铜的合金相比,低锌高铜的合金流动性更好,无明显的热裂倾向。四元 Mg-Zn-Cu-Mn 合金 ZC71 的性能与 ZC63 的基本相似,也可以时效硬化,一般加工成锻件或挤压件使用。

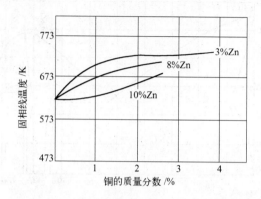

图 2-18　铜对 Mg-Zn 合金共晶温度的影响

表 2-16　压铸 ZC62 和 AS21 合金力学性能对比

合　金	试验温度下的力学性能					
	293 K			423 K		
	σ_b/MPa	$\sigma_{0.2}$/MPa	δ/%	σ_b/MPa	$\sigma_{0.2}$/MPa	δ/%
AS21F	195	100	8	126	72	16
ZC62F	227	119	11	144	88	31
ZC62T5	237	138	9.5	142	92	37

　　往 Mg-Zn 合金中添加 RE,可以改善合金的铸造性能和提高蠕变抗力,形成了 Mg-Zn-RE 三元合金。其中最有代表性的是 ZE41 和 ZE33 合金,大致相当于我国标准的 ZM1 和 ZM2 合金。这种合金具有明显的时效强化特点,并由于 RE 形成高稀土含量的 MgZnRE 三元相,起到了控制时效的作用[49]。

　　在 Mg-Zn 合金中添加锰,能稳定时效、降低过时效速率,明显改善二元合金的一些缺陷,为此开发的三元 Mg-Zn-Mn 合金,如 ZM21 等能够加工成锻件使用。

　　2.3.2.4　Mg-Li 系合金

　　锂的密度只有 $0.53g/cm^3$,Mg-Li 合金被称为超轻镁合金。根据 Mg-Li 二元合金相图(图 2-19),在 862 K 下,锂含量为 7.5% 的合金熔体中发生共晶反应 L→α-Mg＋β-Li。式中 β 相为体心立方结构的固溶体,其塑性高于 α 相,具有较好的冷成形性。在共晶温度下,锂在 α 相中的极限溶解度为 5.5%,温度降低时其溶解度基本不发生变化。锂含量超过 5.5% 后,合金中出现强度很低的 β 相,导致合金强度下降和塑性提高,因此 Mg-Li 系合金不能进行热处理强化,也不需要通过细化晶粒来提高塑性。根据锂含量和合金组织的不同,Mg-Li 系合金可以分为 3 类,即 α、α＋β 和 β 型合金,其中的锂含量分别为 5.5%、5.5%～10.2% 和 10.2% 以上。α 相和 β 相分别属于密排六方和体心立方晶格。

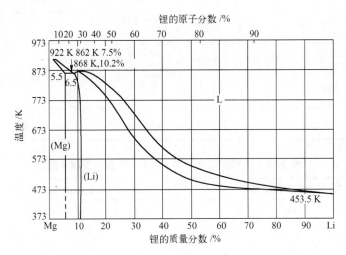

图 2-19　Mg-Li 二元合金相图

　　Mg-Li 合金的缺点是化学活性很高,锂易与空气中的氧、氢、氮结合生成稳定的化合物,因此 Mg-Li 系合金的熔炼和铸造必须在惰性气氛中进行。Mg-Li 合金的抗蚀性低于一般的镁合金,应力腐蚀倾向严重。

　　Mg-Li 合金力学性能不高,和铝、锌和硅等元素合金化后可显著提高抗拉强度和屈服强度,但是目前它们的应用范围仍然很窄。工业上具有实用价值的 Mg-Li 系合金有 LA141、LA91 和 LAZ933。这些合金锂含量为 9%～14%,密度只有 1.25～1.35 g/cm³,比弹性模量却很高。LA141A 和 LS141A 是工业上最为常用的两种 Mg-Li 合金。含锂量为 13%～15%,其中 LA141A 合金中铝含量为 0.75%～1.75%,LS141A 合金中硅含量为 0.5%～0.8%。Mg-Li 合金比强度高、振动衰减性好、切削加工性优异,是宇航工业理想的结构材料。表 2-17 和表 2-18 分别列出了 LA141A 和 LS141A 的合金的性能及不同温度范围内 LA141A 合金的线胀系数。

表 2-17　LA141A 和 LS141A 合金的性能

性　能	LA141A	LS141A	性　　能	LA141A	LS141A
弹性模量 /GPa	42	41	密度/$g \cdot cm^{-3}$	1.35	1.33
抗拉强度 /MPa	144	136	线胀系数 /$\mu m \cdot (m \cdot K)^{-1}$	21.8	
屈服强度 /MPa	123	110	比热容 /$kJ \cdot (kg \cdot K)^{-1}$	1.449	
50 mm 伸长率 /%	23	23	热导率 /$W \cdot (m \cdot K)^{-1}$	80	
硬度/HRE	55～65		电阻率/$n\Omega \cdot m$	152	

表 2-18　不同温度范围内 LA141A 合金的线胀系数

温度范围/K	线胀系数/$\mu m \cdot (m \cdot K)^{-1}$
143～297	21.5
297～373	21.7
373～473	22.2

合金元素对 Mg-Li 合金抗蚀性影响很大,锰、锌和镉(Cd)等(含量低于 4%)能提高 Mg-Li 合金的抗蚀性,其中锰的效果最为显著。镉含量小于 4%时,可提高合金的耐蚀性,超过 4%时则会降低抗蚀性。Si 和 Sb 等显著降低 Mg-Li 合金的抗蚀性。Al 和 Sn 等元素对 Mg-Li 合金抗蚀性的影响与含量有关。在 0.6%～1.0%范围内,合金的抗蚀性随含量的增加而下降;超过 1.0%时,其抗蚀性随含量的增加而稍有提高。在 Mg-Li 合金中添加少量的铝和钙有助于合金表面形成稳定性较高的 $Mg(OH)_2$ 基化合物保护层而提高合金的抗蚀性,同时也能提

高合金的延展性和抗蠕变性能,Mg-Li 系合金在潮湿大气中的应力腐蚀敏感性很大[50]。

2.3.3 含锆镁合金

Mg-Zr 二元合金平衡相图示于图 2-20,图中显示富镁端存在包晶反应,在该温度下锆在镁中的溶解度为 0.58%。合金熔体在冷却时,锆晶核从熔体中析出,然后在包晶反应温度与熔体反应生成富锆的固溶体。冷速越快,结晶核心中锆的浓度越高,与周围固溶体中锆的浓度梯度就越大,可以通过均匀化处理来提高含锆镁合金中锆浓度分布的均匀性。

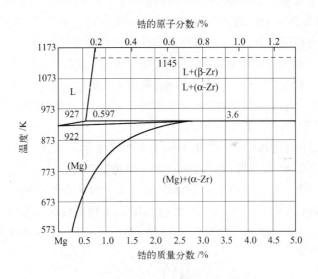

图 2-20　Mg-Zr 二元合金相图

锆在液态镁中的溶解度很小,液态金属结晶时,锆首先以 α-Zr 的晶核析出,α-Zr 与 Mg 均属于密排六方晶格,而且晶格常数非常接近,因此作为合金结晶核心,导致晶粒细化。锆还能减缓合金的扩散速度,阻止晶粒长大,当合金中锆含量为 0.6%～0.8%时,细化晶粒和提高力学性能的效果最为明显。另外,锆对改善合金耐蚀性和耐热性也有较大的作用。二元 Mg-Zr 合金铸件强度比较低,通常难以达到许多工业要求，因此必须添加合金元素改善力学性能。选择合金化元素时，需要考虑其与锆的相容性、铸造特性和合金的性能（如抗拉强度和抗蠕变性能）三大因素。航空工业对 Mg-Zr 合金的抗拉强度和蠕变性能具有特殊的要求。

2.3.3.1　Mg-Zn-Zr 系合金

如前所述，Mg-Zn 系合金容易晶粒长大，所以必须加入第三组元。锆具有细化晶粒作用，是铸态 Mg-Zn 合金中加入的最有效的晶粒细化元素，由此形成了 ZK 系列镁合金。Mg-Zn-Zr 系合金可以通过时效处理来强化，但由于元素锌的原因，这种合金热裂倾向较大，焊接性能较差，因此一般不宜制作形状复杂的铸件和焊接结构。Mg-Zn-Zr 合金中添加稀土元素后，凝固过程中将在晶界处形成化合物，改善了铸件组织，显著提高合金的铸造性能。但是这些化合物十分稳定，在后续的固溶处理中难以溶解，所幸对铸件力学性能没有明显的影响。

按 ASTM 标准，Mg-Zn-Zr 合金主要有 ZK21、ZK31、ZK40A、ZK60A、ZK51A 和 ZK61 等。我国目前只有 MB15 一个合金牌号，是工业变形镁合金中强度最高、综合性能最好、应用广泛的结构合金。在国外，挤压态 ZK40A 和 ZK60A 最为常用。

MB15 是可热处理强化的高强度变形镁合金。该合金的塑性低于中等强度的 MB2、MB3 和 MB8 合金。因此生产的品种限于挤压制品、锻件和模锻件。合金热成形后通常在人工时效状态下使用，其室温强度、屈服强度优于其他的镁合金，且切削加工性能良好，但焊接性能较差。一般用于 398 K 以下工作的零件，如飞机长桁、操纵系统的零件、航空轮毂等。

2.3.3.2　Mg-RE 系和 Mg-RE-Zr 系合金

稀土是我国的富有资源，它们对镁合金的性能起着重要的作用，可降低镁在液态和固态下的氧化倾向。由于大多数的 Mg-RE 合金系，例如 Mg-Ce、Mg-Nd 和 Mg-La 相图的富镁端比较相似（图 2-21），它们都具有简单的共晶反应，因此一般在晶界存在着熔点较低的共晶体，这些以网格形式存在于晶界上的共晶体和析出相相互作用，能够起到抑制显微疏松和提高蠕变性能的作用。

钕（Nd）：在稀土元素中，钕的合金化作用最好，钕使得镁合金在高

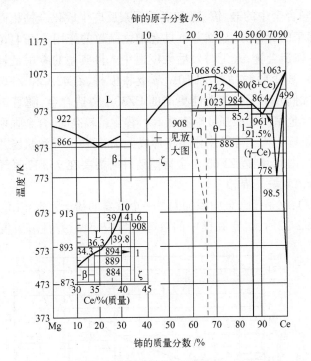

图 2-21　Mg-Ce 二元合金相图

温和常温下同时获得强化。铈和含铈的混合稀土虽然对改善合金的耐热性效果较好,但常温强化作用较弱。镧的效果则在两方面均不如铈。Mg-RE 系合金的共晶温度比 Mg-Al 和 Mg-Zn 系高得多,三价稀土元素提高了合金的电子浓度,可以增加镁合金的原子结合力,降低镁在 473~573 K 的原子扩散速率,特别是镁与稀土形成的化合物热稳定性高。另外,在 423~573 K 范围内,钕在镁中固溶度较小,固溶体与第二相之间的原子交换作用减弱,这些原因都有助于阻止高温下晶界迁移和减小扩散性蠕变变形。一般认为,Mg-RE 化合物的弥散强化和其在晶界上对晶界滑移的影响是稀土镁合金具有较高的抗蠕变性能的主要原因,Mg-RE 系合金一般可在 423~523 K 下使用。

　　锆(Zr):稀土镁合金中添加适量的锆,可以细化晶粒,进一步提高合金的强度。前已述及,并非所有的添加到合金中的锆都具有细化晶粒的作用,只有合金浇铸时溶入合金熔体的那部分锆才具有晶粒细化作用,锆同合金中的硅、镍、锰和氢等元素反应生成化合物相而从熔体中沉淀出来的那部分,显然并不具有细化晶粒的作用。ZE41A合金是最常用的铸造合金,人工时效后硬度适中。最典型的应用是直升机上的传送箱,其变形制品有 ZE10A 薄板和板材、ZE42A 和 ZE62 锻件。近年来,人们开发了拉伸性能更高的 EZ33A 铸造合金,随着热处理时间延长,合金室温屈服强度略有提高。锌含量较高时,合金强度进一步提高,但是锌与稀土等发生作用将形成大块晶界相,导致氢脆并降低固相线温度,因此,制造 ZE63 合金薄壁铸件时需要在 753 K 氢气中长时间加热分离大块晶界相。

钇(Y):钇是镁合金中添加的另一个重要的稀土元素。Mg-Y 合金相图如图2-22所示。钇在镁中的溶解度为12.5%,并且溶解度随温度

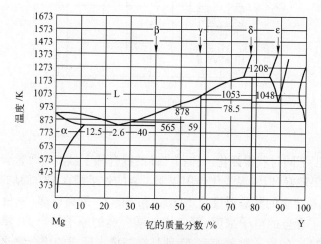

图 2-22　Mg-Y 二元合金相图

的降低而降低,表明其具有很高的时效硬化倾向。在 Mg-Y 合金中往往要加入钕和锆,所形成的 Mg-Y-Nd-Zr 合金系列具有比其他合金高得多的室温强度和高温蠕变性能,使用温度可高达 573 K。另外,其热处理后的耐蚀性能优于所有的其他镁合金。WE54 是工业上应用最早的含钇镁合金,其 T6 状态室温抗拉强度高达 275 MPa,屈服强度高达 200 MPa 伸长率为 4%,铸造性能与 QE22A 合金相当,铸件气密性和焊接性能优良,已经在飞机和赛车气缸上得到应用。纯的稀土钇在使

用中有一定的困难,其一是价格昂贵;其二是熔点高(1773 K),与氧的亲和力大,很难与镁化合。因此,人们研究采用一种相对廉价的稀土混合物(含 75% Y 和 Gd、Er 等稀土元素)来代替钇。为此开发的另一种 WE43 稀土镁合金,具有优异的综合性能和稳定性,适合于在较高的温度下使用,而成本比 WE54 低,在高性能汽车和导弹制造方面具有广阔的应用前景[51]。

钍(Th):向镁中添加钍元素,形成的 Mg-Th 合金,其工作温度高于 623 K,并且钍与其他稀土元素一起能改善合金的铸造和焊接性能,提高合金的抗蠕变性能。这可能与热处理过程中形成的沉淀强化相 Mg_3Th、$Mg_{22}Th_6$ 在晶内及晶界不连续分布有关。Mg-Th 合金中添加锌,形成了 HE32A 和 ZH62A,具有明显的沉淀析出强化效果。Mg-Th 系合金应用于导弹和飞机上,但由于钍的放射性容易对人体产生危害,所以使用范围受到了限制。

银(Ag):银能明显改善 Mg-RE 合金的时效强化效果,目前人们已经开发了几种不同成分的高温合金,如 QE22、QH21 和 EQ21。QE 型合金疲劳性能优良,蠕变性能与 EZ33 相当,并且高温力学性能与含钍镁合金接近。EQ21 合金甚至在 523 K 时仍具有高强度。QE22A 是航空领域应用最广的铸造镁合金,主要用于制造落地轮、齿轮箱、直升机的螺旋头和前起落架外筒等。当 Mg-Ag-Nd 合金中的银含量低于 2% 时,合金中的沉淀析出过程与 Mg-RE 合金类似,并会形成 MgNd 相;当银含量超过 2% 时,合金中存在两个相互独立的沉淀析出过程,生成相可能是 $Mg_{12}Nd_2Ag$ 平衡相。银有细化沉淀相的作用。Mg-RE-Zr 系合金的力学性能比较低,添加银能提高时效强化 Mg-RE-Zr 合金的抗拉强度。若用富铈的稀土混合物替代富钕的稀土混合物,合金强度将进一步增加。QH21A 合金含有钍,虽然在含钇镁合金开发之前,它在 523 K 以上的抗拉强度和抗蠕变性是所有镁合金中最高的,但耐蚀性较差,并且由于放射性而逐渐被放弃使用了。

2.4　镁合金的熔炼[3,4,52]

镁合金熔炼是制造镁合金构件的基础和重要步骤,它影响到合金的质量,进而影响产品的使用性能。影响镁合金质量的因素很多,主要有原材料的品质、所使用的熔剂、熔炼方法和装置等。另外,与其他的非铁基金属相比,镁比较活泼,在液态下非常容易和氧、氮和水等发生化学反应,氧化及烧损严重;同时其耐蚀性对杂质元素如铁、镍和铜等都非常敏感。因此,正是镁及其合金的这些特点,其熔炼工艺也有其特殊之处。如果不加重视,不仅会降低熔体的质量,包括合金的纯净度、成分均匀性和准确性,甚至还会产生严重后果。

2.4.1　镁合金熔炼的原料与辅料

2.4.1.1　熔炼用原材料

配制镁合金用的金属原材料应符合表 2-19 列出的各种技术标准规定的要求,各种不同牌号镁合金的回炉料都可以作为本身合金炉料的组成部分。回炉料的分级、用量和用法如表 2-20 所示。预备入炉的料必须洁净干燥。没有油污、氧化物、沙土和锈蚀的污染,并且不能混有其他金属。如果炉料混有尘土和氧化物时,则应该单独提炼并铸锭,以便回收使用。生产多种牌号的镁合金铸件时,各种不同的合金,特别是含锆镁合金与含铝镁合金的回炉料不能混用,一旦发生混料现象,建议用表 2-21 所示的方法鉴别。

表 2-19　镁合金熔炼的金属材料及要求

名　称	技术标准	技　术　要　求	用　途
镁　锭	GB3499	Mg≥99.9%(二级)	配制合金
铝　锭	GB1196	Al≥99.5%(一级)	配制合金
锌　锭	GB470	Zn≥99.9%	配制合金
铝锰中间合金	HB5371—87	AlMn10(Mn9%～10%)	配制合金
镁锆中间合金	Q/6S93—80	Zr≥25%	变质剂
混合稀土金属	GB4153	RE(其中 Ce45%以上)	配制 ZM4 合金
镁钕中间合金	HUAC,H—37—90(企标)	MgNd-35RE30%～40% Nd/RE≥85% MgNd-25RE20%～30% Nd/RE≥85%	配制 ZM6 合金
铝铍中间合金	HB5371—87	Al-Be 合金(其中 Be2%～4%)	防止熔体的氧化
铝镁铍中间合金		Be2%～4%, Al62%～65%	防止熔体的氧化
铝镁锰中间合金		Mn9%～11%, Al60%～70%	配制合金

表 2-20 镁合金回炉料的分级和使用方法

级别	组 成	使 用 方 法
一级	废旧的铸件、干净的冒口和剩余合金液的浇注锭	不需要重熔,清理、吹砂后可直接用于配制合金,用量为炉料总量的 20%~80%
二级	锈蚀铸件、小冒口、过滤网后的浇道	经吹砂或重熔成铸锭,并经过化学分析后可用于配制合金,但量不超过炉料总量的 40%
三级	经重熔的浇口杯料、坩埚底料、过滤网前浇道以及溅出屑、镁屑重熔锭等	重熔成铸锭并经过化学分析后可用于配制合金,但量不得超过炉料总量的 10%

注:同时使用一级和二级回炉料时,用量的总和不超过炉料总质量的 80%;同时使用二级和三级回炉料时,用量的总和不超过炉料总质量的 40%。

表 2-21 含锆和含铝镁合金的鉴别方法

处 理 方 法	颜 色	合金类别
打磨回炉料的表面,显露出光亮的金属表面,然后滴上稀盐酸	黑 色 白 色	含锆镁合金 含铝镁合金
打磨回炉料的表面,显露出光亮的金属表面,先滴上一滴稀盐酸,然后滴两滴浓度为 3% 的双氧水	黄色泡沫 灰黑色沉淀	稀土镁合金 含铝的镁合金

2.4.1.2 熔炼用工艺材料

由于镁及镁合金在熔炼过程中容易氧化,并且烧损严重,需要大量的覆盖剂来保护熔体。同时。镁合金熔体中的氧化夹杂、熔剂夹杂和气体的溶解度比铝合金的高,因此需要经过净化处理。此外,在转移镁合金熔体及浇铸成形过程中,各种工具也需要进行洗涤和防护,所以需要大量的工艺用辅助材料,其主要的成分和技术要求见表 2-22。

表 2-22 镁合金熔炼用工艺材料的成分及要求

名 称	技术标准	技 术 要 求	用 途
轻质碳酸钠	GB4794	$CaCO_3 + MgCO_3 \geqslant 95\%$ 水分 $\leqslant 2\%$	变质剂
菱镁矿	企标	$Mg \geqslant 45\%$,$SiO_2 \leqslant 1.5\%$	变质剂
六氯乙烷	ZBG 16007	$Fe \leqslant 0.06\%$,灰分 $\leqslant 0.04\%$,$H_2O \leqslant 0.05\%$,醇中的不溶物 $\leqslant 0.15\%$	精炼剂
氯化镁	GB672		配制熔剂及洗涤剂
氯化钾	GB646		配制熔剂及洗涤剂

名　称	技术标准	技术要求	用　途
氯化钠	GB1266	优级	配制熔剂
氯化钡	GB652		配制熔剂
氯化钙	HGB3208	无水一级	配制熔剂
氟化钙	YB326		配制熔剂
光卤石	Q/HG1—021		配制熔剂
钡熔剂(RJ-1)	Q/HG1—620		配制熔剂及洗涤剂
硫磺粉	GB2449	S≥99%过100目筛	配制防护剂
硼酸	GB538	二级	配制防护剂

2.4.1.3　熔剂

为防止镁合金熔炼过程中熔体氧化燃烧,生产中一般采用熔剂保护熔炼的方法。熔剂在镁合金熔炼过程中起着非常重要的作用。主要包括两个方面,一是覆盖作用,熔融的熔剂借助表面张力的作用,在镁熔体表面形成一层连续、完整的覆盖层,隔绝空气和水汽,防止镁的氧化,抑制镁的燃烧;二是精炼作用,熔融的熔剂对夹杂物具有良好的润湿、吸附能力,并利用熔剂与金属熔体的密度差,把金属夹杂物同熔剂从熔体中排除。因此,熔剂通常分为覆盖剂和精炼剂两大类。熔剂的质量也直接影响镁合金的质量。

根据上述要求,熔剂应当具有如下特点,熔点低于纯镁和镁合金;有足够高的液体流动性和表面张力;具有一定的黏滞性;与坩埚壁和炉体润湿;有精炼能力;在 973~1073 K 时熔剂的密度比镁合金的高;与镁合金和炉壁不会发生化学反应。

同时,熔剂材料必须满足以下几点要求:

(1) 能够减少或防止熔体表面的氧化或燃烧。

(2) 熔剂与熔体容易分离,能够有效去除熔体中的夹杂物如氧化物、氮化物等。

(3) 不含对熔体有害的夹杂物和夹杂元素。

(4) 对环境无污染,原材料损耗低。

(5) 原料来源广,价格低廉,不会明显增加合金材料的生产成本。

　　镁合金熔剂主要由 $MgCl_2$、KCl、CaF_2、$BaCl_2$ 等氯盐和氟盐的混合物组成,它们按一定的比例混合,使熔剂的熔点、密度、黏度及表面性能均较好地满足使用要求。

　　$MgCl_2$ 是其主要成分,对镁熔体具有良好的覆盖作用及一定的精炼能力。$MgCl_2$ 的熔点为 981 K,易与其他盐混合形成低熔点盐类的混合物。因此,其流动性好,在镁熔体的表面能够迅速地铺展成一层连续、严密的熔剂层。$MgCl_2$ 能很好地润湿熔体表面的氧化镁,并将其包覆后转移到熔体中去,消除了由氧化镁所产生的绝热作用,使镁在氧化中产生的热量能较快地通过熔剂层散出,避免镁溶液表面温度的急剧上升。$MgCl_2$ 还能与空气中的氧及水汽反应生成 HCl、Cl_2 和 H_2 等。反应生成的 Cl_2、HCl 又能迅速和镁反应生成一层 $MgCl_2$,盖住无熔剂的镁熔体表面。这样,HCl、Cl_2 和 H_2 等保护性气氛及 $MgCl_2$ 薄层覆盖均能有效地阻止镁与氧、水的作用,防止氧化,抑制燃烧。

　　在 $MgCl_2$ 中加入 KCl 后,能够显著降低 $MgCl_2$ 的熔点、表面张力和黏度。KCl 的另一个作用是提高熔剂的稳定性,即减少高温时 $MgCl_2$ 的蒸发损失,使 $MgCl_2$ 的蒸汽压下降,KCl 和 $MgCl_2$ 质量分数各占 50% 的熔剂蒸汽压最小。KCl 的存在还大大抑制 $MgCl_2$ 加热脱水的水解过程(部分转化为 MgO 和 HCl),减少 $MgCl_2$ 在脱水操作时的损失。

　　$BaCl_2$ 的密度大,1237 K 液态时的密度为 $3.06\ g/cm^3$,293 K 固态时的密度为 $3.87\ g/cm^3$。可作为熔剂的加重剂,以增大熔剂与镁熔液之间的密度差,使熔剂与镁熔体更易于分离。$BaCl_2$ 的熔点为 1233 K,黏度较大,加到熔剂中也能加大熔剂的黏度。

　　CaF_2 比无水光卤石❶ 密度大,293 K 时固态密度为 $3.18\ g/cm^3$,1237 K 时液态密度为 $2.53\ g/cm^3$,而光卤石的密度仅为 $1.58\ g/cm^3$,故也可加大熔剂的密度。CaF_2 加到 KCl、$NaCl$、$CaCl_2$ 等盐中,如加入量超过共晶点,则使熔剂的黏度剧增,故可作为稠化剂使用。在含有足够量 $MgCl_2$ 的熔剂中,加入 CaF_2 可提高熔剂的稳定性和精炼能力。

---

　　❶　光卤石,矿物名,化学成分 $KCl·MgCl_2·6H_2O$,又称砂金卤石。正交晶体,通常呈粗粒集合体。透明或微透明。密度 $1.58\ g/cm^3$,性脆味苦涩。在空气中易潮解,易溶于水。形成于富含镁和钾的盐湖中,产于沉积盐层中。

MgF_2 在氯盐中溶解度很小，它的存在改变了 CaF_2 的溶解度随温度变化而显著改变的特点。因此，加入少量的 CaF_2 即可使熔剂稠化，也不会因为温度的波动而使熔剂的性能不稳定。MgF_2 的存在，还可提高熔剂的精炼能力，其原因是 MgF_2 对 MgO 有化合造渣的能力。也有人认为加入氟盐后，提高了 MgO 在熔剂中的溶解度，少量的氟离子可适当地提高熔剂与熔体间的表面张力，改善精炼的效果。因此，熔剂中一般均加入 CaF_2。

一般来说，以 $MgCl_2$ 为主要成分的熔剂适用于 Mg-Al-Zn、Mg-Mn 和 Mg-Zn-Zr 系合金的熔炼。对于含有钙、镧、铈、钕和钍等元素的合金，应采用不含 $MgCl_2$ 的专用的熔剂，这是因为 $MgCl_2$ 与这些元素很容易发生化学反应，生成 $CaCl_2$、$LaCl_2$、VCl_2 和 $CeCl_2$ 等化合物，影响合金熔体的成分。

在镁合金的熔炼过程中，还使用硫磺、硼酸（HBO_3）、氟化物（NH_4BF_4、NH_4HF 和 NH_4F）和烷基磺酸钠（RSONa）等以防止镁液在浇注及充型过程中氧化和燃烧。一方面，硫与镁液接触时形成 SO_2 保护气体（沸点为 717.6 K）；另一方面，镁与硫反应生成 MgS 膜，减缓了镁液的氧化。硼酸受热脱水生成 B_2O_3，与镁反应生成致密的 Mg_3B_2 保护膜。氟化物与镁接触后分解出 HF 和 NH_3 等保护性气体，但这些气体有毒，腐蚀性大，因此用磺酸钠代替氟化物，磺酸钠与镁反应后生成 SO_2 和 CO_2。并能与镁液形成 MgS 等致密的薄膜。

根据 HB/Z5123-79 标准规定，共有 7 种熔剂，包括光卤石、RJ-1、RJ-2、RJ-3、RJ-4、RJ-5 和 RJ-6，其中 RJ-6 不含有 $MgCl_2$。

2.4.2　镁合金熔炼的主要设备

2.4.2.1　熔炼炉

通常采用间接加热式坩埚炉来熔炼铸造镁合金，其结构与熔炼铝合金用坩埚炉类似。由于镁合金的理化性质不同于铝合金，因而坩埚材料和炉衬耐火材料不同，并且需要对熔炼炉结构进行适当的修改。镁合金的化学性质比较活泼，开始熔化时，容易氧化和燃烧，需要采取保护措施防止熔融金属表面的氧化。镁合金熔体不同于铝合金，铝合金熔体表面会形成一层连续致密的氧化膜，阻止熔体进一步氧化，而镁合金熔体表面会形成疏松的氧化膜,氧气可以穿透表面氧化膜而导致氧化膜下面的金属继续氧化甚至燃烧。此外,熔融镁合金极易和水发生剧烈反应生成氢气,不仅会导致铸件缩松,而且可能引起爆炸。因此,对镁合金熔体采用熔剂或保护气氛隔绝氧气或水汽是非常必要的。

镁熔体不会像铝熔体一样与铁发生反应,因此可以用铁坩埚熔化镁合金并盛装熔体。通常采用低碳钢坩埚来熔炼镁合金和浇铸零件,特别是在制备大型镁合金铸件时,大多采用低碳钢制坩埚。

图 2-23 所示为典型的戽出型燃料加热静态坩埚炉(镁合金熔炼炉)的横截面,采用铸勺从坩埚内舀取金属液并手工浇铸制备小型铸件。这种坩埚通过凸缘从顶部支起坩埚使坩埚底部留出空隙。这不仅有利于坩埚传热,而且为清理熔炼过程中坩埚外表面形成的氧化皮提供了足够的空间。此外,炉腔底部向出渣门倾斜。由于火苗的冲击,燃料炉坩埚壁局部会出现逐渐减薄的现象,因而需要定期检查坩埚壁厚,否则可能发生熔体渗漏事故。

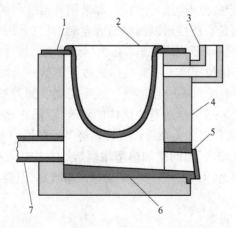

图 2-23 戽出型燃料加热熔炼炉的横截面
1—铸铁支撑环;2—低碳钢坩埚;3—排气管;4—黏土耐火砖;
5—出渣门;6—浇注的耐火材料;7—燃烧通道

一旦坩埚表面形成了氧化皮,氧化铁与镁熔体之间可能发生镁热反应,放出大量的热量,产生 3273 K 以上的高温,有可能发生爆炸。因此必须保证炉底没有氧化皮碎屑,并且在坩埚底部放置一个能盛装熔体的漏箱盘以防坩埚的渗漏,特别是在某些难以确定是否形成了氧化皮的部位,可以在钢坩埚加热面上包覆一层 Ni-Cr 合金来减少氧化皮的形成,这样做并不会降低熔炼炉的热效率。此外,镁合金熔体也易于与一些耐火材料发生剧烈的反应,因此有必要合理选择燃烧炉炉衬用耐火材料。生产实践表明,高温耐火材料和高密度"超高温"铝硅耐火砖(57%Si43%Al)的使用效果很好。

设计燃料炉时,出渣门要便于开启,电阻加热型坩埚炉通常采用低熔点材料如锌薄板将出渣门封住。发生熔体渗漏时,锌虽然不能阻止镁合金熔体渗漏,但是可以抑制"烟囱"效应。"烟囱"效应往往会加速坩埚的氧化,接近或高于熔点时,熔体会发生燃烧,在熔体表面撒熔剂或使用 1%SF$_6$ 混合气体下的无熔剂工艺可以抑制燃烧。当前,对铸造行业的环境控制日益严格,淘汰老式 SO$_2$ 顶庈出型燃料加热炉已成为发展的趋势。

熔炼炉的种类和规格很大程度上取决于铸造生产的规模。小型铸造车间分批生产多种不同的合金,通常采用升出式坩埚炉。大规模生产镁合金,特别是有严格限制的铸造合金时,可以采用大型熔化装置,合金熔体添加到一系列坩埚炉中,在坩埚炉内进行熔体的处理,包括合金的熔炼、稳定化和存储。通常熔体通过倾倒从一个坩埚移到另一个坩埚,然后从最后的坩埚中直接浇注或手工浇注到铸型中。在熔体的转移过程中,必须尽可能地避免熔体的湍流,以防止氧化,否则会增加最终铸件中的氧化皮和夹杂物。直接燃烧型反射焰炉由于存在过度氧化问题,已经被淘汰了,间接加热型坩埚熔炼方法热效率较低,很少采用;与燃料炉相比,无芯的感应电炉初始成本较高,但运行成本较低,占用空间较小。

2.4.2.2　坩埚

用于熔炼镁的坩埚容量一般在 35～350 kg 范围内。小型坩埚常常采用碳含量低于 0.12%的低碳钢焊接件来制作。镍和铜严重影响镁合金的抗蚀性,因此钢坩埚中这两种元素的含量应分别控制在0.10%以下。图 2-24 为熔炼镁合金用的带挡板和不带挡板的焊接钢制坩埚。

在镁合金的熔炼过程中,特别是采用熔剂熔炼工艺时,通常会在坩

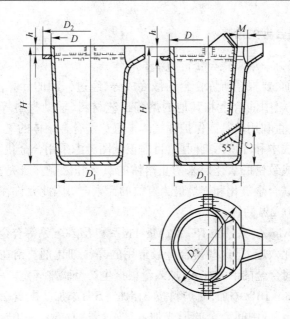

图 2-24 带挡板和不带挡板的熔炼镁合金坩埚截面图

埚底部形成热导率较低的残渣。如果不定期清除这些残渣,则会导致坩埚局部的过热,并且坩埚表面会生成过量的氧化皮。坩埚壁上沉积过量的氧化物也会导致坩埚局部过热。因此,记录每个坩埚熔化炉料的次数应作为一项日常安全措施。坩埚必须定期用水浸泡,去除所有的结垢。通常无熔剂熔炼方法的结垢比较少。

2.4.2.3 常用的熔炼浇铸工具及其他工具

小型铸件采用手工浇铸比较方便,也就是直接用浇铸勺从舀出型炉子中舀出熔体并浇铸到模具中。大批量生产铸件时,采用舀斗型浇铸勺;小批量生产铸件时,采用半球形浇铸勺,二者都采用低碳低镍钢制造,厚度为 2～3 mm。浇铸镁合金用浇包,此外,还有去渣勺、残渣盘、搅拌器、搅炼工具和精炼勺。所有这些部件都由与坩埚材料化学成分相同的钢制成。温度控制是通过安装铁-康铜或镍铬-镍铝型热电偶,以便在熔炼和熔体处理工艺中进行温度实时监测。通常采用低碳钢或无镍不锈钢制成保护管来保护热电偶。

2.4.3　镁合金的熔炼

2.4.3.1　熔炼镁合金前的准备工作

熔炼前,要根据所炼合金的最终成分,经过仔细的计算,加入适量的原材料镁、中间合金和其他的熔炼工艺材料、辅助材料等。长期以来,人们一直利用熔剂或保护性气体来避免镁合金熔体的氧化与燃烧,但考虑到成本和环境污染问题,目前正试图考虑采用合金化手段,在熔体表面形成致密的氧化层来防止熔体的氧化和燃烧。研究发现,钙和铍是抑制镁合金氧化和燃烧最为有效的元素[53],因此允许在配料中加入小于 0.002% 的铍。

锆对 Mg-Zn 系、Mg-RE 系、Mg-Th 系和 Mg-Ca 系等合金具有显著的晶粒细化效应,是这些镁合金最常用的晶粒细化剂。锆在配料中以 Mg-Zr 中间合金的形式加入,加入量根据生产经验来确定。一般而言,新料按 7%～10% 添加,回炉料按 3.5%～5% 添加。配置 ZM6 时,这里钕以 Mg-Nd 中间合金的形式加入,钕含量为 25%～40%。钕是指钕含量不小于 85% 的混合稀土,其中钕和镨含量不小于 95%。对于 ZM5 合金,铝的配料成分分两种情况,大型厚壁铸件应取下限值,薄壁件应取上限值。

A　对炉料及熔炼用辅助材料的要求

配料用合金炉料应该清洁无霉斑、无锈蚀和无油垢,若有上述情况应通过吹砂或用钢丝刷清理干净。油封镁锭除油后,应做喷砂处理并预热至 423 K 以上。回炉料经过喷砂处理后仍可能含有熔剂夹杂,其燃烧残留物应重熔处理后再预热到 423 K。

熔剂可以从专门厂家购买,也可以自行配置。使用前各种覆盖熔剂和精炼熔剂都应在 393～423 K 下干燥 1～2 h,洗涤熔剂(光卤石或 RJ-1 熔剂)放置在坩埚内升温至 1023～1073 K。熔剂量不得少于坩埚容量的 80%,在使用过程中需要经常打捞熔渣。熔渣太多洗不净工具时,应重熔洗涤液。洗涤熔剂在连续熔炼 20 炉后应全部更新。允许采用 43% NaCl 和 57% $MgCl_2$ 组成的混合熔剂洗涤液。

变质剂通过将片状结晶的天然菱镁矿破碎成 10 mm 的小块,在 373～423 K 下预热 2 h 来配制,其中的菱镁矿也可以用轻质的碳酸钙代替。使用六氯乙烷时,需压实为圆柱体,压实后密度为 $1.8\,g/cm^3$ 左右。

配制防护剂时,首先将硫磺粉与硼酸按 1:1 的比例混合均匀,碾碎过 0.189 mm(70 目)筛再结块,配制好后放置在干燥的有盖容器内。

B 熔炼炉和辅助浇铸设备的准备

熔炼炉和辅助浇铸设备表面的水汽、熔渣和氧化物等会严重影响合金熔体的质量,特别是水汽、氧化物与镁合金熔体之间还存在化学反应。因此,熔炼镁合金前必须用钢丝刷等清理工具去除设备表面的熔渣、氧化物。将浇包、搅拌杆和钟形罩等工具在熔剂中洗涤干净并预热至亮红色。

C 型模及涂料的准备

铸造镁合金的流动性比铸造铝合金的差,并且密度较小,因此铸造镁合金薄壁件尤为困难。如果采取提高浇铸温度的方法来提高合金的流动性,势必会增加合金的吸气及氧化程度,还会增大铸件的收缩量,这将会导致铸件的疏松、夹杂和裂纹等。通常人们通过改善铸型的表面状况来提高合金的流动性。铸型表面喷涂一层乙炔烟后,即使浇铸温度下降至 1023 K,合金的流动性也较好。其中发生的化学反应为:

$$CaC_2 + 2H_2O \longrightarrow Ca(OH)_2 + C_2H_2 \uparrow$$

$$C_2H_2 + \frac{1}{2}O_2 \longrightarrow 2C + H_2O$$

在喷涂过程中,将微小的碳粒覆在铸型的表面,改变金属液和铸型之间的热交换条件,大大降低铸型的导热能力,使金属液温度下降速度减缓,从而大大提高合金的流动性。

目前,还可以采用镁合金铸型专用涂料,对增加合金熔体在型腔内的流动性、防止镁合金的氧化和提高铸件表面质量均具有明显的效果。

2.4.3.2 镁合金的熔炼工艺

镁合金熔体易与周围的介质如氧、氮、水汽等发生反应。镁与 1 g 氧气化合时释放 598 J 的热量,而铝则放出 531 J 的热。通常,氧化物生成热越大,分解压越小,则与氧的亲和力越强。镁被氧化后表面形成疏松的氧化膜,由于表面不致密,不能切断反应物质的扩散通道,从而使镁的氧化得以持续进行。镁的氧化过程完全是由反应界面所控制的。温度较低时,镁的氧化速率不大;高于 773 K 时,氧化速率加快;超过 923 K 时,氧化速率急剧增加,熔体一旦遇氧就会发生剧烈的氧化而燃烧,放出大量的热。反应生成的 MgO 绝热性能很好,使反应界面所产生的热量不能及时地向外扩散,从而提高界面温度,造成恶性循环加速镁的氧化,燃烧反应更加激烈。当界面反应温度高于镁的沸点 1380 K 时,镁熔体大量气化,导致爆炸。

镁无论是固态还是液态均能与水发生化学反应,其反应方程式为

$$Mg + H_2O = MgO + H_2 \uparrow + Q$$

$$Mg + 2H_2O = Mg(OH)_2 + H_2 \uparrow + Q$$

式中,Q 为热量。室温下,反应速度缓慢,随着温度的升高,反应速度加快,并且 $Mg(OH)_2$ 会分解为水及 MgO,在高温时只生成 MgO。在相同的条件下,镁与水之间的反应比镁与氧之间的反应更激烈。当熔融镁与水接触时,一方面生成氧化镁并释放大量的热,另一方面反应产物氢与周围大气中的氧迅速化合生成水,水又受热急剧汽化膨胀,结果导致猛烈的爆炸,引起镁熔体的剧烈燃烧和飞溅。因此,熔炼镁合金时,与溶液相接触的炉料、工具、熔剂等均应干燥。

镁与氮气的反应方程式为

$$3Mg + N_2 = Mg_3N_2$$

室温下反应速度很慢。当镁处于液态时,反应的速度加快,高于 1273 K 时,反应很剧烈。不过 Mg-N_2 反应比 Mg-O_2 和 Mg-H_2O 反应要缓和的多。反应产物 Mg_3N_2 系粉状化合物,既不能阻止上述反应的进行,也不能防止镁的蒸发,因而 N_2 不能防止镁熔体的氧化和燃烧。氩、氦和氖等惰性气体均不与镁发生化学反应,可防止镁熔体的燃烧,但不能阻止镁的蒸发。

在熔炼镁合金过程中必须有效防止金属的氧化和燃烧,可以通过在金属熔体表面撒熔剂或无熔剂工艺来实现。前已述及,添加微量的铍和钙能提高镁熔体的抗氧化性能。熔剂熔炼和无熔剂熔炼是镁合金熔炼与浇铸过程的两大工艺。1970 年之前,熔炼镁合金主要采用熔剂熔炼工艺。熔剂能去除镁中杂质并且能在镁合金熔体表面形成一层保护性薄膜,隔绝空气,然而熔剂膜隔绝空气的效果并不十分理想,熔炼过程中氧化燃烧造成的镁损失还是比较大的。此外,熔剂熔炼工艺还存在一些问题,一方面容易产生熔剂夹杂,导致铸件力学性能和抗蚀性

下降,限制了镁合金的应用;另一方面熔剂与镁合金熔体反应生成腐蚀性烟气,破坏熔炼设备,恶化工作环境。为了提高熔化过程的安全性和减少镁合金熔体的氧化,人们开发出了无熔剂熔炼工艺,在熔炼炉中采用 SF_6 与 N_2 或干燥空气的混合保护气体,从而避免液面和空气的接触。混合气体中 SF_6 的含量要慎重选择,如果 SF_6 含量过高,会浸湿坩埚降低其使用的寿命;如果含量过低,则不能有效保护熔体。总的来说,无论是熔剂熔炼还是无熔剂熔炼,只要操作得当,都能较好地生产出优质铸造镁合金。

A　熔剂保护熔炼工艺

将熔体表面和氧气隔绝是安全进行镁合金熔炼最基本的要求。早期曾尝试使用气体保护系统,但效果并不理想,后来人们开发了熔剂保护熔炼工艺。在熔炼过程中,必须避免坩埚中熔融炉料出现"搭桥"现象。将余下的炉料逐渐添加到坩埚中,保持合金熔体液面平稳上升,并将熔剂轻撒在熔体的表面。

每种镁合金都有各自的专用的熔剂,必须严格遵守供应商规定的熔剂使用指南。在熔化过程中,必须防止炉料局部过热。采用熔体氯化工艺精炼镁合金时,必须采取有效措施收集氯气。在浇铸前,要对熔体仔细的撇渣,去除氧化物,特别是影响抗蚀性的氯化物。浇铸后,通常将硫粉撒在熔体的表面以减轻其在凝固过程中的氧化。

B　无熔剂保护熔炼工艺

压铸技术中采用熔剂熔炼工艺会带来一些操作上的困难,特别是在热室压铸中,这种困难更为严重。同时,熔剂夹杂是镁合金铸件最常见的缺陷,严重影响铸件的力学性能和抗蚀性,大大阻碍了镁合金的广泛应用。无熔剂熔炼工艺的开发成功是镁合金应用领域中的一个重要的突破,对镁合金工业发展具有革命性的意义。

a　气体保护机理

如上所述,纯净的氮气、氩气和氦气等惰性气体虽然能对镁及其合金熔体起到一定的阻燃和保护作用,但效果并不理想。氮气易与镁反应,生成 Mg_3N_2 粉状化合物,结构疏松,不能阻止反应的连续进行。氩气和氦气等惰性气体虽然与镁不反应,但却无法阻止镁的蒸发。

大量的实验研究表明, CO_2 、 SO_2 、 SF_6 等气体对镁及其合金熔体可以起到良好的保护作用,其中以 SF_6 的效果最佳。

熔体在干燥纯净的 CO_2 中氧化速度很低,高温下 CO_2 与镁的化学反应方程式为

$$Mg_{(l)} + \frac{1}{2}CO_2 \Longrightarrow MgO_{(s)} + \frac{1}{2}C$$

反应产物为无定形的碳,它可以填充于氧化物的间隙处,提高熔体表面氧化膜的致密性,此外还能强烈地抑制镁离子透过表面膜的扩散运动,从而抑制镁的氧化。

SO_2 与镁的化学反应方程式为

$$3Mg_{(l)} + SO_2 \Longrightarrow 2MgO_{(s)} + MgS_{(s)}$$

反应产物在熔体的表面形成一层薄的较为致密的 MgS/MgO 复合膜,可以抑制镁的氧化。

SF_6 是一种人工制备的无毒气体,相对分子质量为 146.1,密度是空气的 4 倍,发生化学反应有可能产生有毒的气体,在常温下极为稳定。含 SF_6 的混合气体与镁可以发生一系列复杂的化学反应

$$2Mg_{(l)} + O_2 \Longrightarrow 2MgO_{(s)}$$

$$2Mg_{(l)} + O_2 + SF_6 \Longrightarrow 2MgF_{2(s)} + SO_2F_2$$

$$2MgO_{(s)} + SF_6 \Longrightarrow 2MgF_{2(s)} + SO_2F_2$$

MgF_2 的致密度高,它与 MgO 一起可形成连续致密的氧化膜,对熔体起到良好的保护作用。应当注意的是,采用含有 SF_6 的保护气氛时,一定不能含有水蒸气,否则水分的存在会大大加剧镁的氧化,还会生成有毒的 HF 气体。

b　SF_6 保护气氛

目前,人们在镁合金熔炼与生产过程中广泛采用 SF_6 保护气氛。SF_6 保护气氛是一种非常有效的保护气氛,能显著降低熔炼的损耗,在铸锭生产行业和压铸工业中得到普遍应用。实验研究表明,体积分数为 0.01% SF_6 的混合气体可有效地保护熔体,但实际操作中,为了补充 SF_6 与熔体反应和泄漏造成的损耗,SF_6 浓度要高些。在配置混合气体时,一般应采用多管道、多出口分配,尽量接近液面且分配均匀,并且需要定期检查管道是否堵塞和腐蚀。采用 SF_6 保护气体熔炼合金时,应

尽可能提高浇铸温度、熔体的液面高度和给料速度的稳定性,以免破坏液面上方 SF_6 气体的浓度。此外,要注意保护气体与坩埚发生反应,否则反应产物(FeF_3、Fe_2O_3)将与镁发生剧烈的反应。

SF_6 保护气氛主要有两种,一种是干燥空气与 SF_6 的混合物,另一种是干燥空气与 CO_2 和 SF_6 的混合物。SF_6 保护气氛中 SF_6 浓度较低(体积分数为 1.7%～2%),且无毒无味,压铸温度比较低,且金属熔体密闭性好,SF_6 浓度较低的空气混合物就可以提供保护(通常体积分数小于 0.25%)。在熔剂熔炼工艺中,细小的金属颗粒会陷入坩埚底部的熔渣中而难以回收,因而熔体损耗较高。在无熔剂工艺中,由于没有熔剂,坩埚底部熔渣量大大减少,从而熔体损耗相对较低。

在镁合金熔炼温度下,由于 SF_6 会分解和与其他元素反应生成 SO_2、HF、SF_6 等有毒气体,在 1088 K 还会产生剧毒的 S_2F_{10},但 S_2F_{10} 在 573～623 K 会分解出 SF_6 和 SF_4,因此镁合金的熔炼温度一般不超过 1073 K。SF_6 浓度(体积分数)低于 0.4% 的保护气氛便能对镁合金熔体提供有效保护,因而产生的有毒气体可以忽略。

除了压铸外,砂型铸造技术中也发展了无熔剂熔炼工艺。相对压铸铸型和压铸设备而言,砂型铸造和其他类型重力铸造所使用的熔炼、存储和浇铸设备开放性好,熔体密闭性差,从而保护性气氛中需要采用氩气来取代干燥空气。这点在重力铸造军用或航空用镁合金铸件时更为重要。砂型铸件特别是 Mg-Zr 系合金砂型铸件的熔炼温度较高,通常需要采用 CO_2-SF_6 或 CO_2-Ar-SF_6 混合气体才能提供充分的保护。混合气体中 SF_6 的最大含量(体积分数)为 2%,一般体积分数为 1% SF_6 就能达到效果。在压铸或其他密封性较好的铸造设备中采用惰性气体混合物如氩气将导致爆炸,因此仍需要采用干燥空气与 SF_6 的混合物。

重力铸造具有两大特点,其一是重力铸造合金特别是含锆的合金的浇铸温度比压铸合金的高得多,其二是重力铸造设备的开放性比压铸设备的大,因此,在重力铸造技术中采用无熔剂熔炼工艺时通常采用 SF_6 浓度较高的混合气体,特别是重力铸造熔炼 Mg-Zr 合金时需要用 CO_2 取代氩气。表 2-23 所示为不同的重力铸造工艺推荐采用的保护性气氛,同时要根据合金种类和所采取的熔炼铸造工艺来选择含不同物质的保护性气氛。

SF$_6$价格高且存在潜在的温室效应,因而要尽量控制 SF$_6$ 的排放量。保护性气氛中 SF$_6$ 的浓度(体积分数)不允许超过 2%,否则会引起坩埚的损耗。特别是在高温下,SF$_6$ 浓度超过某一特定的体积分数时,坩埚内可能发生剧烈的反应甚至爆炸,因此必须对混合气体中 SF$_6$ 浓度进行严格控制。此外,带盖的坩埚不能采用纯 SF$_6$ 气氛进行保护。

表 2-23　重力铸造条件下推荐使用的保护气体用量

坩埚直径/cm	熔化和保温时平静液面条件下的低流速		加料和出炉时有搅动条件下的高流速	
	SF$_6$/mL·min^{-1}	CO$_2$/L·min^{-1}	SF$_6$/mL·min^{-1}	CO$_2$/L·min^{-1}
30	60	3.5	200	10
50	60	3.5	550	30
70	90	5.0	900	50

2.4.3.3　镁合金熔体的净化处理

镁及镁合金在熔炼过程中容易受周围环境介质的影响,进而影响合金熔体质量,导致铸件中出现气孔、夹杂和缩孔等缺陷。因此,需要对镁合金熔体进行净化处理。通常可以从正确使用熔剂、加强熔体液面的保护和对熔体进行充分的净化处理等 3 个方面来进行控制。

A　除气

镁合金中的主要气体是氢,来自于受潮的熔剂、炉料以及金属炉料腐蚀后带入的水汽。工业中常用的除气方法有以下 4 种。

(1)通入惰性气体(如氩气和氖气)法。一般在 1023~1033 K 下往熔体中通入占熔体质量 0.5% 的氩气,可将熔体中的氢含量由 150~190 cm^2·kg^{-1}降至 100 cm^2·kg^{-1}。通气速度应适当,以避免熔体的飞溅,通气时间为 30 min,时间过长将导致晶粒粗化。

(2)通入活性气体(Cl$_2$)法。一般在 1013~1033 K 下往熔体中通入 Cl$_2$,熔体温度低于 1013 K 时,反应生成的 MgCl$_2$ 将悬浮于液面,使表面无法生成致密的覆盖层,不能阻止镁的燃烧。熔体温度高于

1033 K时,则熔体与氯气的反应加剧,生成大量的 $MgCl_2$,形成夹杂。氯气通入量应合适,一般控制在使熔体的含氯量(体积分数)低于 3% ,以 2.5~3 L·min^{-1} 为佳。如果采用占熔体质量 1% ~ 1.5% Cl_2 + 0.25% CCl_2 的混合气体在 963~983 K 下除气,则可以达到除气与变质的双重目的,效果更佳,但是容易造成环境污染。

(3) 通入 C_2Cl_6 法。一般在 1023 K 左右往镁合金熔体中通入 C_2Cl_6,通入量不超过熔体质量的 0.1% 。C_2Cl_6 是镁合金熔炼中应用最为普遍的有机氯化物,它可以同时达到除气和晶粒细化的双重效果[54]。C_2Cl_6 的晶粒细化效果优于 $MgCO_3$,但除气效果不及 Cl_2。

(4) 联合除气法。先向镁合金熔体中通入 CO_2,再用氩气吹送 $TiCl_4$,可使熔体中的气体含量降到 60~80 cm^3·kg^{-1} (普通情况下为 130~160 cm^3·kg^{-1})。其除气效果与处理温度和静置时间有关,1023 K 下除气效果不及 943 K。

B　除夹杂物

镁合金熔体中的夹杂物与熔体存在一定的密度差。采用适当的工艺可使夹杂物沉降到坩埚的底部而分离出来。精炼处理是清除镁合金熔体中氧化皮等非金属夹杂物的一道有效工序。为了促进夹杂物与熔剂间的反应以及夹杂物间的聚合下沉,要求选择合适的精炼温度(一般在 1003~1023 K 左右)并搅拌熔体。精炼温度过高,镁熔体氧化烧损加剧;精炼温度过低,熔体黏度又会升高,不利于夹杂物的沉降分离。精炼过程中可以加入适量的熔剂以完全去除夹杂物。熔剂吸附在夹杂物表面并生成不溶于熔体的复合物而沉降。精炼时间与熔炼炉大小、炉料质量有关。精炼后熔体一般要静置 10~15 min,使夹杂物有足够的时间沉降分离。

熔炼 Mg-Al-Zn 合金时,熔剂用量为熔体质量的 1% ~1.5% ;熔炼含锆镁合金时,熔剂用量要达到熔体质量的 6% ~8% ,甚至有时高达 10% ,其中 1.5% ~2% 用于精炼。含锆镁合金熔炼比较困难,如果操作不当,则铸件容易出现高熔点夹杂。

精炼处理工序一般为,首先调整镁合金熔体的温度 (ZM5 和 ZM10 为 983~1013 K, ZM1、ZM2、ZM3、ZM4 和 ZM6 为 1023~1033 K);其次将搅拌器沉入熔体深度 2/3 处,由上至下强烈地垂直搅拌合金液 4~8 min,直至合金液呈现镜面光泽为止,同时在搅拌过程中往液面连续均匀地撒上精炼熔剂,熔剂消耗量约为炉料质量的 1.5%~2.5% 时结束搅拌,清除浇嘴、挡板、坩埚壁和合金液面上的熔剂,再撒一层覆盖熔剂。

2.4.3.4 镁合金熔炼中的晶粒细化处理

细化晶粒是提高镁合金铸件性能的重要途径。晶粒越细小,其力学性能和塑性加工性能就越好。在熔炼镁合金过程中细化晶粒操作处理得当,则可以降低铸件凝固过程中的热裂倾向。此外,镁合金经过晶粒细化处理后铸件中的金属间化合物相更细小、更均匀,且分布更弥散,从而缩短均匀化处理时间或者至少可以提高均匀化处理效率。因此,镁合金熔炼过程中晶粒细化尤为重要。

镁合金熔炼过程中细化晶粒的方法有两种,即变质处理和加强外场作用,前者的机理是在合金液中加入高熔点的物质,形成大量的形核质点,以促进熔体的形核结晶,获得晶粒微细组织。后者的基本原理是对合金熔体施以外场(如电场、磁场、超声波、机械振动和搅拌等),以促进熔体的形核,并破坏已形成的枝晶成为游离的晶体,使晶核数量增加,还可以强化熔体中的溶质扩散,消除成分偏析。此外,快速凝固技术也能提高镁合金的形核率,抑制晶核长大而显著细化晶粒。

变质处理在镁合金铸造生产中已得到广泛应用。最早使用的是过热变质处理法,即将经过精炼处理的镁合金熔体过热到 1148~1198 K,保温 10~15 min 后快速冷却到浇铸温度,再进行浇铸。研究表明,过热变质处理能显著细化 ZM5 合金中的 $Mg_{17}Al_{12}$ 相,但是这种工艺存在很大的缺点,即在过热变质处理过程中,熔体过热温度很高,从而明显增加了镁的烧损,降低了坩埚的使用寿命和生产效率。增加了熔体中铁的含量和能源的消耗。因此,过热变质处理在生产实际中已很少使用。目前,常用变质剂来细化晶粒。变质剂有含碳物质、C_2Cl_6 和高熔点添加剂如锆、钛、硼、钒等。

A 含碳的变质剂

碳不能固溶于镁中,但可与镁反应生成 Mg_2C_3 和 MgC_2 化合物。碳对 Mg-Al 和 Mg-Zn 系合金具有显著的晶粒细化作用,而对 Mg-Mn 系合金的细化效果非常有限。一般认为,碳加入到 Mg-Al 系合金熔体后,能与铝反应生成大量细小、弥散的 Al_4C_3 质点,其晶格类型和晶格常数与镁的非常接近,可作为形核的质点,从而可以细化镁合金的晶粒。

工业上常用的含碳的变质剂有菱镁矿($MgCO_3$)、大理石($CaCO_3$)、白垩、石煤、焦炭、CO_2、炭黑、天然气等。其中以 $MgCO_3$、$CaCO_3$ 最为常见。以 $MgCO_3$ 为例,$MgCO_3$ 加入到 Mg-Al 系和合金熔体后,发生下列反应:

$$MgCO_3 \Longrightarrow MgO + CO_2 \uparrow$$
$$CO_2 + 2Mg \Longrightarrow 2MgO + C$$
$$3C + 4Al \Longrightarrow Al_4C_3$$

镁合金熔体中会产生大量细小而难熔的 Al_4C_3 质点,呈悬浮状态并在凝固过程中充当形核的基底。$MgCO_3$ 的加入量一般为合金熔体质量的 0.5%~0.6%,熔体温度为 1033~1053 K,变质处理时间为 5~8 min。

B C_2Cl_6

C_2Cl_6 是镁合金熔炼中最常用的变质剂之一。可以同时达到除气和细化晶粒的双重效果。对 ZM5 合金,C_2Cl_6 的变质处理效果比 $MgCO_3$ 要好得多。此外,可以采用 C_2Cl_6 和其他的变质剂进行复合变质处理,其效果更佳。在 Mg-Al 合金熔体底部放置 C_2Cl_6 和环氧苯片,效果超过了单一变质剂的作用。C_2Cl_6 对 AZ31 合金晶粒的细化是由于在组织中形成了 Al-C-O 类型的化合物质点而增加了形核位置,经过变质处理后晶粒尺寸由 280 μm 下降到 120 μm,抗拉强度得到了明显提高。

C 其他的变质剂

锆对 Mg-Zn 系、Mg-RE 系和 Mg-Ca 系等合金具有明显的晶粒细化作用,是目前镁合金精炼中较常用的晶粒细化剂,但其作用机理还不十分清楚。普遍认为,在镁合金熔体凝固过程中形成的先析富锆相或者 α-Zr 固溶体,增加了形核质点的数量,细化了晶粒。这主要是因为锆具有与镁相同的晶格类型和相似的晶格常数,匹配性较好的缘故。主要的分歧在于,所有加入的锆都起作用还是只有固溶的部分起作用。Tamura 等[55]研究了不同工艺条件下(包括搅拌时间、熔体的静置时间等)往 993 K 镁熔体中添加 1%锆对形成的 Mg-Zr 合金晶粒尺寸的影响。他们发现,在镁熔体浇注前重新搅拌时,晶粒细化效果更为显著,由于重新搅拌前后固溶的锆没有发生变化,这说明部分不溶于镁液的锆也具有晶粒细化的作用。而 Qian[56]认为,镁锆合金的晶粒细化效果主要来自于固溶于镁中的锆,而没有固溶的那部分锆只有约 30%的晶粒细化作用。

通常,Mg-Zr 合金熔体中的加锆量稍高于理论值。只有熔体中可溶于酸的锆过饱和时,Mg-Zr 合金才能取得最佳的晶粒细化效果。由于熔体中还可能存在各种污染物,导致生成不溶于酸的锆化物,因此熔体中尽可能不要含铝和硅。此外,有必要保留坩埚底部含锆的残余物质(包括不溶于酸的锆化物)。为了防止液态残渣浇注至铸件中,铸型浇注坩埚中要预留足量的熔融合金(大约为炉料质量的 15%)。浇铸时要尽量避免熔体的过分湍流和溢出,并且熔炼工艺中要保证足够的静置时间。

表 2-24 为 Mg-Al 系合金的变质剂及其用量和处理温度。Mg-Al 系合金经过变质处理后还需要精炼。ZM1、ZM2、ZM3、ZM4 和 ZM6 合金采用锆对合金进行晶粒细化,不需要进行上述变质处理。对于 Mg-Zn 合金系,加入 0.5%锆可以起到很好的变质效果。采用 0.5%Sc +0.3%~0.5%Sm 可使 Mg-Mn 系合金的晶粒细化,0.2%~0.8%镧也可以使 Mg-Mn 系合金的晶粒细化。

表 2-24　Mg-Al 系合金的变质剂、用量和处理温度

变　质　剂	用量(占炉料的质量分数)/%	处理温度/K
碳酸镁或菱镁矿	0.25~0.5	983~1013
碳酸钙	0.5~0.6	1033~1053
六氯乙烷	0.5~0.8	1013~1033

2.4.3.5　合金化

在采用燃油或燃气加热的低碳钢坩埚中熔炼镁锭,再添加合金化元素如铝、锌、锰、稀土元素和锆等即可得到多种镁合金。其中锰可以以金属态的形式加入,但通常以 $MnCl_2$ 形式加入,以提高合金化的效率。目前,大多数铸造厂都直接购买已预合金化的铸锭,随后按一定的比例与生产废料一起投入熔炼炉中进行熔炼。

采用砂型铸造和压铸法生产 Mg-Al-Zn 合金时,必须进行少量的成分补偿,而 Mg-Zr 系合金重熔时合金元素都会有一定的损耗,因此每次重熔时都要补充合金元素,即添加纯金属(如锌、稀土等)或合金化元素含量较高的中间合金(如 Mg-30%Zr 中间合金、Mg-20%Ce 中间合金或镁－其他稀土中间合金)。

通常,在熔体温度约为 973 K 时,添加合金化元素和中间合金进行锆合金化时,要求采取搅拌的技术,如手工或机械搅拌及后续处理,以避免生成不溶于酸的锆化物沉淀,获得过饱和的锆。熔体的静置时间要适当,否则会导致锆的损耗。

熔炼 Mg-Zn-Zr、Mg-RE-Zr 系合金时,一般是将镁锭加热熔化后升温到 993~1013 K,加入锌,继续升温到 1053~1083 K,分批缓慢加入被预热到 573~673 K 的 Mg-Zr 中间合金和稀土金属,待全部融化后将熔体搅拌 2~5 min,使熔体的合金成分达到均匀。在熔炼 Mg-Al 系合金时,镁熔体加热到 973~993 K 后加入中间合金和锌,熔化后搅拌均匀。

2.4.3.6 镁合金铸造质量控制

砂型铸造 AZ 系合金时,除了进行标准摄谱成分控制外,通常还需要对砂型铸件标样断口进行肉眼观察。将断口形貌与砂型铸造标准相比较,检测晶粒细化的程度。采用类似的方法观察标准冷铸棒断口来检测含锆合金的晶粒度,可以确定锆含量是否达到规定晶粒细化程度。浇铸棒试样进行光谱分析以进行化学成分的控制。

镁合金砂型铸件如用于飞机或军事领域,需要进行非常严格的检测,通常对铸件试样进行完全破坏性检测来进一步确定铸件的质量水平。对压铸件,除了肉眼和尺寸检查外,还可以通过荧光检查进行质量控制。

2.4.3.7 AZ91 合金的熔炼过程

A 熔剂法熔炼

将坩埚预热至暗红色(673~773 K),在坩埚内壁及底部均匀地撒上一层粉状 RJ-1(或 RJ-2)熔剂。炉料预热至 423 K 以上,依次加入回炉料、镁锭、铝锭,并在炉料上撒一层 RJ-2 熔剂,装料时熔剂用量约是炉料重量的 1%~2%。升温熔炼,当溶液温度达到 973~993 K 时,加入中间合金及锌锭。在装料及熔炼过程中,一旦发现熔体露出并燃烧,应立即补撒 RJ-2 熔剂。炉料全部熔化后,猛烈搅动 5~8 min,以使成分均匀,接着浇注光谱试样,进行炉前分析。如果成分不合格,可加料调整,直至合格。

将溶液升温至 1003 K,除去熔渣,并撒上一层 RJ-2 熔剂保护,进行变质处理。即将占炉料总重量 0.4% 的菱镁矿(使用前破碎成 ϕ10 mm 左右的小块)分为 2~3 包,用铝箔包好,分批装于钟罩内,缓慢压入溶液深度 2/3 处,并平稳地水平移动,使熔体沸腾,直至变质剂全部分解(时间约 6~12 min);如采用 C_2Cl_6 变质处理,加入量为炉料总重量的 0.5%~0.8%,处理温度为 1013~1033 K。

变质处理后,除去表面熔渣,撒以新的 RJ-2 熔剂,调整温度至 983~1003 K,进行精炼,搅拌熔体 10~30 min,使熔体自下而上翻滚,不得飞溅,并不断在溶液的波峰上撒以精炼剂。精炼剂的用量按熔体中氧化夹杂含量的多少而定,一般约为炉料重量的 1.5%~2.0%。精炼结束后,清除合金液表面、坩埚壁、浇嘴及挡板上的熔渣,然后撒上 RJ-2 熔剂。

将溶液升温至 1028~1043 K,保温静置 20~60 min,浇注断口试样,检查断口,以呈致密、银白色为合格。否则,需重新变质和精炼。检查合格后,将熔体调至浇注温度(通常为 993~1053 K),出炉浇注。精炼后升温静置的目的是减小熔体的密度和黏度,以加速熔渣的沉析,也使熔渣能有较充分的时间从镁熔体中沉降出来,不至混入铸件中。过热对晶粒细化也有利,必要时可过热至 1073~1113 K,再快速冷却至浇注温度,以改善晶粒细化的效果。

熔炼好的熔体静置结束后,应在 1 h 内浇注完毕,否则需重新浇注试样,检查断口,检查合格方可继续浇注,不合格需要重新变质、精炼。如断口检查重复两次不合格,该熔体只能浇锭,不能浇注铸件。整个熔炼过程(不包括精炼)熔剂消耗约占炉料总重量的 3%~5%。

　　B　无熔剂法熔炼

首先将熔炼坩埚预热至暗红,约 773~873 K,装满经过预热的炉料,装料顺序为:合金锭、镁锭、铝锭、回炉料、中间合金和锌等(如无法一次装完,可留部分锭料或小块回炉料待合金熔化后分批加入),盖上防护罩,通入防护气体,升温熔化(第一次送入 SF_6 气体时间可取 4～6 min)。当溶液升温至 973～993 K 时,搅拌 2～5 min,以使成分均匀,之后清除炉渣,浇注光谱试样。当成分不合格时进行调整,直至合格。升温 1003～1023 K 并保温,用质量分数为 0.1% 的 C_2Cl_6 自沉式变质精炼剂进行处理。

精炼变质处理后除渣,并在 1003～1023 K 用流量为 1～2 L/min 的氩气补充精炼(吹洗)2～4 min(吹头应插在熔体的下部)。通氩气量以液面有平缓的沸腾为宜。吹氩结束后,拨除液面的熔渣,升温至 1033～1053 K,保温静置 10～20 min,浇注断口试样,如不合格,可重新精炼变质(用量取下限),但一般不得超过 3 次。熔体调至浇注温度进行浇注,并应在静置结束后 2 h 内浇完。否则,应重新检查试样的断口,不合格时需重新进行精炼变质处理。

浇注前,从直浇道往大型铸型内通入防护性气体 2～3 min,中小型铸型内为 0.5～1 min,并用石棉板盖上冒口。浇注时,往浇包内或液流处连续输送防护性气体进行保护,并允许撒硫磺和硼酸混合物,其比例可取 1:1,以防止浇注过程中溶液的燃烧。

2.4.4 镁合金的浇注

浇注方法取决于铸造工艺,小型砂型、永久型的铸件或压铸件可以采用手工浇注;大型砂型铸件可以采用一个或多个浇包直接浇注;自动化热室压铸机则采用的是另一种浇注方法。铸造镁合金时,最好采用开放式浇注系统,即主浇口进口处孔道截面积应当小于内浇口进入铸件处的总截面积。主浇口与内浇口的截面尺寸可选择为(1:1)～(1:2),根据铸件尺寸和复杂程度而定。

在镁合金浇注过程中,要求在熔体的表面覆盖一层由粗大硫磺和细小的硼酸组成的混合物来抑制氧化,并且在熔体浇注前尽可能避免金属表面产生湍流。浇注时,通常撒开保护剂以免其进入熔融金属液流中。在实际浇注过程中,撒硫粉可以避免金属液流的氧化,采用熔剂熔炼镁合金时,坩埚底部会反应生成或残余一些物质(包括熔剂),因此不能完全倒空坩埚,以免把这些物质浇注到铸型中。熔炼含锆镁合金时,坩埚底部的残留物除了含有熔剂和一些镁颗粒外,还含有残余锆及其化合物,因此要保留炉料质量的15%作为残留物。

无熔剂熔炼镁合金时,也应该在保护气氛下小心地撇开熔体的表面氧化物。从炉中移出坩埚时,保护气流可以临时中断,但是浇注过程中气流都必须保持连续。无熔剂保护熔炼工艺中没有残留的熔剂,从而残留物比熔剂熔炼工艺少。残留物中干净无残渣的部分可在随后的熔炼中循环使用。

用干净并已经预热的浇勺从敞开的坩埚中舀取熔融的镁合金进行手工浇注时,必须采取类似于坩埚直接浇注的防氧化措施。通常,在镁合金的熔体表面撒硫粉可以在很大程度上减轻合金的氧化和燃烧。浇勺必须沥干直到没有熔剂为止。二次填充浇勺可避免熔体的过度搅动且舀出的熔体比实际浇注的多些,有助于防止熔剂进入铸件。由于存在熔剂的污染及腐蚀和保护措施繁琐等问题。人们正在开发低压和高压铸造领域内的自动化浇注和无熔剂工艺。

2.4.5　镁合金熔炼过程中的安全与保护

镁合金熔炼时的常规保护措施比其他熔融金属的更加严格,要求生产人员使用面罩和防水衣。对镁而言,水汽不论来源如何,都会增加熔体发生爆炸和着火的危险,尤其是当水汽与镁熔体接触时,会产生潜在的爆炸源 H_2,因此必须**注意采取以下最基本的防护措施。**

(1) 所有的碎屑必须是干净的并保持干燥,腐蚀产物应该预先清理干净。

(2) 任何熔剂都必须密封保存并保持干燥。

(3) 避免镁熔体与铁锈的接触。

(4) 工作场地应保持干燥、整洁、通风良好和道路畅通。

(5) 熔炼场地应具备下列灭火剂,如滑石粉、RJ-1 和 RJ-3 熔剂、干石墨粉、氧化镁粉等。镁合金燃烧时,严禁用水、二氧化碳、或泡沫灭火剂灭火,这些物质会加速镁的燃烧并引起爆炸。严禁用沙子灭火,因为火势相当大时,SiO_2 会与 Mg 反应,放出大量的热并促使镁剧烈燃烧。

(6) 坩埚使用前必须严格检查以防穿孔,其底部应备有安全装置以防渗漏。

(7) 炉料和锭模必须预热,熔炼和浇注工具使用前应在洗涤熔剂中洗涤并预热后方可使用。

(8) 炉料不得超过坩埚实际容量的 90%。

2.5 镁合金的回收与利用[57]

2.5.1 废旧镁合金的来源

镁的回收利用相对于其他非铁基合金来说规模要小得多。这主要有两方面的原因,一是镁合金使用的程度目前没有其他的非铁基金属那样广泛,二是一直以来大约 80% 的一次镁合金都是以非结构件的形式消耗掉的,比如作为牺牲阳极材料等。但是,由于镁的熔化潜热比铝低得多,其回收比铝合金消耗的能量少,因而镁及其合金是易于回收的金属材料。随着镁合金的日益广泛的应用,其回收与再生利用成为了世界各国充分利用镁资源的一个重要的课题。

镁废料的来源与其他的非铁基金属一样,一方面主要是新铸件经过一段时间使用后达到了使用寿命的产品,包括变形镁合金,或者是模铸和砂型铸造镁合金铸件;另一方面是镁的废料与碎屑。

一些镁合金的旧废料来自于航空部件,例如轮子、机身和控制面板,以及军事器件,例如燃烧弹、帐篷支撑杆等。其他的来源是零散的,如除草机的舱盖、码头的招牌、链式锯弓和其他的一些手动工具。另一个镁合金构件使用大户是汽车工业。迄今为止,德国大众汽车使用的镁合金最多,当然也是镁合金废料最多的来源之一,包括压铸发动机和传动铸件。在 20 世纪 70 年代,这些应用达到了高峰,大众汽车公司为之每年消耗大约 5 万 t 镁合金,在每个汽车上大约有 18 kg 的镁合金。大众公司后来在巴西和墨西哥继续生产镁合金的发动机壳体,但产量明显地降低了,主要原因是当时金属价格的快速增长。镁的价格在 1973 年到 1986 年间翻了 4 倍。这样,使得镁合金的回收利用由于废料来源不足而逐渐萎缩。

但是最近几年来,由于能源危机的加剧和对环境污染的日益重视,镁的利用特别是汽车工业上使用压铸镁合金铸件的不断升温,使得镁的回收利用又一次焕发生机。据统计,从 1987 年到 1988 年,新的镁合金废料已经是原来的 3 倍多,一些新的产品在未来的一段时间内,可能成为镁合金废料的新来源。

镁合金的废旧余料和碎屑应该分级回收,这样既保证了回收料的等级和充分利用,又不致增加太多的成本。如机加工所产生的部分废料也可用作钢铁工业的脱硫产品。一般镁合金碎屑划分为 6 个等级:

一级是已知化学成分的干净、紧实的碎屑。

二级是含有铁或铝的,且被油漆过的压铸件碎料。

三级是比表面积较大,且其上沾有油、水、沙和铜等污染物的碎料。

四级是含有较多其他的金属切屑,其可进一步划分为潮湿、油垢,或者干燥、清洁的碎料。

五级是含有少量其他金属的渣料。

六级是含有残余镁的流体或用过的熔盐。

为了回收与再利用废镁,德国曾组建了一个镁回收公司(Magnesium Recycling GmbH,简称 MR),总部设在韦贝霍恩市。新公司的组建将大力开发镁的再生工艺与研制新的再生设备。美国克莱斯勒汽车公司在世界上首次采用俄亥俄州马格莱特克公司提供的再生镁合金 AZ91D 和 AM60B 大批量生产汽车压铸零件。这些再生镁合金是采用美国道屋化学公司开发的再生技术对一些镁合金压铸废件进行提炼而成的。克莱斯勒汽车公司称,他们 1998 年生产的汽车的用镁量为 3.2 kg/辆,计划 2000 年提高到 5.5 kg/辆。

2.5.2　镁合金的回收再利用技术

2.5.2.1　镁合金废料的分拣

镁合金废料大多数都是零散回收的。由于它与铝合金非常相似,所以难以区分。这样的话,一堆镁合金当中难免包含一些铝合金废料。因此必须有一些有经验的和熟练的技术人员,他们能够鉴别和区分外来的材料。区分铝合金和镁合金废料最常用的方法是用锋利的小刀在合金上面用力划:镁合金碎屑成碎片剥落,而铝合金则呈连续卷曲状,这主要是由于它相对较软。去掉外来的材料之后,剩余的镁合金必须根据合金来分类,这个过程对于得到规定牌号的产品是非常重要的。

2.5.2.2 镁合金废料的存放

镁合金废料存贮堆垛时,不论是在室内还是在室外,垛与垛之间宽度至少 3 m,高度为 0.45 m。户外的原材料的存储离建筑物的距离不能少于垛与垛之间的距离,这能够确保安全,且操作方便。

2.5.2.3 镁合金废料的熔化

分开类的镁合金废料根据所要获得的最终合金的成分的需要加入熔炼炉中熔化。一旦废料完全加入后并完全熔化,要取样对成分进行光谱分析。如果这个成分没有满足所指定合金的需要,必须给其中加入一些合金元素,如铝、锌或者锰加以调整。如果化验发现合金元素含量超过要求,或者出现了任何一种其他的元素,那么这个溶液就必须通过加入纯镁进行稀释。

有一些专门技术用来经济和安全地处理镁合金的粉末。对于镁合金渣的处理也是一样的。如果渣能够有效地循环利用,假定其中含有足够数量的金属镁。一般认为,如果金属的含量少于 15% ~ 20%,从镁合金渣中再去提取镁是不经济的。任何人都应该明白镁潜在的危险性,如果处理不当,容易着火。另外,必须保持绝对的干燥以避免氧化。氧化可能会产生热和氢气,可能导致自燃。处理适当的话,不论镁是块体还是粉体的都不会有什么问题。

镁合金的废料一般在钢制的坩埚中在 948 K 熔化。通常要选择造渣剂来去除氧化物等杂质。熔融的金属然后要用以下 3 种方法中的一种来进行处理,人工舀取、用泵抽取或者是倾倒。因为熔融的镁极易快速氧化,一旦所需要的化学成分达到要求应该立刻浇注。这样操作减小了坩埚破坏的危险,并使金属尽最大限度地得到了回收。

熔化过程中的过热可能会带来一些问题。首先,即使很小的过热也可能引起氧化,因而减少金属的回收量。第二,如果金属在合适的温度下合金化或者加入稀释合金时,合金化的效率会提高,金属熔体溅出的危险性会降低。第三,明显的过热可能会引起金属的燃烧,可能会带来灾难性的后果。第四,过热意味着熔化炉的温度的提高,加速了坩埚的氧化速度。当坩埚过热时,钢制坩埚可能在内部以氧化铁的形式开始脱落,提高了坩埚穿孔的可能性,并且如果熔融的镁和氧化铁在坩埚内继续接触,可能会发生剧烈的化学反应而导致灾难的发生。

2.5.2.4 镁合金废料的压铸

回收镁合金和一次镁合金的压铸件如果化学成分都在相同的范围内,并且所有的夹杂都从金属中去除的话,那么其性能是相同的。留在金属中的残余的夹杂可能会带来很多的问题,这主要依赖于污染的数量和类型,例如,在铸锭中助剂的夹杂如果没有去除的话,可能引起腐蚀,同样地如果重金属存在,如镍、铁、铜和硅等都可能引起镁的早期氧化。

最近高纯度镁合金的生产引起了全球汽车工业的广泛的关注。但是,这些高纯的合金对压铸工艺来说是双刃剑。这些合金严格的分类使得铸造厂家回收自己的废料而同时保持高纯的牌号几乎是不可能的。因此,压铸厂家必须将这些废料卖给一个有一定经验的镁合金回收生产厂家,使得他们能够通过剔除有害的元素而保证镁合金的质量。事实上,这样的生产厂家比压铸厂家更有经验处理废料,生产满足要求的镁合金材料,而压铸厂家则更适合于用满足力学、化学和物理性能要求的原材料来保证压铸件的高度一致性。

2.5.3 镁合金回收利用实例[58]

根据国际上一些国家对环境保护的要求,一些固体的废弃物应该回收利用。随着电子产品的日益普及和淘汰速度的加快,使用镁合金的废弃物数量在增多,笔记本电脑就是一个非常典型的例子。Koichi等人[58]研究了笔记本电脑上使用的镁合金的回收利用的可能性和途径。他们主要研究了带有表面喷漆层的电脑壳体的回收和利用问题。研究发现,用化学溶液浸蚀是去除表面喷漆层最好的办法,不会使镁合金基体受到损伤,但剥去喷漆层面积的多少可能极大地影响重熔这些镁合金过程中所产生的有害气体和灰尘的数量。这些镁合金重熔后的力学性能和耐蚀性能与原始的镁合金是一样的,当然在重熔过程中必须添加一些合金元素以保证化学成分是均匀一致的。

一般来说,从海水或者矿石中生产镁合金材料的过程主要包括镁的提取和合金的冶炼两个过程。从海水中得到镁,是将 $MgCl_2$ 与水分离,然后熔融之后电解得到,这是一个非常耗能的过程。然后通过给纯镁中添加合金元素来合金化形成可使用的合金。如果使用回收利用的镁合金,能源的消耗仅是从海水中得到镁的工艺过程的4%,因为第一个获得纯镁的过程就不存在了。这样使用循环利用镁合金,综合评估其成本仅是用原镁生产的70%。况且充分利用了已有资源,减少了环境污染,社会效益无可估量,日本在这方面做了大量的工作,走在了世界的前列[59~61]。

参 考 文 献

1　Michael M Avedesian, Hugh Baker. ASM specially handbook-Magnesium and magnesium alloys. Ohio: ASM International, 1999.22

2　Kainer K U, Buch F Von. The current state of technology and potential for further development of magnesium application. In:Kainer K U eds. Kaiser F. Magnesium alloys and technology, Weinheim: WILEY-VCH Verlag GmbH, 2003

3　陈振华等. 镁合金. 北京:化学工业出版社,2004

4　刘正,张奎,曾小勤. 镁基轻质合金理论基础及其应用. 北京:机械工业出版社,2002

5　Cahn R W. 非铁合金的结构和性能(第八卷). 丁道云等译. 北京:科学出版社,1999

6　Cahn R W, Hassen P, Kramer E J. Materials science and technology-A comprehensive treatment. In: Matucha K H Structure and Properties of Nonferrous Alloys (Vol8), Weinheim: VCH, 1996

7　白津钦,赵丕峰,赵文波. Ag 对 Mg-Al-Zn 系镁合金显微组织和力学性能的影响. 铸造, 2003,52(2):98

8　Alves H, Koster U. Improved corrosion and oxidation resistance of AM and AZ alloys ba Ca and RE additions. In: Kainer K U (ed). Magnesium Alloys and Their Applications, Weinhein: WILEY-VCH Verlag GmbH, D-69469, 2000.

9　Kubota K,Mabuchi M,Higashi K.Processing and mechanical properties of fine-grained magnesium alloys. Journal of Materials Science, 1999,34:2255

10　Luo A A. Recent magnesium alloy development for elevated temperature applications. International Materials Review, 2004, 49(1):13

11　Lorimer G W, Apps P J, Karimzadeh H, et al. Improving the preformance of Mg-Rare earth alloys by the use of Gd or Dy additions. Materials Science Forum, 2003, 419~422: 279

12　Rokhlin L L, Dobatkina T V, Nikitina N L. Constitution and properties of the ternary magnesium alloys containing two rare-earth metals of different subgroups. Materials Science Forum, 2003, 419~422:291

13　Horikir H, Kato A. New Mg based amorphous alloys in Mg-Y-Mish metal systems. Materials Science and Engineering, 1994, 2:702

14　Yuan G Y, Liu Z L, Wang Q D, et al. Microstructure refinement of Mg-Al-Zn-Si alloys.

Materials Letters, 2002, 56:53

15　Yuan G Y, Liu M P, Ding W J, et al. Development of a cheap creep resistant Mg-Al-Zn-Si-base alloy. Materials Science Forum, 2003, 419~422:425

16　Clark J B. Age hardening in a Mg-9wt% Al alloy. Acta Metallurgica, 1968, 16:141

17　Armstrong R, Codd I, Douthwaite R M, et al. Phil. Mag., 1962, 7: 45

18　Nussbaum G, Sainfort P, Regazzoni G, et al. Strengthening mechanisms in the rapidly solidified AZ91 magnesium alloy. Scripta Metall., 1989, 23(7):1079

19　"Aluminum Handbook", 4nd ed. Japan Institute of Light Metals, Tokyo, 1990, 33

20　Mukai T, Ishikawa K, Higashi K. Influence of strain rate on the mechanical properties in fine-grained aluminum alloys. Mater. Sci. Eng., 1995, A204(1-2):12

21　Sherby O D, Wadsworth J. Superplasticity-recent advanced and future directions. Prog. Mater. Sci., 1989, 33(3):169

22　Higashi K, Nieh T G, Wadsworth J. Effect of temperature on the mechanical properties of mechanically-alloyed materials at high strain rates. Acta Metall. Mater., 1995, 43(9):3275

23　Mishra R S, Bieler T R, Mukherjee A K. Superplasticity in powder metallurgy aluminum alloys and composites. Acta Metall. Mater., 1995, 43(3): 877

24　Mabuchi M, Kubota K, Higashi K. High strength and high strain rate superplasticity in a Mg-Mg₂Si composite. Scripta Metallurgica et Materialia, 1995, 33(2): 331

25　Forst H J, Ashby M F. Deformation mechanism maps, Pergamon Press, Oxford, 1982.

26　Mabuchi M, Asahina T, Iwasaki H, et al. Experimental investigation of superplastic behaviour in magnesium alloys. Mater. Sci. Technol., 1997, 13(10):825

27　Mohri T, Mabuchi M, Saito N, et al. Microstructure and mechanical properties of a Mg-4Y-3RE alloy processed by thermo-mechanical treatment. Mater. Sci. Eng., 1998, A257(2):287

28　Ferrasse S, Segal V M, Hartwig K T, et al. Development of a submicrometer-grained microstructure in aluminum 6061 using equal channel angular extrusion. J Mater. Res., 1997, 12(5):1253

29　Iwahashi Y, Horita Z, Nemoto M, et al. An investigation of microstructural evolution during equal-channel angular pressing. Acta Mater., 1997, 45(11):4733

30　Mabuchi M, Iwasaki H, Yanase K, et al. Low temperature superplasticity in an AZ91 magnesium alloy processed by ECAE. Scripta Mater., 1997, 36(6):681

31　Inoue A, Kawamura Y, Matsushita M. High strength nanocrystalline Mg-based alloys. Mater. Sci. Forum, 2002, 386~388:509

32　Feldhoff A, Pippel E, Woltersdorf J. Interface reactions and fracture behaviour of fibre-reinforced Mg/Al alloys. J Microscopy, 1997, 185(2):122

33　Hähnel A, Pippel E, Feldhoff A, et al. Reaction layers in MMCs and CMCs: structure, composition and mechanical properties. Mater. Sci. Eng., 1997, 237 A(2):173

34　Zhang M, Wu K, Zhang W, et al. Fabrication of perform and its effect on properties of SiCw/ZM5 magnesium matrix composites. Chinese Journal of Nonferrous Metals, 1998, 8(4): 605

35　Liu Zhang, Wang Zhongguang, Wang Yue, et al. Low cyclic fatigue behavior of SiCw/AZ91D magnesium alloy composite. Journal of Materials Science Letters, 2000, 19:1637

36　Sklenicka V, Pahutova M, Kucharova K, et al. Creep of reinforced and unreinforced AZ91D magnesium alloy. Key Engineering Materials, 2000, 171:593

37　龙诗远,游理华,Hausmann C 等.基体合金含量对 Mg/T300 纤维复合材料强度及失效行为的影响.材料热处理学报,2001, 22(Suppl):92

38　Karen P ,Kjekshus A , Huang Q,et al. The crystal structure of magnesium dicarbide. J Alloys Compd, 1999, 282:72 H

39　Delannay F ,Froyen L ,Deruyterre A. J Mater. Sci. , 1987, 22:1

40　Fjellvag,Karen P . Inorg. Chem. , 1992,31:3260

41　Mordike B L, Kainer K U. Magnesium alloys and their applications. Wifshurg, Germany, 1998, Germany: Werkstoff Informations gesellschaft, 1998

42　张诗昌,段汉桥,蔡启舟等.主要合金元素对镁合金组织和性能的影响.铸造,2001, 50(6):310

43　Kim J J, Kim D H, Shin K S,et al. Modification of Mg₂Si morphology in squeeze cast Mg-Al-Zn-Si alloys by Ca or P addition. Scripta Materialia, 1999, 41:333

44　Ninomiya R, Ojiro T, Kubota K. Improved heat resistance of Mg-Al alloys by Ca addition. Acta Metall. , 1995, 43:669

45　Luo A A, Michael P B, Powel B R. Creep and microstructure of magnesium-aluminum calcium based alloys. Metall. and Mater. Trans A, 2002, 33A(3):567

46　Anyanwu I A, Kamado S, Honda T , et al. Heat resistance of Mg-Al-Zn-Ca alloy castings. Materials Science Forum, 2000, 350~351: 73

47　Gröbner J, Kevorkov D, Schmid-Fetzer R. Magnesium alloy development guided by thermodynamic calcuation. In: Hryn J (eds), Magnesium Technology, TMS, Warrendale, 2001, 105

48　Buch F Von, Mordike B L, Pisch A, et al. Properties of Mg-Mn-Sc alloys. Materials Science and Engineering A, 1999, (263):1

49　Wei L Y, Dunlop G L, Westengen H. Solidification behavor and phase constituents of cast Mg-Zn-Misch metal alloys. Journal of Materials Science, 1997, 32:3335

50　Haferkamp H, Boehm R, Holzkamp U, et al. Alloy development, processing and application in magnesium-lithium alloys. Materials Transactions, 2001, 42(7):1160

51　Anyanwu I A, Kamado S, Kojima Y, et al. Creep properties of Mg-Gd-Y-Zr alloys. Materials Transaction, 2001, 42(7):1212

52　中国机械工程学会铸造专业学会编.铸造手册,第三卷,铸造非铁合金.北京:机械工业

出版社,1999

53　Choi B H, Park I M, You B S, et al. Effects of Ca and Be additions on high temperature oxidation behavior of AZ91 alloys. Materials Science Forum, 2003, 419~422:639

54　Jin Q L, Eom J P, Lim S G, et al. A study on the grain refining effects of carbon incubation by C_2Cl_6 additions on AZ31 magnesium alloy. Materials Science Forum, 2003, 419~422: 587

55　Tamura T, Kono N, Motegi T, et al. Grain refining mechanism and casting structure of Mg-Zr alloy. Journal of Japan Institute of Light Metals, 1998, 48:185

56　Qian M, Stjohn D H, Frost M T. Effect of soluble and insoluble zirconium on the grain refinement of magnesium alloys. Meterials Science Forum, 2003, 419~422:593

57　Michael Slovich. Recycling of Magnesium. Garfield Alloys, Inc

58　Koichi Kimura, Kota Nishii, Motonobu Kawarada. Recycling magnesium alloy housings for notebook computer. Fujitsu Science Tech. , 2002, 38(1):102

59　Maehara A. Recycling of injection molding products magnesium. Polymer Processing'99 June 8~10, 1999, Tokyo, 1999, 179

60　Tatsuishi H. Recycling of thin walled AZ91D magnesium alloy die-casting with paint finishing. Light Metal, 1998, 48(1):19

61　Matsunaga K. Application for large-sized coating parts using thixomolding technology. Matsushita Technical Journal, 2001, 47(3): 222

3 镁合金的腐蚀

由于镁是极其活泼的金属,其标准电极电位为 -2.363 V,负电性很强,因此其具有很高的化学反应活性,在潮湿的空气、含硫气氛和海洋大气中均会遭受严重的化学腐蚀。镁合金表现出的耐腐蚀性较差的特点严重地阻碍了镁合金产品在应用中发挥优势,限制了其应用的范围[1~4]。作为一种新型结构材料,镁合金的腐蚀与防护问题越来越受到人们的重视。

3.1 镁合金的腐蚀类型

3.1.1 大气腐蚀

镁在大气中腐蚀的阴极过程表现为氧的去极化,其耐蚀性主要取决于大气的湿度及污染程度。一般认为,潮湿的环境对镁合金的影响,只有当同时存在腐蚀性颗粒的附着时才发生作用。如果大气清洁,即使湿度达到100%,镁合金表面也只有一些分散的腐蚀点。但是当试件处于被污染的大气中,且有腐蚀性的颗粒在镁合金表面构成阴极时,表面则迅速生成灰色的腐蚀产物[5]。大气中含有的硫化物和氯化物将加速镁的腐蚀,大气中 SO_2 含量达 100 mg/m^3 时,腐蚀速率加快,生成可溶性的硫酸盐,因此镁在工业大气和海洋大气中是不耐蚀的。在干燥的清洁空气中,镁合金表面由于表面膜的保护作用而基本稳定。

3.1.2 在各种介质中的腐蚀

镁及其合金在大多数有机酸、无机酸和中性介质中均不耐腐蚀,甚至在蒸馏水中,去除了表面膜的镁合金也会因为发生腐蚀而析氢。但在铬酸中,镁表面由于钝化而较为稳定。在含有 Cl^- 及 SO_4^{2-} 的溶液中,腐蚀速率较大;而在含有 SiO_3^{2-}、CrO_4^{2-}、$Cr_2O_7^{2-}$、PO_4^{3-} 和 F^- 等离子的溶液中,由于可能形成保护性的表面膜而腐蚀速率较小[6]。镁在碱中耐蚀性好,由于 $Mg(OH)_2$ 沉淀膜的存在,对基体具有很好的保护作用。

3.1.3　电偶腐蚀与全面腐蚀

镁的高反应活性使得纯镁和镁合金对不同金相组织而引起的内电偶腐蚀十分敏感。镁合金的电极电位由于较绝大多数金属的电极电位低,当镁及其合金与其他金属接触时,其一般作为阳极发生电偶腐蚀。作为电偶阴极的可能是与镁有直接外部接触的异种金属,也可能是镁合金内部的第二相或杂质相。如果与氢的非平衡电位接近的金属(如Fe、Ni、Cu)构成电位差大的阴极,可导致镁合金发生严重的电偶腐蚀。而与那些具有较高氢过电位❶的金属(如 Al、Zn、Cd)组成活化腐蚀电位,对镁合金不会有很大的损害。镁合金基体与内部第二相形成的电偶腐蚀在宏观上表现为全面腐蚀。Hiroyuki 等研究了 AZ91D 合金在大气条件下与异种金属的接触腐蚀行为,发现中碳钢和 SUS304 不锈钢与镁合金接触加速其电偶腐蚀,而经阳极氧化的铝合金则降低镁合金的腐蚀效应[7]。

杂质对纯镁的腐蚀速率有很大的影响。铁是最常见的杂质元素,它的引入是由于所使用的钢制熔炼坩埚溶解而造成的。工业纯镁(纯度为99.9%)在3%氯化钠溶液中的腐蚀速率为 $5\sim100\ mg/(cm^2\cdot d)$,而高纯镁(纯度为99.994%)的腐蚀速率为 $0.15\ mg/(cm^2\cdot d)$。对于高纯镁来说,Fe、Cu、Ni 三种元素在镁中的最高溶解度分别为 170×10^{-6}、1000×10^{-6} 和 5×10^{-6},超过这些值后,镁合金的腐蚀速率会急剧升高[8]。锰和锌可以提高镍在镁合金中的溶解度,但对铁和铜的溶解度影响不明显。在镁合金中铝含量增加到一定水平后,会降低铁的溶解度。如果在同样的铝含量下,添加 0.2% 的锰到镁合金中,铁的溶解度就不会降低。Fe、Cu、Ni、Co 是引起镁腐蚀最有害的元素,用快速凝固的方法,可以降低镍的溶解度,但对改变铁和铜的溶解度没有作用。锰微粒可以包围铁微粒,减小铁对镁腐蚀的影响,铁陷入锰微粒中

---

❶　在给定的阴极电流密度下,析氢的电极电位与其平衡电位之间的差值叫做氢过电位。氢过电位越高,析氢越困难;反之,则越容易。

对镁的危害减小的原因是锰与镁的电偶活性低[9]。

3.1.4 点蚀与丝状腐蚀

镁及镁合金不发生晶间腐蚀[10]，因为晶界相对于晶粒来说几乎总是阴极，所以阳极晶粒的区域将受到腐蚀，而不是晶间腐蚀。镁合金也不发生缝隙腐蚀，因为镁腐蚀相对于氧浓度不敏感。但镁合金容易发生点蚀，镁是自钝化金属，当镁及其合金暴露于含 Cl^- 的非氧化性介质中，在自腐蚀电位下发生点蚀，在中性和碱性盐溶液中呈现典型的点蚀特征。重金属污染物也会加快镁合金的点蚀[8]。腐蚀介质的 pH 值为 13～14 时，温度变化对镁合金的点蚀影响不大，但是，腐蚀介质中氯离子的浓度对点蚀形成影响很大。Mitrovic-Scepanovic 等[11]研究了大量铸态以及加工镁合金在不同浓度的 NaCl 溶液中的腐蚀行为，结果表明氯离子有一个引发点蚀的临界浓度，其临界值为 $2 \times 10^{-3} \sim 2 \times 10^{-2}$ mol/L。只有当氯离子的浓度高于临界浓度时，点蚀才会发生。

Mg-Al 合金对点蚀很敏感，将 Mg-Al 合金浸入 NaCl 溶液中，经过一定的诱导期，产生点蚀。点蚀优先在晶界的 MgSi 沉积相附近出现，人工时效状态下的点蚀为横向生长，而不像固溶态下的点蚀纵向生长[12]。Mg-Al 合金人工时效后析出的 β 相($Mg_{17}Al_{12}$)阻碍了镁合金的腐蚀，然而 Warner 等[13]则认为 β 相产生了负面影响，它成为点蚀的发源地。使用快速凝固技术，镁合金的成分更均匀，可以减少杂质对点蚀等的影响[13]。

在镁合金的保护性涂层和阳极氧化膜下面，可能发生丝状腐蚀。没有涂层的纯镁不会发生丝状腐蚀，但是未经涂覆的 AZ91 合金也会发生丝状腐蚀。这可能是由于合金表面自然形成保护性的氧化物膜所致。这种丝状腐蚀被氧化物膜所覆盖，并由于析氢而导致保护性氧化物膜的破裂[14]。

丝状腐蚀是由穿过晶界表面运动的活性腐蚀电池引起的，头部是阳极，尾部是阴极，丝状腐蚀发生在保护性涂层和阳极氧化层下面。Lunder 等人[15]对 AZ91D 的腐蚀行为研究后认为，这种镁合金腐蚀的早期阶段是以点蚀和丝状腐蚀为特征。丝状扩展的特征通常是丝头在金属表面上在强力的阳极控制下高速扩展。丝头扩展的速度与材料状态、表面处理和环境中氧的存在无关,它是由丝尖盐膜形成产生的物质迁移极限所控制。丝的形貌和扩展方向由材料的微观结构成分和结晶的因素所决定,镁的丝状腐蚀与已知的其他材料的丝状腐蚀机制有着本质的不同,这是因为有以下三方面的原因:

(1) 丝状腐蚀扩展速度通常很高;

(2) 丝状扩张不需要环境中有氧的存在,但在丝头和丝外必须有氢气不断地析出;

(3) 以点蚀为代价,阳极极化促进了丝状腐蚀。

3.1.5　应力腐蚀开裂与氢脆

纯镁不发生应力腐蚀开裂,含铝的镁合金却对应力腐蚀开裂非常敏感。合金的成分对应力腐蚀开裂有影响,Mg-Al 合金随铝含量的增加其敏感性增大,铝含量在 0.155%～2.50% 就能导致应力腐蚀开裂,在 6% 的铝含量下其影响最大。锌也能导致镁合金的应力腐蚀开裂,含 Al、Zn 的 AZ 系列的镁合金对应力腐蚀开裂的敏感性最大。不含铝的 Mg-Zn 合金中加锆或稀土,如 ZK60 和 ZK10,有中等的耐应力腐蚀能力[16]。

Mg-Mn 合金和 Mg-Zn-Zr 合金对应力腐蚀开裂(SCC)不敏感。而 Mg-Al-Zn 合金具有应力腐蚀开裂倾向。镁的应力腐蚀开裂主要是穿晶型的,也有晶间型的。Mg-Al-Zn 合金沿晶界生成 $Mg_{17}Al_{12}$ 沉淀,其应力腐蚀开裂是晶间型的,并且由于 MgH_2 的形成而导致氢脆[9]。

在 pH 值大于 10.2 的碱性介质中,镁合金非常耐应力腐蚀开裂。而在含有 Cl^- 的中性溶液中甚至在蒸馏水中,镁合金对应力腐蚀开裂极其敏感。而镁合金在氟化物和含氟的溶液中则耐应力腐蚀开裂。

快速凝固 Mg-Al 合金在 0.21 mol/L 的 K_2CrO_4 和 0.6 mol/L 的 NaCl 混合溶液中,当位移速度在 $5 \times 10^{-5} \sim 9 \times 10^{-3}$ mm/s 之间时,会发生穿晶应力腐蚀断裂(TGSCC);在 0.6 mol/L 的 NaCl 溶液中,在位移速度接近 3.6×10^{-3} mm/s 时发生穿晶应力腐蚀断裂,合金穿晶应力腐蚀断裂是由于氢脆所致[9]。但在不含氯离子的铬酸盐溶液中,快速凝固镁铝合金不会发生应力腐蚀。

3.1.6 高温腐蚀

即使在室温下,镁也会与干燥空气中的氧气直接反应,在 573 K 时能与氮气发生反应,生成 Mg_3N_2。熔融镁在空气中会剧烈燃烧。

在干燥的氧气中 723 K 以下和在潮湿的氧气中 653 K 以下时,镁表面上的氧化膜具有长时间的保护作用。因为在这样的温度下,氧化过程中形成的氧化物膜的体积(V_{MO})比生成这些氧化膜所消耗金属的体积(V_M)要大,即 PB(Pilling-Bedworth 原理)比 $V_{MO}/V_M>1$,所以氧化镁膜具有保护作用[17]。当镁在 723 K 以上被氧化时,形成的 MgO 膜的 PB(V_{MO}/V_M)比为 0.81<1,故无保护性。

高温时,镁在空气中极易氧化,纯镁的氧化动力学曲线由 713 K 时的抛物线形变成 753 K 时的直线形,且 773 K 时的直线斜率大得多,这说明氧化镁在高温下是无保护性的。对三元镁合金,随着温度提高,其腐蚀速率的增加要比纯镁相对静态的腐蚀速度高得多。这是由于存在于三元合金中的少量杂质在高温下其活性增加,但 Mg-RE 系具有较好的抗高温腐蚀能力。

3.2 镁合金腐蚀的影响因素

3.2.1 合金化元素对镁合金耐蚀性的影响

铸造镁合金中通常加入的合金元素为铝、锌和锰。合金中的铝和锌,一部分溶入基体中,既起到固溶强化的作用,又通过提高基体的电极电位起到增加镁合金抗腐蚀性能的作用;另一部分与基体形成化合物分布在晶内起到强化的作用。锰的作用在于能有效降低有害杂质铁的影响。

合金元素对镁合金的耐腐蚀性能有很大的影响,这是因为加在镁里面的元素与镁形成一些新相,这些相与镁固溶体之间存在着电位差,在潮湿的环境中容易发生电化学腐蚀。一些在 3.5% NaCl 溶液中(标准规定的实验条件)镁合金的组成相与固溶体之间的电位差如表 3-1 所示。

表 3-1　在 3.5%NaCl 溶液中镁合金某些组成相与固溶体之间的电位差

阳 极 材 料	阴 极 材 料	电位差/V
Mg-3Al	Mg_4Al_3	0.52
Mg-3Al	Mg_2Al_3	0.53
Mg-1.1Mn	Mn	0.43
Mg-1.2Zn	MgZn	0.46
Mg-1.2Zn	$MgZn_2$	0.64
Mg	Mg_2Cu	0.69
Mg	$MgCu_2$	0.979
Mg	Fe	0.97
Mg-3Al	$FeAl_3$	1.04
Mg	Co	1.20
Mg	Mg_2Ni	0.78
Mg-2Al	$MgAg_2$	1.39

　　大多数添加的合金元素在镁中形成金属间化合物,这些金属间化合物的电位比基体的电位高,与基体之间存在电位差,由表中的数据可以看出,这种电位差在 0.43~1.39 V 之间变化。金属间化合物可以在镁中形成非常有效的阴极相,正是这些阴极相的存在,使镁易腐蚀。例如,在镁中添加铝得到 Mg-Al 二元合金,形成的组织中有金属间化合物 $Mg_{17}Al_{12}$,它作为有效的阴极,和基体的电位差为 0.52 V。$Mg_{17}Al_{12}$ 是阴极,基体固溶体是阳极,在腐蚀环境下,固溶体将被腐蚀破坏。由于金属间化合物对镁的腐蚀过程有很大的影响,许多合金元素即使含量很少也能同镁形成金属间化合物,使材料耐腐蚀性能急剧恶化。锆作为合金元素加入,可以提高镁合金的耐 Cl^- 腐蚀性能。这可能与锆能够与铁杂质结合而形成颗粒并在铸造前沉淀出来有关[18]。

3.2.1.1　Al 对镁合金耐腐蚀性能的影响

　　许多研究者都曾研究过铝对镁合金腐蚀行为的影响[13,19~21],总的来说,铝的存在对提高镁的耐蚀性是有益的。Lunder 等人[15]报道了为获得有效的保护,铝含量大约是 8%;Warner 等人[13]应用 TEM 研究了 Mg-9%Al 的快速凝固区域,得出结论认为铝含量应该大于

5%;Hehmann 等人[22]研究了铝含量在 9%～62.3%之间变化时的快速凝固纽扣的腐蚀特性,他们观察到在铝含量为 9.6%～23.4%时,在 0.01 mol/L NaCl 溶液中,腐蚀速率和 E_{corr} 下降。Rajan Ambat 等人的研究结果表明,铝含量在 8%以下的区域一般容易腐蚀,这个值和 Lunder 等人[15]所报道的基本一致。这说明不管对单相合金还是多相合金,达到相应的保护,所要求的铝含量要大于 8%。在多相合金中,铝浓度在显微结构中的变化将导致铝含量小于 8%的区域被腐蚀。

通过对铝含量不同的 Mg-Al 合金在 5%NaCl 溶液中的耐腐蚀性试验表明,当铝含量大于 4%时,Mg-Al 合金的耐腐蚀性能迅速提高,其原因是铝含量的增加导致析出更多的 $Mg_{17}Al_{12}$ 相,它比 $\alpha(Mg)$ 基体更耐腐蚀;铝与铁反应形成化合物,降低了镁合金中铁的含量,减少了杂质元素对耐蚀性的有害影响;铝在 Mg-Al 合金表面形成氧化铝保护膜。

纯镁和铝含量不同的 3 种金属型铸态 Mg-Al-Zn 系镁合金,在相同情况下测得的腐蚀速率随着铝含量的变化关系曲线如图 3-1 所示。可以看出,镁合金的腐蚀速率随着铝含量的增加而增加,当铝含量大于 3%时,腐蚀速率突然增大。

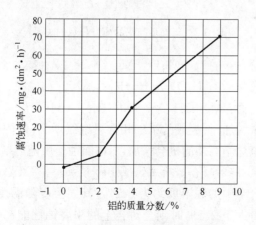

图 3-1 腐蚀速率与铝质量分数的关系

图 3-2 是试样释放气体的量随着铝含量变化的曲线。曲线变化规律与图 3-1 基本一致。铝在 α-Mg 中的室温固溶度在 2%左右,通常在

此类合金的铸态组织中存在 α-Mg 和 β-Mg₁₇Al₁₂两相[23]。当铝含量很低时,随着合金中铝含量的增加,铝在 α-Mg 中的固溶度增加,强化效果也随之增加;当 α-Mg 中的固溶度达到极限时,随着铝含量的增加,β-Mg₁₇Al₁₂相析出量增加,由此导致的弥散强化效果增强。铝含量进一步提高,铝可以和镁形成 Mg_4Al_3、Mg_2Al_3 等第二相,这些相的电位比镁基体的电位高,在溶液中,基体与第二相形成微电池,造成镁合金容易发生电化学腐蚀[24~27]。

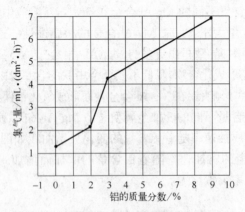

图 3-2　集气量与铝的质量分数的关系

$$\text{阳极反应为：} \qquad Mg \longrightarrow Mg^{2+} + 2e \tag{3-1}$$

$$\text{阴极反应为：} \qquad 2H_2O + 2e \longrightarrow H_2\uparrow + 2OH^- \tag{3-2}$$

$$\text{总的反应为：} Mg + 2H_2O \longrightarrow Mg(OH)_2 + H_2\uparrow \tag{3-3}$$

当铝含量增加时,生成的第二相数量继续增加,使阴极面积增加,必然使发生电化学腐蚀的机会增加,所以腐蚀速度随之增加。

3.2.1.2　锌对镁合金耐腐蚀性能的影响

锌在镁合金中的固溶度约为 6.2%,其固溶度随温度的降低而降低。锌的含量大于 2.5% 时则会对合金的耐腐蚀性能产生负面影响,因此,原则上控制合金中的锌含量在 2% 以下。锌在合金中的作用是能够提高铸件的抗蠕变性能。

锌在 Mg-Al-Zn 系合金中主要是以固溶状态存在于 α 固溶体和 β-Mg₁₇Al₁₂相中。锌的主要作用是减少铝在晶界的聚集,提高杂质元素

Ni、Fe、Cu 在镁合金的溶解度极限,细化晶粒,使腐蚀比较均匀,降低该系合金的腐蚀速率[22]。当锌质量分数较小时(w(Zn)<1%),锌在镁中的作用一方面表现为自身的固溶强化,另一方面,少量的锌还可以增加铝在镁中的溶解度,提高铝的固溶强化效果。在 Mg-Al-Zn 系合金中,Al/Zn 比是值得重视的一个参数。有人改变 Al、Zn 含量比例,对 Mg-Al-Zn 合金进行力学性能测试后得出,当铝含量较低(<8%)时,随锌含量增加,抗拉强度提高,伸长率下降;当铝含量高(>8%)时,随着锌含量增加,抗拉强度降低,伸长率提高。测试结果表明,AZ91 和 ZA84 合金具有最好的综合力学性能。

3.2.1.3 锰对镁合金耐腐蚀性能的影响

在镁合金中加入锰对合金的力学性能影响不大,但降低了合金的塑性。在镁合金中加入 1%～2.5% Mn 的主要目的是提高合金的抗应力腐蚀倾向,从而提高耐腐蚀性能和改善合金的焊接性能。

锰在合金中可以与其他组分形成 Mg_4Mn、Al_3Mn、Al_6Mn 等独立的相,溶解在镁固溶体中,提高镁的电极电位,所以固溶状态的锰有助于获得高电位,增加镁合金的耐蚀性。锰的加入,可以生成 Fe_2Mn 化合物而沉积于熔体底部,作为熔渣被排除,消除铁对镁合金耐蚀性的有害影响[25]。但锰相本身和镁形成腐蚀微电池,如果锰过量,也会成为腐蚀源。同时锰在镁合金中常常容易产生聚集,形成锰偏析,因此随着锰含量的递增,合金的塑性下降,如当锰含量自 0.4% 增加到 2.5% 时,伸长率由 5% 下降到 3%[28],所以锰也不能过量的加入。因此,如何添加锰元素以及控制锰的含量很重要。根据 Mg-Al-Mn 三元镁合金等温截面相图[29]:对于 w(Mn)<1% 的 Mg-Al-Mn 合金,室温状态组织一般为 α(Mg) + β($Mg_{17}Al_{12}$) + Mn 相,随锰含量的增加,组织中将出现脆性的 δ-Mn 相,降低了合金的延展性,因此,Mg-Al-Mn 合金的锰含量一般限制在 0.6% 以下。

3.2.1.4 稀土元素对镁合金耐蚀性的影响

在镁合金中添加稀土元素有许多作用,它们能显著提高镁合金的耐热性,能细化晶粒,减小显微疏松和热裂倾向,改善铸造性能和焊接性能,提高合金的韧性。王喜峰等[30]在 AZ91 镁合金中加入 1% 的稀土后,发现合金的铸态组织得到细化,由不连续网状分布的 $Mg_{17}Al_{12}$ 相逐渐变为断续、弥散分布的骨骼状,同时出现了针状、条状的新相,从而减缓了 AZ91 在 NaCl 溶液中的腐蚀。

段汉桥等[31]在 AZ91 镁合金中加入 1% RE 后,发现镁合金腐蚀表面的结构发生了变化,由内层(Al_2O_3、MgO) /外层 $Mg(OH)_2$ 转变为内层(Al_2O_3、$(Ce,La)_2O_3$、MgO) /外层 $Mg(OH)_2$,稀土与氧反应生成不连续的 $(Ce,La)_2O_3$ 钝化保护膜,从而使合金的耐蚀性提高。另外,稀土的加入,一方面细化了合金相和 $Mg_{17}Al_{12}$ 相,使得 $Mg_{17}Al_{12}$ 相对 α 相腐蚀的阻碍作用增加;另一方面合金中的一部分铝与 RE 形成了 Al_4RE 相,Al_4RE 相在阻碍腐蚀的同时,也减少了导致腐蚀的阴极相 $Mg_{17}Al_{12}$。通过对极化曲线和交流阻抗的测定,发现 RE 使镁合金的腐蚀电流降低,极化电阻增大,容抗减小,从而使析氢过程变得更为困难,合金的耐腐蚀性提高。

而 Morales 等人[32]的研究发现,当镁合金含有富铝相金属间化合物及少量 RE 时,合金在中性水溶液和 NaCl 溶液中都具有较好的耐蚀性;当 RE 含量较高时,其在碱性溶液中耐蚀性较好,而在中性溶液中耐蚀性下降。张汉茹等人[33]的研究也发现,在 AZ91 中当 RE 加入量小于 1% 时,增加 RE 含量有利于合金耐蚀性的提高;而当 RE 加入量大于 1% 时,由于化合物 Al_4RE 的形成,合金的耐蚀性反而降低。

利用钇合金化的专利合金在盐雾腐蚀条件下耐蚀性高于 AZ91D[34],该专利合金中钇与铝形成的 Al_2Y 强化相对腐蚀不敏感,即不会降低合金基体的耐腐蚀性。

3.2.2　杂质元素对镁合金耐蚀性的影响

杂质元素主要指 Fe、Ni、Cu、Co,这 4 种元素在镁中的固溶度很小,在其浓度大于 0.2% 时就对镁合金产生非常有害的影响,大大加速了镁合金的腐蚀[35]。铁不能固溶于镁中,以金属铁的形式分布于晶界,成为有效阴极,降低了镁的耐蚀性。铁对镁合金的腐蚀速度影响比较大,铁在合金中与其中的铝生成电位比较高的 $FeAl_3$,成为微电池的阴极;当铁在镁合金中的含量超过 0.017% 时[26],基体金属与铁微粒发生电流耦合,造成镁合金的快速腐蚀。Ni、Cu 等在镁中溶解度极小,常和镁形成 Mg_2Ni、Mg_2Cu 等金属间化合物,以网状形式分布于晶界,使镁的耐腐蚀性能变差[36]。当这几种关键杂质元素 Fe、Ni、Cu 等含量增加时,腐蚀速率可能增加 $10 \sim 100$ 倍[37]。因此,减少镁合金中杂质元素的含量,使其控制在一定的范围内,即高纯镁合金的开发,大大提高了镁合金的耐蚀性[38]。高纯镁合金成分中 Fe、Ni、Cu 的含量仅约为普通镁合金的十分之一,从而极大地提高了合金的耐腐蚀性能而不牺牲力学性能。

Fe、Ni、Co、Cu 是杂质元素,对耐腐蚀性不利。这些元素的最大含量由 ASTM 标准规定[39]。为了减小镁铝合金中铁的影响,通常加入锰。加入到合金中的锰如 $MnCl_2$ 通过两种方式与铁结合,或者在熔化池底部放置锰除去铁,或者与铁形成对耐腐蚀性没有消极影响的金属间化合物。一些研究者报道[40],为使镁合金具有最佳的耐蚀性,合金最后的组成中铁锰质量比应该约为 0.032;而对于 AM50 镁合金其临界 Fe/Mn 比为 0.016,略高于 ASTM B94 标准的规定值 0.015。

3.2.3 工艺过程对耐腐蚀性能的影响

加工处理方式也会影响到镁合金的腐蚀性能,如 AZ91D 压铸镁合金的耐蚀性要高于铸态 AZ91D 镁合金,其主要原因是压铸合金的晶粒和 β 相更细,使得耐蚀性得到提高。又如 Mathieu[41] 等的研究发现,半固态铸造的 AZ91D 镁合金的耐蚀性要优于高压压铸镁合金,其原因是前者微观结构中 α 相和 β 相(分别为腐蚀电偶的阳极和阴极)的面积比以及 α 相和 β 相中铝含量的差别都比后者小[42]。

从理想状态来说,具有高耐蚀性的镁合金体系应该是那些单相、化学成分均一并且含有足够的致钝合金元素的体系。通常,非晶态的合金能够满足这些要求。1988 年后研制出一种镁基三元非晶态金属玻璃,它们可以用通式 Mg-Tm-Ln(Tm-Ni、Cu 或 Zn,Ln-Y、Ce 或 Nd)表示。由于它们具有形成玻璃态的能力以及优良的力学性能而受到关注。对它们的耐蚀性研究发现,其耐蚀性远高于纯镁和多相晶态合金[43,44]。晶态合金的腐蚀速率高,钝态行为差主要归因于结构和化学上的不均匀,导致不同腐蚀相之间的电偶腐蚀电流的形成。这预示着非晶态金属玻璃可能作为一种新的耐蚀镁合金材料。快速凝固处理(RSP)是制备先进金属材料工艺方法的发展方向之一,通过快速凝固处理也可使镁合金获得优良的耐蚀性能。快速凝固能扩大固溶度的限制,使有害元素以危害更小的相态或在危害更小的位置存在,从而使材料更均匀,避免腐蚀微电池的形成,更为重要的是由于快速凝固处理可以形成具有"自愈"能力的更具保护性的玻璃态氧化膜[45]。

理论上讲,快速凝固可以在两方面提高镁合金的抗腐蚀性能,一方面,快速凝固提高了固溶度极限,有可能形成成分范围较广的新相,允许有害杂质在少量的位错和相中存在。另一方面,快速凝固倾向于使材料均匀化,因而限制了局部电池的活性。

实际生产中,镁合金的腐蚀性能受压铸工艺和表面处理工艺的影响。压铸影响因素主要集中在镁锭的前处理和重熔等方面,表面处理影响因素是指酸洗过程的控制。

3.2.4　晶粒和相的影响

3.2.4.1　晶粒的影响

晶粒形状、尺寸大小和相的分布对镁合金的耐蚀性有很大影响。最近的研究表明,比较好的均匀分布的阴极相对镁合金的耐蚀性起到了重要的作用[46]。一般情况下,晶界原子排列较混乱、缺陷多,显示出更大的活性,所以晶界的腐蚀电流密度远大于晶粒本身[28]。但对于牺牲阳极镁合金则多数不符,这是因为这种镁合金的晶界容易吸附高电位的杂质成分铁、钴、镍等,常以过剩相存在于晶粒边界和析出高电位的第二相,晶粒为阳极,晶界为阴极。粗大的晶粒比较耐腐蚀,而细小的晶粒相对来说,耐蚀性较差,因为粗晶粒和晶界处的第二相形成了大阳极、小阴极的微电池,这样容易引起镁合金的钝化;而晶粒细小则正好相反,容易被腐蚀。晶粒细化有助于提高材料的腐蚀均匀性但降低抗腐蚀能力。当镁合金中形成柱状晶时,在长柱与腐蚀面垂直时,比较耐腐蚀,因为柱状晶与腐蚀面垂直时,它的弱面小,形成层状剥离的机会少[47~52]。镁合金的不均匀,包括成分不均匀、组织不均匀、物理状态不均匀以及不合理的铸造工艺引起的熔剂夹杂、氯离子、合金成分不均匀,有害金属元素、第二相、晶界、夹杂等,这些都非常容易引起镁合金的局部腐蚀,使镁合金受到破坏。

3.2.4.2 组成相的影响

相结构对镁合金的腐蚀性能影响很大,合金的加工工艺不同,相成分和含量不同,导致其影响机制也不同。快速凝固、半固态铸造以及热处理工艺等可以通过改善镁合金的相成分和微观结构,使基体组织更加均匀,缺陷减少,抑制局部腐蚀。同时提高合金的固溶度,使得新相形成和合金成分范围扩大,减缓腐蚀。

A β相的影响

显微结构对镁合金耐蚀性的影响已经进行了大量的研究[15,19,42,50,55]。尤其是β相对AZ91D耐蚀性的影响。β相是AZ91中的强化相,在宽广的pH范围内有着良好的钝化性能,当作为阳极的α相溶解之后,它可以起到屏障层的作用,从而阻碍腐蚀的进行,因此能够提高镁合金的耐蚀性。

一些研究者[19]研究了杂质质量分数小于2×10^{-3}%的理想的AZ91D合金中β相的主动和被动角色,主要依赖于β相晶粒的尺寸以及它们在α基体中的分布。Song和Atrens[19,53]研究认为,AZ合金中的β相充当了一个阴极或腐蚀的屏障,但其作用依靠β相的数量和分布。他们发现,压铸AZ91D的表面比其内部耐蚀性更好,压铸合金表面β相的体积分数大,连续的β相分布在较细的基体α相周围,提高了合金表面的耐蚀性。此外,β相的尺寸、形貌和空间分布也对镁合金的耐腐蚀性具有很大的影响,在镁合金的溶解过程中,它可以起到阻碍镁合金溶解和作为电偶腐蚀阴极的双重作用。当β相的质量分数高,合金的晶粒度小时,β相近似连续分布于α相基体上,这种情况下可以起到腐蚀屏障层的作用,腐蚀速率很低;相反,若晶粒度大时,β相的分布分散,距离变大,这时由于形成腐蚀电偶而导致合金的耐腐蚀性能下降。随着β相的增加,镁合金的电位升高,腐蚀试样的坑蚀深度减小,试样的腐蚀速率降低[54]。并且网状分布的$Mg_{17}Al_{12}$相可以有效地阻碍腐蚀,因此增加$Mg_{17}Al_{12}$相就可以提高镁合金的耐腐蚀性。

一般而言,β相在所有的腐蚀环境下都是相当稳定的,这与它表面形成的薄膜层有关。如果将AZ91置于浓度为1%、pH=11的NaCl溶液中,则在β相表面形成两类产物,在溶液与薄膜层之间形成镁、铝的氢氧化物$(Al, Mg)_m(OH)_n$;在合金与薄膜层之间形成镁、铝的氧化物

$(Mg, Al)_x O_y^{[42,56]}$。这两类产物的铝含量都较高,两者一起构成了 β 相表面的钝化层,使其在较大的 pH 值范围内都具有较强的耐腐蚀性能。然而研究发现,在 β 相表面发生的析氢反应之剧烈程度远远超过 α 相,它常常与 α 相组成腐蚀电池,充当阴极。

AZ91D 合金中 β 相的存在对合金的耐腐蚀性是有益的[12,15,57,58],β 相是腐蚀的屏障。因此,含共晶 β 相大约为 18% 的 AZ91 镁合金固溶热处理并时效后,比铸造或固溶热处理合金更加耐腐蚀。Song 和 Bowles 等人[59]同时研究了镁合金 AZ91D 在 433 K 的腐蚀行为。实验所用的是压铸以及铸造 AZ91D 合金。4 种镁铝合金所含铝质量分数分别为:2.00%、3.89%、5.78% 和 8.95%。并采用核磁共振(nuclear magnetic resonance-NMR)测定 β 相的含量,测量时效过程中固溶体中的铝含量。

图 3-3 所表示的是压铸 AZ91D 经时效处理后显微组织的变化。铸造 AZ91D 的显微组织主要是 α 基体,晶界周围分布着大块的 β 相。通过 SEM 观察发现,在 α 晶粒边界随铝含量的增加亮度增加。在时效过程中析出 β 相,在最初的阶段 β 相的体积分数增加很快。β 相以两种形态析出,薄片状(不连续析出)和小棒状(连续析出)。析出反应发生在晶粒边界,因此沿着晶粒边界形成几乎是连续网状的 β 相。随着时效时间的延长,基体铝含量耗尽,析出反应变慢,反应向晶粒内部推进。

图 3-3 f 是一个放大的图像。白色的箭头说明不连续析出的区域,标注"A"的区域显示了棒状的析出。

Lunder 等比较了铸造、固溶热处理(T4)以及固溶热处理然后时效处理(T6)的 AZ91D 试样的耐腐蚀性与其中所含 β 相数量之间的关系。从图 3-3 和图 3-4 可以看出,随着时效时间延长,β 相的数量和连续性沿晶界增加,因此腐蚀速率下降。

图 3-5 显示出了腐蚀试样的显微形貌,直接证实了 β 相作为腐蚀屏障的影响。可以看出腐蚀主要发生在 α 基体上,析出的 β 相包括共晶的和不连续的,在腐蚀过程中是稳定的,β 相的析出阻碍了腐蚀进程。在图 3-5 c 中,腐蚀区域中白色的小圆点是连续棒状的 β 析出相。

B　α 基体的影响

α 相对 AZ91 镁合金的耐腐蚀性起着重要作用,它的耐蚀性决定了

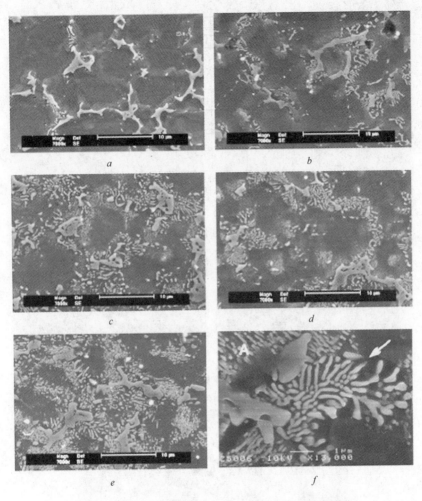

图 3-3 433 K 时效对模铸 AZ91D 合金显微组织的影响

a—铸态；b—6 h；c—15 h；d—45 h；e—585 h；f—放大了的典型的显微组织

整个合金的腐蚀行为，而 α 相内的微区成分是其腐蚀行为的关键。根据对 AZ91 凝固过程的分析，由于凝固速度快慢的原因，在不同工艺条件下，铸件中铝元素的分布不完全相同，凝固速度越快，铝的偏析越大，分布越不均匀。比如压铸 AZ91 镁合金的铝分布的均匀性不如砂型和金属型，前者铝大量偏聚于 β 相中。即使在同一种铸造工艺下，由于凝

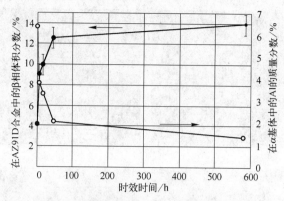

图 3-4　时效 AZ91D 合金的 β 相体积分数
以及基体 α 相的平均铝质量分数

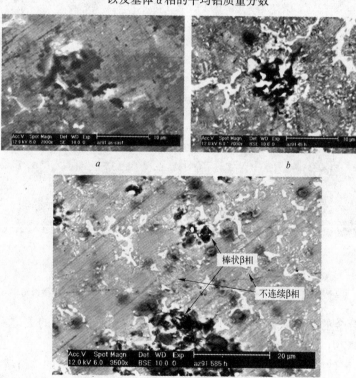

图 3-5　压铸 AZ91D 在 5% NaCl 溶液中浸泡 4 h 后的微观形貌
a—铸态；b—433 K 时效 45 h；c—433 K 时效 585 h

固过程中的铝偏析,先析出的 α 相中铝含量少,共晶反应生成的 α 相中铝含量高,如 AZ91 压铸件,初生 α 相中只含铝 6% 左右,越靠近 β 相铝含量越高,共晶 α 中可达 10%,而在 β 相中可高达 35% 左右[46,56]。Song 指出 AZ91D 合金中由于铝含量的不同,造成了腐蚀行为的差异。当阳极极化程度高时,共晶 α 相(阳极)与 β 相(阴极)组成腐蚀电池,此时共晶 α 优先受腐蚀,当大多数共晶 α 相都被溶解后,那么由其包围的部分小的且不连续的 β 相也会受腐蚀剥落,接着,初生 α 相才开始受腐蚀。当阳极极化程度不高时,初生 α 相受腐蚀严重而晶粒边界的共晶 α 相腐蚀缓慢[19,42]。

Mathieu 等[46]指出半固态铸造(SSP)AZ91D 的耐蚀性更好(其电流–电位曲线如图 3-6 所示),这主要是由于半固态铸造 AZ91D 基体 α 相中 Al 的富集高达 3%,而压铸 AZ91Dα 相中 Al 的富集才 1.8%,并且半固态铸造 AZ91D 的相中含有更多的锌。

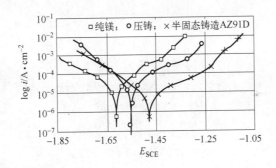

图 3-6 不同镁合金或不同处理状态下合金的电极电位曲线

对于合金的腐蚀性能来说,基体的化学成分和相的构成一样重要。对于 AZ 合金,β 相的化学成分几乎是不变的,在 393 K 下铝含量大约 44%[60]。然而,α 基体的成分随温度变化较大。据文献报道[61],α 基体的铝含量从晶粒中心的 1.5% 到邻近 β 相的大约 12%[62]。对压铸镁合金 AZ91D 在 433 K 的腐蚀研究表明,α 基体中的平均铝含量在最初的时效 45 h 内从 6.5% 下降到 2%,然后随着时效时间的延长而缓慢下降,585 h 后含铝大约为 1.5%。经过长时间的时效,晶粒内部的铝含量降到了 1.5%,而晶粒边界的一些区域仍然保持着一个相对高的过饱和铝含量。在 α 基体中平均铝含量的降低并不代表所有的晶粒中铝含量都降低。但事实上,沿晶界一些富铝区域的铝含量确实降低了。在许多的研究中,α 基体中铝的有益影响已经被作为基本条件,并且已经被成功地用来解释在某些情况下,腐蚀在到达 β 相前在晶粒边界终止[42,46]。然而,到目前为止,直接支持这个假定的腐蚀实验结果还不充分。Song 等人[59]在实验中,测定了具有不同铝含量的几个单一 α 相的合金浸入盐溶液中的腐蚀速率,结果如图 3-7 所示。可以看出,随着 α 相中铝含量的下降,α 相的耐蚀性也下降。因为铝含量的降低能够导致 α 基体腐蚀速率增加,因此时效过程中,α 基体中平均铝质量分数的降低将导致压铸 AZ91 合金耐腐蚀性的下降。这很可能是时效 45 h 后,合金腐蚀速率增加的原因。

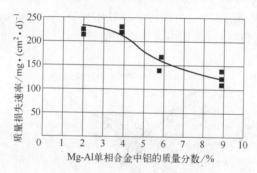

图 3-7　Mg-Al 合金中不同铝含量组织在 5% NaCl
溶液中浸泡 3 h 后的平均失重速率

　　α 相晶粒随冷却速度的增加而变得细小,导致在 α 晶界上的 β 相数量增加、分布连续,从而提高其耐蚀性。除了 α 相的微区成分和晶粒尺寸大小对其腐蚀性能产生影响外,在其表面形成的薄膜层对腐蚀性能也有影响。据 X 射线衍射分析可知,当 α 相浸在腐蚀液(浓度为 1%、pH=11 的 NaCl 溶液)中时,在其表面形成三层薄膜层,最上面的是 $Mg(OH)_2$,中间层是 MgO,最下面是 Al_2O_3,其中 $Mg(OH)_2$ 是由 MgO 与 H_2O 缓慢反应形成的,这三层之间没有明确的分界线[19,42,56]。在腐蚀液中形成的 Al_2O_3 与平衡态形成的 Al_2O_3 有很大区别,它含有大量的杂质元素和缺陷,因此它就成了一个导体,加剧了这一层的电传导性,对 α 相的腐蚀产生了负面影响。其余两层虽然是非电子导体,但却是很好的离子导体,所以对腐蚀也不利。

C α 相和 β 相的变化对腐蚀速率的综合影响

β 相的不同作用取决于其含量的多少。当 β 相含量较少时,它起阴极作用,加快腐蚀;当 β 相含量较多时,它起阻碍阳极反应的作用,抑制腐蚀[19,42,56]。但在整个腐蚀过程中,β 相的含量并非固定不变的,而且含量的多少还和铸造工艺有关。除了含量外,β 相的腐蚀与 α 相也有很大关系。比如砂型和金属型铸造的 AZ91 镁合金,它们 α 相的晶粒尺寸较大,块状的 β 相沿 α 晶粒的分布不连续,甚至有的以颗粒状形式存在,β 相之间的距离也较大,此时 α 晶粒与 β 相构成腐蚀电池,α 晶粒作为阳极受腐蚀,尤其是 β 相边缘的 α 相。而作为阴极的大部分 β 相不受腐蚀而被保留在基体表面(仅有小部分的 β 相因其相连的 α 晶粒腐蚀严重而被破坏甚至剥落),但 β 相和腐蚀产物并不能有效阻碍 α 晶粒的腐蚀,随腐蚀进程的加剧,β 相的含量下降,腐蚀速率升高。在实际生产中,98% 的汽车零部件都采用高压铸件,因为采用高压铸造得到的 α 晶粒和 β 相都很细,且 β 相数量多并呈网状连续分布于 α 晶粒周围,此时 β 相不易受腐蚀,且由于 α 晶粒被 β 晶粒完全隔离开,所以阻止了腐蚀从一个 α 晶粒传向另一个 α 晶粒,即阻碍了反应的进行。在反应达到稳定状态后,表层的 α 相已全部被溶解,只有部分在 β 相下面的 α 相还在受腐蚀。随着腐蚀过程的进行,腐蚀产物不断增多,它与 β 相一起阻碍了腐蚀的进一步进行,降低了腐蚀速度。

Song 和 Bowles 等人[59]的研究指出,AZ91 合金的时效导致耐蚀性能向两个相反的方向变化。第一,由于 β 相沿晶界析出腐蚀速率降低。第二,由于 α 基体中铝含量的降低使腐蚀速率增加。合金腐蚀速率的全部变化决定于 α 基体和 β 相边界铝含量的比例。压铸 AZ 合金的显微组织主要是由共晶的 β 相和沿晶界不连续析出的 β 相构成。在固溶体中,晶粒边界有很高的铝含量(12%),总体来说比铝含量低的晶粒内部有高的耐蚀性[15,42]。在压铸 AZ91 合金中,β 相主要充当了一个腐蚀的屏障。因此,在压铸 AZ91 合金中,β 相和高铝含量的 α 基体阻碍了腐蚀的进行,腐蚀在 β 相附近终止,在 β 相晶间有极少量的腐蚀。图 3-5 显示了典型的腐蚀形貌。

　　AZ91 在时效的早期阶段,不连续 β 相沿晶界析出在 α 基体的高铝含量区域。原来的高铝晶粒边界被析出的 β 相所覆盖,在这些区域固溶体中的铝含量急剧下降。更重要的是,析出的 β 相沿晶界几乎形成了连续的 β 相屏障,这在某种程度上能够阻止腐蚀。因此在 α 基体中高铝含量区域被 β 相所代替将减少被侵蚀表面,增加腐蚀屏障的连续性。不连续的 α 相(薄片状,并被不连续的薄片状 β 沉积相分割开)铝含量较低,并且比原来的高铝 α 相耐蚀性差。然而,不连续的 α 相和不连续的 β 相非常接近,因而腐蚀能够很快被邻近不连续的 β 析出相所阻止。

　　因此,在时效的早期阶段,小部分 β 沉淀相的增加有效地抵消了 α 基体中铝含量下降的不利影响。高铝含量的 α 基体转变为不连续的析出 β 相总体的影响是有利于合金的耐蚀性。图 3-5 清楚地证实了 α 相和 β 相的综合影响。β 相(包括不连续的析出相)限制了腐蚀区域。在腐蚀区域,几乎没有不连续的 α 相。这与图 3-5a 中所示的压铸合金腐蚀形貌稍有区别,因为腐蚀在到达 β 相之前,即在高铝区域被阻止了。

　　在时效过程中,出现一部分圆棒状的 β 沉淀相。以前的研究表明,在低温(373~413 K)下,不连续的相在晶界析出以后,才出现圆棒状的沉淀相。晶粒边界区域最初铝含量较高,晶粒边界的存在有利于不连续相的形成。圆棒状的 β 相也可能出现在晶粒内部(尽管这个反应被高的铝含量限制在晶粒外面)。远离晶粒边界,圆棒状 β 相的析出并没有对腐蚀起到有效的屏障作用。因此,时效时间的延长并没有增强沿晶界析出的 β 相对腐蚀抑制的有利影响。相反,圆棒状 β 相的析出更进一步减少了 α 基体中的铝含量,增加了 α 基体的腐蚀速率。如图 3-5c 表示的是时效 585 h 后试样的腐蚀区域。在这些区域,所有的 α 相被腐蚀,只留下了一些圆棒状的 β 析出相。这也表明,在这些区域,圆棒状的 β 析出相不能阻止腐蚀,而周围的 α 基体很容易被腐蚀。α 基体中铝含量下降对腐蚀的有害影响和 β 析出相增加的有利影响是相对的,基体中铝含量主要支配着在时效阶段腐蚀速率的总体变化。

3.2.5　组织结构的影响

　　组织结构对镁合金的耐蚀性也有一定的影响。相的偏析,使镁合金有的地方电位比较高,有的地方电位比较低,在溶液中容易形成微电池,使局部发生快速溶解;晶粒大小不一样,造成镁合金里面有的地方比较致密有的地方比较疏松,使腐蚀介质在疏松的地方容易侵入。此外,大的晶粒与第二相形成大阳极小阴极的腐蚀微电池,小的晶粒与第二相形成小阳极大阴极的微电池,这样在小的晶粒处腐蚀得比较快,大的晶粒处腐蚀得比较慢,使合金局部快速溶解,继而发展为全面腐蚀。在镁合金组织中,快速凝固可以改善材料的相成分和微观结构,使基体组织更加均匀,减少缺陷,抑制局部腐蚀;同时提高合金的固溶度,使得新相形成和合金成分范围扩大,原来有害的元素可以存在于无害或少害部位,减缓腐蚀。组织结构的不均匀也对镁合金的腐蚀有很大的影响,当组织不均匀且较疏散时,它的耐蚀性比较差,当组织比较致密而且均匀时,能够提高镁合金的耐蚀性。

铸造镁铝合金的耐腐蚀性决定于它的显微组织(β 相和孔的存在)以及所接触的环境。显微组织的特征随着处理方法的改变而改变,不同的处理方法可以引起不同的腐蚀行为。

Rajan Ambat 等人[42]结合表面形态,着重分析研究了显微组织对压铸和铸造 AZ91D 合金腐蚀行为的影响。图 3-8 是它们的显微组织,主要由 α 相和共晶($\alpha+\beta$)相组成。压铸试样的晶粒较细,并且有较多的细晶 β 相,试样表面有许多的孔洞。相反,铸造 AZ91D 的晶粒粗糙,且 β 相的颗粒比较大。宏观来看,α 相看起来是均匀的,然而,由于固化过程中的形核,它的显微结构是不同的,因此基体 α 相和共晶 α 相与 β 相相比铝含量较少。这些区域的宽度决定于凝固速率。对 AZ91D 合金,β 相的尺寸和空间分布与孔洞使得合金表面电化学性质不同。当暴露于含水的环境中时,材料的腐蚀特性决定于这些显微组织如何相互作用。

在 3.5% NaCl 溶液中进行腐蚀,注意观察腐蚀时的现象,其腐蚀速率随时间的变化关系如图 3-9 和图 3-10 所示。从图中可以看出,铸造 AZ91D 试样在 6 天以后腐蚀速率开始降低,然而压铸试样的腐蚀速率随接触时间稳定下降,只有在 24 h 时腐蚀速率稍微上升。在所有的接触时间内,铸造试样的腐蚀速率都比压铸试样的稍高。从图 3-9 和图3-10典型的腐蚀特征可以看出,腐蚀开始于局部区域,压铸和铸造

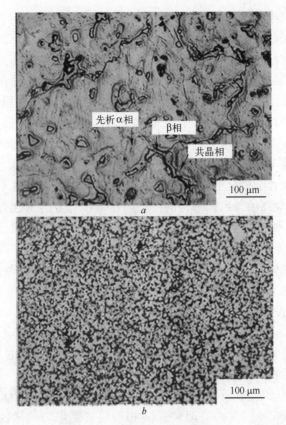

图 3-8　AZ91D 合金的显微组织
a—铸态;b—压铸态

AZ91D 试样都是从 α 相先开始腐蚀。对于铸造试样这些特征可以很清楚地从表面观察到,而压铸试样的晶粒较细,这些特征在表面不明显。局部腐蚀以后,随着接触时间增加,腐蚀扩展到整个表面,6 天以后总的腐蚀形貌表明 β 相仍然在表面,没有受到腐蚀,而整个的 α 基体却已溶解。对于目前使用的合金,3.5% NaCl 溶液具有侵蚀性。在 3.5% NaCl 溶液中,压铸和铸造 AZ91D 试样的腐蚀速率急剧增加,有人认为在溶解反应中氯离子参加了反应。氯离子对于镁和铝都是阴极,氯离子吸收到镁的表面,把 Mg(OH)$_2$ 转化为易溶的 MgCl$_2$[23]。

对于压铸和铸造 AZ91D 两种状态,β 相在环境中表现出最大的抗腐蚀力。β 相在 3.5% 的 NaCl 溶液中不受腐蚀,除非界面被腐蚀而破

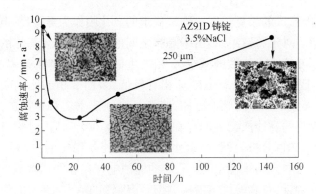

图 3-9 AZ91D 铸锭的腐蚀速率与腐蚀时间的关系曲线

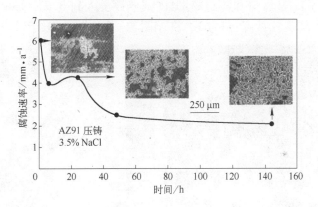

图 3-10 AZ91D 压铸件的腐蚀速率与腐蚀时间的关系

坏。然而,由于形态的不同,在压铸和铸造试样中,这个相对于整个腐蚀特性的影响是不同的。由于β相的细小分布,压铸试样的腐蚀速率低且有良好的钝化特性。早期对 AZ91 合金腐蚀特性的研究表明,在腐蚀溶解中,β相充当了一个双重角色[19]。它或者作为电流的阴极或者作为屏障阻止腐蚀。Lunder 等人[15]报道,β相的腐蚀电位在 5% 的 NaCl 溶液中,相对于纯镁和 AZ91 合金大约是 −490 mV 和 −420 mV。因为这个相相对于α基体电位较负,析氢优先在β相发生,使得它成为有效的阴极。另一方面,如果α晶粒细小,β相比例不太低,则在β相上形成的氧化物几乎是连续的[19]。据报道[15,24],β相因为有较高的铝含

量,在其上形成的膜更稳定。连续稳定的氧化膜作为屏障,抑制了 α 基
体的溶解。对于铸造组织,由于晶粒之间的距离很大,α 基体的腐蚀导
致了表面 β 相体积分数的减少,β 相产生破坏,引起腐蚀速率的增加。
相反,对于压铸材料,β 相的破坏相对较低,表面 β 相的比例随时间增
加,最后导致了一个网状的 β 相,降低了腐蚀速率。对于铸造试样,从
溶液中收集的腐蚀产物表明存在 β 相。暴露 6 天以后,对收集的腐蚀
产物进行 XRD 分析表明,在含水溶液中 β 相是稳定的。据报道,β 相
在 pH(4~14)之间是稳定的[15],它的腐蚀电位在中性和微酸性溶液中
和纯铝的接近,在高酸性溶液中,接近于纯镁的值[15],β 相的腐蚀特性
在弱碱环境下优于其他的相。

　　图 3-11 是压铸和铸造 AZ91D 试样被浸入到 3.5％ NaCl 溶液中
(时间间隔从几秒到15min)的SEM图像。总的来说,对于铸造AZ91D

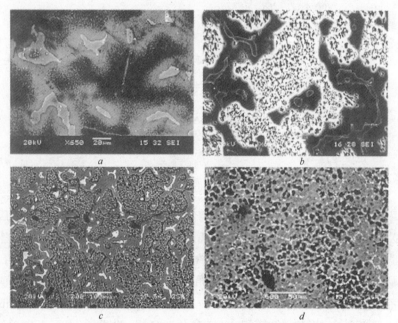

图 3-11　显微组织对 AZ91D 合金铸态和压铸
态在 3.5％氯化钠溶液中的腐蚀行为的影响

a—保持 5 min; b—保持 15 min; c—保持 15 min 的背散射图像,表明了无腐蚀的区域;
d—压铸试样在腐蚀溶液中保持 15 min 的背散射图像

腐蚀最初开始于基体 α 相,而共晶的 α 相和 β 相被彻底保护。图 3-11*d* 显示了压铸 AZ91D 腐蚀以后类似于细胞的网状结构,可以清楚地看到腐蚀最先开始于 β 相所包围的晶粒内部。在这些区域腐蚀非常严重,形成深坑,相反铸造试样的腐蚀是扩展开的。

在压铸和铸造试样的表面滴 3.5% 的 NaCl 液滴(即原位腐蚀实验),用光学显微镜记录下了在 3.5% NaCl 液滴中压铸和铸造 AZ91D 试样的表面变化。图 3-12 和图 3-13 表示的是试样在原位腐蚀过程中一些受侵蚀表面的照片。正如图中所看到的,在所有的情况下,滴溶液以后立即开始了析氢反应(如图 3-12*b* 和图 3-13*b* 箭头所指),然而这些成核点集中在极少的区域,而不是在整个 β 相的表面。对于铸造合金,如图 3-12 所示,在少数的区域,析氢反应非常强烈,起泡区相互连接,在其下面腐蚀反应非常强烈(如图 3-12*c* 箭头所指)。在压铸试样中也发现了类似的区域。在几分钟之内连续反应,并伴随着腐蚀产物的产生,在析氢反应的邻近区域可以观察到腐蚀产物(如图 3-12*d* 和 *e* 箭头所指)。在压铸试样中,析氢区域的反应比铸造试样中结束得更快,在所有的析氢区域,没有发生强烈的析氢反应。图 3-12*f* 中,试样表面清理后,在析氢区域没有观察到大的点蚀(如图 3-12*f*)。图 3-13*f* 表示的是,在水和空气的接触界面,压铸件的腐蚀,与原位腐蚀的表面相比,这些区域已经遭受了严重的腐蚀。在铸造件中也观察到了相似的现象。

在 3.5% NaCl 的液滴中,一个适当的时间间隔以后,液滴下面的试样表面用一个薄的玻璃棒擦伤,这破坏了覆盖合金表面的氧化层。对于铸造件,这些区域的重新钝化需要较长的时间,而对于压铸件,这些刮擦很快重新钝化。

图 3-14 和图 3-15 是用 EDX 测量的从 β 相到显微组织的内部,铝和锌的浓度梯度。由于 EDX 给出的表面元素的浓度是不准确的,而是电子束相互关联的值,因此在不同区域进行了多次重复测量(如图3-14 所示)。总的来说,对于铸造 AZ91D 试样,β 相和相邻的区域(可能是共晶 α 相)是由高含量的锌铝组成的;当远离 β 相时,浓度开始下降。和 β 相相邻的富铝(>8%)区域的宽度随着区域不同而变化。铝的浓

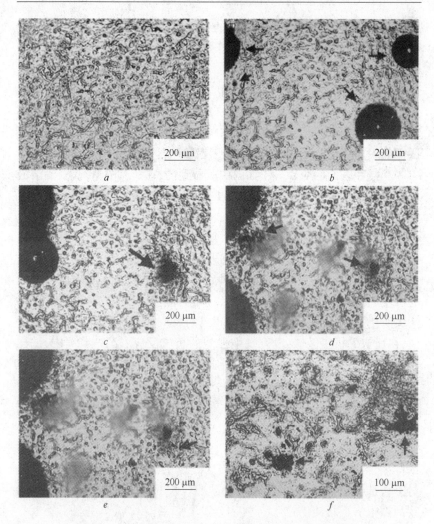

图 3-12　AZ91D 铸锭腐蚀随时间变化的原位组织观察

a—0 min；b—3 min；c—10 min；d—22 min；e—30 min；f—清洁后的表面

度从β相的 35％ 到接近α相或其内部的大约 8％～6％。高腐蚀区域的显微组织(主要是 α相)，铝含量≤(8～6)％，且含有微量的锌。图 3 -14中，曲线C所表示的是试样暴露到腐蚀环境中5min时，两个β相之间的铝浓度梯度。通过比较显微照片可以很清楚地看到，在那些铝含量小于 8% 的区域开始腐蚀。从 EDX 的分析结果可知，β 相的组成近似为 $Mg_{17}Al_{11}Zn_{0.5}$。没有腐蚀和腐蚀后试样的浓度梯度是相似的。

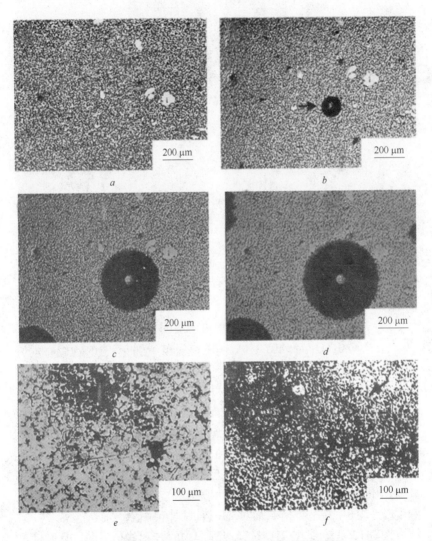

图 3-13　压铸 AZ91D 的原位腐蚀过程观察

a—0 min；b—3 min；c—10 min；d—30 min；e—表面清洗以后；f—沿晶界的腐蚀

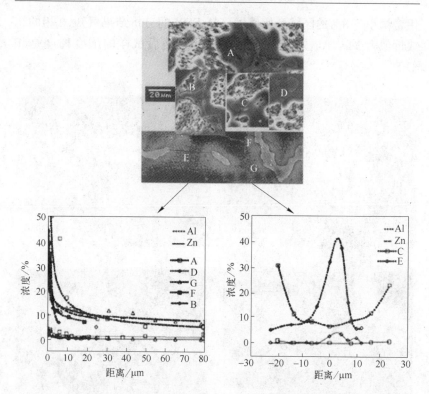

图 3-14　AZ91D 合金铸锭中沿着图中所示直线的铝和锌的浓度梯度

　　压铸 AZ91D 试样如图 3-15,由于显微组织细化,图形稍微有点区别。对于压铸 AZ91D 试样的 EDX 的测量是困难的,这是因为 β 相非常薄,有来自基体的干扰。在和 β 相邻近的薄层中发现铝含量较高。

　　图 3-16a 和 b 是试样同一区域腐蚀前后的 XRD 图形,在作 XRD 以前,去除腐蚀产物,目的是得到由于腐蚀而脱离表面的 β 相的理想数量。未暴露试样的表面主要显示的是镁和 β 相相应的峰(图 3-16a 和 c)。浸入到腐蚀介质以后,对应于 β 相的峰强度较低,表明许多 β 相被破坏(图 3-16b 和 d)。依次比较腐蚀前后相应于 β 相的峰强度,可以发现对于铸造试样,强度以平均8%的速度下降,而对于压铸试样,下降值大约只有2%。

　　图 3-17 是铸造 AZ91D 试样腐蚀产物的 X 射线衍射图。从腐蚀产物中萃取的物质有 $Mg(OH)_2$、β 相、MgH_2 和镁与铝的混合物。JCPDS 卡片表明,$MgO:Al_2O_3$ 的混合比是$1:2.5$[23]。然而,有趣的是在同样

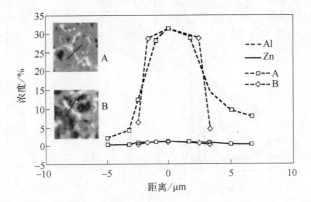

图 3-15 AZ91D 合金压铸试样中沿着图中所示直线的铝和锌的浓度梯度

的腐蚀介质中,压铸件腐蚀产物的分析表明腐蚀产物是无定形结构(图3-17b)。两个宽化的峰能够看出可能是 $Mg(OH)_2$ 和混合氧化物。

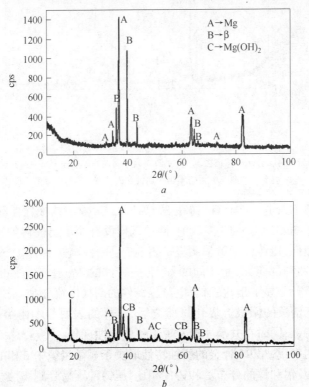

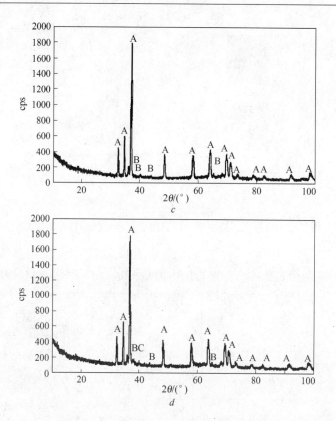

图 3-16　合金腐蚀后表面的 X 射线衍射图

a—铸态腐蚀前；b—铸态在 3.5％NaCl 溶液中腐蚀 6 天后；c—压铸态腐蚀前；
d—压铸态在 3.5％NaCl 溶液中腐蚀 6 天后与 c 同样区域的形貌

　　压铸和铸造 AZ91D 试样在 3.5％NaCl 溶液中的极化曲线如图 3-18 所示。在 3.5％NaCl 溶液中，两种试样没有显示出任何的钝化。相对于铸造件，压铸件稍微呈阴极。表 3-2 是两种试样的 E_{corr}、β_c 和 I_{corr} 值，对于两种试样，β_c 是相同的，然而压铸件的 I_{corr} 比铸造件的高。曲线的阴极部分显示出，在所有电位压铸件的阴极电流较高。相反，铸件更趋向于活泼的阳极。极化试验之后，试样的表面显示出类似图 3-9 的表面特征；同时在共晶 α 相发现了一些侵蚀现象。

　　总的来说，AZ91 合金的腐蚀特性取决于显微组织中 β 相的尺寸和分布，以及铝和锌的分布。和铸件相比，压铸件不易受到腐蚀。对于铸

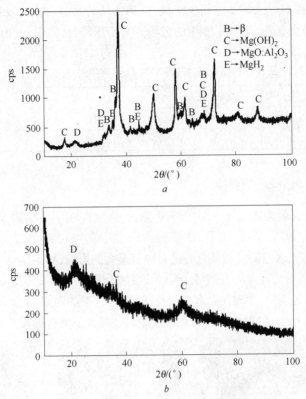

图 3-17 在 3.5% NaCl 溶液中腐蚀 6 天后腐蚀产物的 XRD 图

a—铸态;b—压铸态

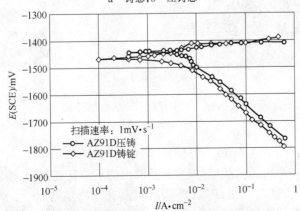

图 3-18 AZ91D 铸态和压铸态在 3.5% NaCl 溶液中的极化曲线

件,腐蚀在相对大的基体相中扩展,低铝含量的共晶 α 相在较长时间的暴露下易受腐蚀,导致了 β 相的破坏。对于压铸件,共晶 α 相由于高铝含量而耐蚀性较好。

表 3-2　压铸和铸造试样在 3.5% NaCl 溶液中的 I_{corr}、E_{corr} 和 β_c 值

材　　料	$I_{corr}/mA \cdot cm^{-2}$	E_{corr}/mV	β_c/mV
压　　铸	0.0063	−1461.0	169
铸　　锭	0.011	−1441.5	182

3.2.6　铸造缺陷的影响

在镁合金铸造过程中,由于某些原因,必然存在一些缺陷,缺陷包括表面裂纹、裂边、疏松、缩孔、凹陷或压坑、麻面、点状氧化燃烧等(如图 3-19 所示)。这些缺陷对镁合金的腐蚀有很大的影响,如果镁合金中存在缺陷,那么当镁合金处在腐蚀介质中,腐蚀介质将从这些缺陷的地方进入镁合金基体中,造成镁合金发生点蚀,这时缝隙的内表面为阳极,发生式 3-1 的反应,造成镁的溶解,阴极发生氧还原为氢氧根的反应:

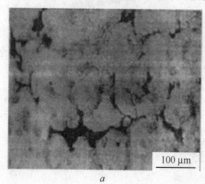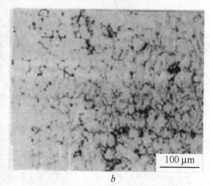

图 3-19　AZ91 和 AZ21 的金相组织
a—AZ91；b—AZ21

阴极:　　　　　　　$O_2 + 2H_2O + 4e \longrightarrow 4OH^-$　　　　　(3-4)

经过一个短的时间后,缝隙和孔洞内的氧消耗完,氧的还原反应不再继续进行,这时内部缺氧、外部富氧形成氧浓差电池[7]。孔内镁的溶解造成金属阳离子的不断增加,为了保持电中性,孔外阴离子(氯离

子)向孔内扩散,孔内氯离子浓度升高。由于孔内金属阳离子的不断增加并发生水解:

$$Mg^{2+} + 2H_2O \longrightarrow Mg(OH)_2 + 2H^+ \tag{3-5}$$

这使孔内 H^+ 浓度提高,孔内 pH 值降低,孔内酸化,使孔内镁合金处于 HCl 介质中,即处于活化状态;而孔外处于中性状态,即处于钝化状态。在活性离子的溶液中,特别是在含有氯离子的溶液中,能加速镁的腐蚀。当氯离子浓度增加,镁的腐蚀速度增加[5,63,64]。镁合金熔炼所使用的熔剂,基本是水溶性的 $MgCl_2$、KCl、NaCl、$BaCl_2$ 等盐的混合物。当镁合金中有集中性的熔剂夹渣,在一定条件下,吸潮后形成高浓度的氯盐溶池,必然发生溃烂性的腐蚀,伴随有大的腐蚀电流。当镁合金中有分散性的熔剂夹渣时,这样在点蚀自催化的过程中,镁合金在孔内不断溶解,从而腐蚀过程必然促进不均匀点蚀的进程,造成镁合金局部被腐蚀而遭到破坏。

图 3-20 是 AZ91 和 AZ21 镁合金腐蚀不同时间后的表面形貌,其对应镁合金的显微组织如图 3-19 所示。由于铸造工艺的原因,在 AZ91 内部形成了一些空隙。在 AZ21 中,有缩松的缺陷,如图中的小黑孔。由于合金中存在缺陷,所以在试样刚放入溶液不久,就看到在试样有的地方有小气泡生成,说明腐蚀介质在这些缺陷的地方首先侵入基体,发生点蚀,如图 3-20a 和 b 所示。随着时间的延长,腐蚀的面积越来越大,腐蚀点慢慢扩大,说明腐蚀在逐渐加剧,腐蚀 10 h 后的表面形貌如图 3-20c 和 d 所示。从图中可以看到,在镁合金缺陷的地方,腐蚀比较严重,腐蚀坑也比较大。

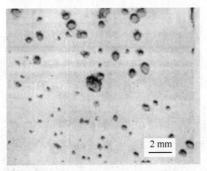
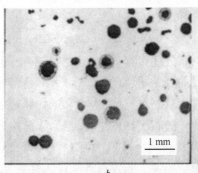

a　　　　　　　　　　　　　b

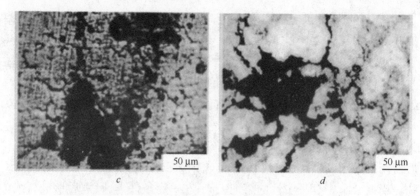

图 3-20　AZ91 和 AZ21 腐蚀不同时间的表面形貌
a—AZ91 1 h; b—AZ21 1 h; c—AZ91 10 h; d—AZ21 10 h

3.3　镁合金的腐蚀机理

3.3.1　镁合金腐蚀的热力学与动力学

3.3.1.1　镁合金腐蚀热力学

镁是一种非常活泼的金属,在镁合金中几乎占到 90%。镁本身在表面能够形成 $Mg(OH)_2$ 膜,可在较宽的 pH 范围内保护金属镁。但是,在有电解质或杂质存在时,就会阻碍这层膜的形成。

镁在水中的电位-pH 图[9]可以对其电化学热力学过程给出较好的描述。在水溶液环境中,镁的腐蚀是由电化学反应控制的,并生成氢氧化镁和氢气,其总反应可以表示为式 3-1、式 3-2 和式 3-6 的分步反应总和或者式 3-3。

$$Mg^+ + 2(OH)^- \longrightarrow Mg(OH)_2 \qquad (3-6)$$

上述过程可能还包括某些中间步骤,最为显著的初始产物是存在时间极为短暂的 +1 价的镁离子生成。对反应式 3-1,当 pH 值小于 11 时,腐蚀反应受反应物和产物通过表面膜的扩散过程所控制。

随着腐蚀的进行,金属表面附近由于 $Mg(OH)_2$ 的形成而使 pH 值增大,平衡 pH 值约为 11。所以,膜的保护作用与金属镁所暴露的环境密切相关。若没有外来侵入性物质的破坏,镁在少量的水中有很高的耐蚀性。在大气中镁能与 CO_2 反应,形成 $MgCO_3$,作为 $Mg(OH)_2$ 膜的密封剂。所以,高纯镁具有极强的耐蚀电势。当杂质元素存在时促进了微电偶电池的形成,或者当金属或合金构成了电池的阴极,或者当环境因素阻止了保护膜的形成和存在时,则引起腐蚀。

假若在镁上的保护膜是 $Mg(OH)_2$,那么确定这层膜形成的热力学可以用 Pourbiax 图(电位-pH 图)表示,如图 3-21 所示,圆圈线所表示的镁和水之间的反应如下:

$$① \qquad Mg + H_2O \Longrightarrow MgO + H_2 \tag{3-7}$$

$$② \qquad Mg^{2+} + H_2O \Longrightarrow MgO + 2H^+ \tag{3-8}$$

$$③ \qquad Mg \Longrightarrow Mg^{2+} + 2e \tag{3-1}$$

方程式①和②描述 MgO 的形成,然而,图 3-21 表明对应方程的破折线区所标注的是 $Mg(OH)_2$。Pourbiax 指出这是因为有水存在时,$Mg(OH)_2$ 比 MgO 在热力学上更稳定。代表反应③和②的水平线和垂直平行线给出了不同 Mg^{2+} 浓度(mol/L,以 10 为底数的指数)下的反应线。图中圆圈标注的直线将平面分成腐蚀区(溶解阳离子,即 Mg^{2+} 区)、免蚀区(金属不反应区,即 Mg 区)和钝化区(腐蚀产物区,即 $Mg(OH)_2$ 区)。

膜的热力学性能不能完全解释镁的耐蚀性,从上述的情况可以看出,热力学计算可以预测在 pH 值大于 11 的条件下形成稳定的 $Mg(OH)_2$ 膜。镁在溶液中形成的 $Mg(OH)_2$ 膜的晶体结构与大块晶粒 $Mg(OH)_2$ 略有不同。含铝的镁合金形成的膜与铝含量有关,这意味着铝含量控制着膜的化学性质和物理性质。

从理论上讲,镁在 298 K 的标准氢电极电位是 -2.37 V,该电位与溶液的 pH 值关系很大,例如在酸性溶液中是 -2.37 V,在碱性溶液中则是 -2.69 V。然而,实际上镁在稀释的含氯化物溶液中的电极电位是 -1.7 V。这种理论与实际值的差别,原因在于在材料表面形成了 $Mg(OH)_2$ 膜(尽管还尚未充分证实该膜的存在状态)。材料的表面膜中也可能有 MgO、Mg 及氯化物,当 pH 值大于 9 时,在材料表面会形成较厚的氢氧化镁白色膜,镁表面形成的氢氧化镁在较宽的 pH 值范围内可以起到保护作用,当材料的纯度不够高或环境中存在破坏性离子时,这种膜的形成受到了限制。

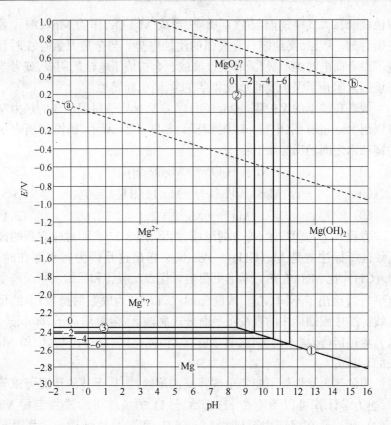

图 3-21　镁水系电位-pH 图

Perrault 通过详细研究电位-pH 图发现,当考虑了 MgH_2 和 Mg^{2+} 的形成后,镁电极在水溶液中的热力学平衡态通常并不存在,只有当氢的极化过电压大于 1 V 和 pH 大于 5 时才可能存在,同时,开路电位和差分效应的形成正是来自于 MgH_2 的产生及其在水中分解的不稳定性。

3.3.1.2　镁合金腐蚀动力学

镁腐蚀的动力学可归结于表面膜,像大多数金属和合金一样,镁的耐蚀性取决于表面膜的性质。这层膜决定它的腐蚀速率、抗化学作用和机械作用的能力以及耐局部腐蚀(如点蚀、应力腐蚀开裂)的能力。

由于表面膜是控制腐蚀动力学的关键,膜的性质决定腐蚀控制的效果。好的钝化膜应该能阻止阳离子从表面金属相向外流出,阻止有害的阴离子、氧化剂从外部向膜内金属相表面流入,并且当表面膜局部破损后能迅速自身修复。钝化膜的防护能力与膜本身的结构和成分密切相关。钝化膜破裂引起的腐蚀常常导致灾难性的后果。

在氢氧化钠溶液中,阳极极化产生 MgO,初生态的 MgO 层会很快被更稳定的 $Mg(OH)_2$ 所代替。在沸腾的水中,镁表面所形成的薄膜中,主要的成分是 $Mg(OH)_2$ 晶体,电化学实验表明 $Mg(OH)_2$ 膜是电的绝缘体。在氟化钠溶液中有微量的 MgF_2 形成,MgF_2 在 HF 中不溶解的特性保护着镁免受 HF 的腐蚀。镁浸入 3% NaCl 溶液中所形成的薄膜中,除了 $Mg(OH)_2$ 外,还有 $MgCl_2 \cdot 6H_2O$ 和 $Mg_3(OH)_5Cl \cdot 4H_2O$ 的混合物,并发现在浸入几天以后形成了稳定的 MgH_2 膜。

在镁表面形成的 $Mg(OH)_2$ 薄膜一般被认为是晶体,Kruger 及其合作者检验了镁和镁合金在潮湿的空气中所形成薄膜的结构,发现使用快速凝固的工艺,能改变镁及其合金表面膜的组成和结构,$Mg(OH)_2$ 由晶体型转变成了无定型的膜结构,提高了膜的耐蚀性。非晶态的薄膜与晶态的薄膜相比,具有更好的保护能力,没有晶粒边界的薄膜比结晶的薄膜能更好地抵制离子的运动[9]。

因此,动力学问题包括镁表面钝化薄膜的保护能力,这个薄膜主要由 $Mg(OH)_2$ 组成。真正的钝化层能提高抗腐蚀能力,因为它能减少阴离子从薄膜流出(或阳离子的流入)。但在镁表面形成的钝化膜不稳定,所以镁及其合金对于腐蚀抵抗力弱。

3.3.2 负差数效应

在镁的腐蚀过程中,随着外电位的提高或外加电流密度的增大,阳极溶解反应速度加快,同时阴极析氢反应速度也加快,即为镁的负差数效应(NDE)[65]。

镁的腐蚀有一个奇特的电化学现象,即负差数效应。纯镁在 NaCl 和 Na_2SO_4 介质中,由于阳极化过程中金属镁表面氧化膜结构发生改变,导致金属阳极区有效面积增加,出现负差数效应。

电化学将所有的腐蚀反应分成阳极过程和阴极过程,正常情况下随外加电位的提高或外加电流密度的增大,阴极反应速度减小,阳极反应速度增大。因此,对大多数金属而言,如钢铁、锌等,在酸性环境中,电位正移就会导致阳极溶解速度的增加,同时阴极析氢减少。但是,镁的析氢行为却与铁和锌的截然相反,随着电位的正移,析氢反而加速。镁的负差数效应可以用图 3-22 表示,直线 I_a、I_c 分别为正常情况下阳极、阴极极化曲线,二者均符合 Tafel 规律。在腐蚀电位 E_{corr} 时,阳极和阴极的反应速度相等。当电极电位升高到一个较正的值 E_{appl} 时,阳极反应沿 I_a 线速率增加到 $I_{Mg,e}$,同时阴极反应速度沿 I_c 线降低到 $I_{H,e}$,这是大多数金属的正常的电化学极化行为。

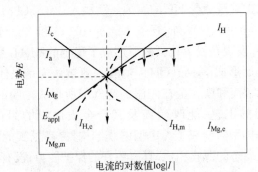

图 3-22　负差数效应

　　然而镁的情况则不同,实验发现,随着电极电位的增加,镁的腐蚀速度和析氢反应速度同时增加,见图 3-22 中的虚线 I_{Mg} 和 I_H 所示,镁电极施加阳极极化,析氢反应速度沿 I_H 线增加,因此对一定的极化电位 E_{appl},实际的析氢反应速度为 $I_{H,m}$,远大于由理论极化曲线预期的 $I_{H,e}$;同时镁的阳极溶解速度沿 I_{Mg} 变化,因此对于给定电位 E_{appl},实际的溶解速度为 $I_{Mg,m}$,明显大于由理论上的极化曲线预期的值。在一定的外加阳极电流 I_{appl} 下,定义腐蚀电位下的自然析氢速度 I_O 与外加电流 I_{appl} 时的实际测得的析氢反应速度 I_H 之差为 Δ。对于金属镁,$\Delta = I_O - I_H < 0$,这种极化现象叫做负差数效应。原因与镁金属在腐蚀介质中的界面结构有关[65]。镁的负差数效应是一个复杂的过程,腐蚀学界曾提出以下几种机制:第一,亚稳态单价镁离子的形成;第二,镁基体脱落失重;第三,部分膜保护机制;第四,MgH_2 的形成。以上几种机

理都有其各自的局限性,至今尚无一个完善的模型来解释这一复杂的电化学现象。

负差数效应与镁的腐蚀有密切的关系,尽管人们提出了几种不同的机制,但是至今尚没有一个很好的模型来解释这种现象,它对镁的腐蚀性能的影响机理有待人们的进一步探索。

3.3.3 镁合金 AZ91D 的腐蚀机理

Mg-Al 合金的耐腐蚀性取决于两种不同的因素,即充当活泼阴极的杂质元素的存在和镁合金的显微组织。AZ91 类合金的相图是典型的二元相图。一种是富镁 α 相,另外一种是富铝的 β 相($Mg_{17}Al_{12}$),也含有不同元素如铁、锰、铝的金属间化合物。这些相分布在晶粒边界,相对于 α 相是活泼的阴极区[66]。一些研究者[19]描述了含小于 2×10^{-3}% 杂质的理想的 AZ91D 合金中 β 相的主动和被动角色,依赖于 β 相晶粒的尺寸以及它们在 α 基体中的分布。在压铸合金中 β 相几乎是连续分布的。腐蚀先从 α 相开始,从晶粒中心区域以及晶粒边界开始腐蚀。如果 β 相在整个表面形成了一个连续的网状,由于它含铝高可以充当一个保护层。对于砂型铸造的合金,β 相以块状的大晶粒存在,它不能够形成连续的网状。在腐蚀过程中,晶粒边界的 α 相被腐蚀。在孤立的 β 相和受腐蚀的 α 相之间形成腐蚀溶解,在这种情况下 β 相充当了活泼的阴极。随着腐蚀过程的进行,α 相被严重腐蚀,β 相在表面突出。

并不是所有的研究者都赞成这一观点[42]。含杂质元素质量分数小于 1×10^{-3}% 的 AZ91D 合金,实验数据表明,当浸入到 pH 值为 7.25 的 3.5% 的 NaCl 溶液中时,对于砂型铸造的试样,腐蚀主要发生在铝含量小于 8% 的 α 相的中心区域,对于压铸试样腐蚀最先开始于 α 相和 β 相的晶粒边界。所有的研究者都赞成,在含总的杂质元素质量分数小于 2×10^{-3}% 的压铸合金中,压铸试样表面失去的 β 相的数量小于砂型铸造合金受腐蚀之后失去的数量,并且表面的 β 相没有受到太大的影响,而 α 相却被溶解掉了。由于压铸试样表面含有较多的铝元素[67],杂质元素质量分数小于 2×10^{-3}% 的压铸合金比含同样数量杂质的砂型铸造合金抗腐蚀性高。一些研究者[42]报道相对于砂型铸造合金压铸合金表现为点腐蚀,腐蚀更多的是弥散分布的。

针对假定理想的、绝对纯的 AZ91D 合金,一个有趣的理论描述了表面腐蚀产物的形成[64]。和腐蚀环境接触的外层主要由镁的氢化物组成,在下面的中间层主要是镁的氧化物。更深的和金属表面相接触的那一层主要是铝的氧化物和 β 相,以及镁和铝混合氧化物和 α 相。X射线衍射表明,在 3.5% NaCl 溶液中腐蚀 6 天以后,表面主要由 $Mg(OH)_2$、MgH_2 和镁铝混合氧化物组成。

Gaia Ballerini[68]等人研究了 3 种不同的工业用 AZ91D 合金的耐腐蚀性,其中的两种被命名为压铸-1 和压铸-2,第三种叫作铸造,经过 T6 回火,即指砂型铸造合金在 683 K 退火 24 h,在冷水中淬火并在 443 K 时效 16 h。据报道 T6 处理能提高砂型铸造合金的力学性能,类似于压铸材料。杂质元素的含量经过原子吸收光谱(AAS)测量,在 3 种合金中均高于 2×10^{-3}%,如表 3-3 所示。

表 3-3   原子吸收光谱测量的锰和杂质元素的质量分数以及
为确保镁合金耐蚀性所必要的杂质质量分数的比较

元素质量分数	$w(Mn)$/%	$w(Cu)$/%	$w(Ni)$/%	$w(Fe)$/%	$w(Fe)/w(Mn)$
铸　造	0.29	35×10^{-4}	9×10^{-4}	51×10^{-4}	0.017
压铸-1	0.30	10×10^{-4}	14×10^{-4}	28×10^{-4}	0.009
压铸-2	0.61	13×10^{-4}	7×10^{-4}	16×10^{-4}	0.003
文献[69]	0.30	300×10^{-4}	20×10^{-4}	50×10^{-4}	0.017

在光学显微镜下铸造试样的组织表现出了砂型铸造的典型特征,β相晶粒的尺寸有几百微米;β 相分布在 α 基体中,没有沿 α 基体呈网状分布。压铸-1 和压铸-2 的 β 相沿 α 基体成网状分布,β 相晶粒尺寸约几十个微米。压铸-1 和压铸-2 试样的主要区别在于富铝相的分布。压铸-1 试样的扫描电镜照片如图 3-23 所示,和压铸-2 相比有明显的共晶相。压铸-2 试样如图 3-24 所示。压铸-1 和压铸-2 试样中 Mg-Al-Zn 化合物的不同相成分如表 3-4 所示。

针对这 3 种材料进行了两种腐蚀实验。盐雾实验是按照 ASTM-B117 标准:5% NaCl 溶液,温度 308 K,湿度为 95%,24 h 内("ss-24 h")进行 XPS 分析,96 h 进行腐蚀动力学测试("ss-96 h")。压铸-2 盐雾实验为 22 天,按照 96 h 的实验步骤来做("ss-22 d")。浸入实验是在温度 $T = 294$ K,pH 值为 7 的去矿物质的蒸馏水溶液中浸泡 7 d。

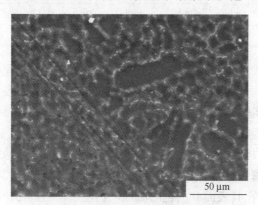

图 3-23　压铸-1 试样的扫描电镜照片
(白色网状是富铝 α 相,灰色的是共晶相,黑色区域是富镁 β 相)

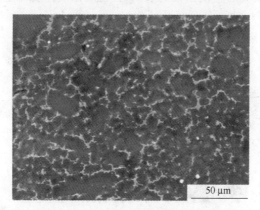

图 3-24　压铸-2 试样的扫描电镜照片
(白色网状是富铝 β 相,灰色区域是富镁 α 相)

表 3-4　压铸-1 和压铸-2 的 EDAX 分析

元素质量分数	$w(Mg)/\%$	$w(Al)/\%$	$w(Zn)/\%$
压铸-1β 相	74.5	23.1	2.4
压铸-1 共晶	88.2	10.6	1.1
压铸-1α 相	90.9	8.0	1.0

元素质量分数	$w(Mg)/\%$	$w(Al)/\%$	$w(Zn)/\%$
压铸-2β 相	77.8	18.7	3.4
压铸-2α 相	94.3	4.5	0.8

通过直接观察和质量损失对试样的腐蚀程度进行评价。"铸造浸泡 7 d"的试样呈现不均匀的腐蚀。图 3-25 的显微观察表明,腐蚀开始于 α 相的中间区域,有显微尺度的腐蚀产物。在 α 相和共晶相的边界区域没有出现腐蚀,这可能是 β 相起到了保护作用。在 α 相中没有腐蚀的区域是白色的,反之,α 相中的腐蚀区域呈现灰色。β 相和共晶相没有明显的腐蚀,说明富铝相有高的抗腐蚀性。铸造 ss-24 h 试样在盐雾实验以后,在其表面有白色的腐蚀产物生成,并且有几个区域出现了腐蚀坑。在所有腐蚀实验中白色腐蚀产物的数量增加。铸造 ss-96 h 试样在盐雾实验后呈现白色的表面,并且腐蚀溃烂坑深达数毫米。

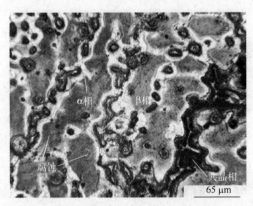

图 3-25　腐蚀 7 d 后试样的金相组织
(腐蚀从 α 相的中心区域开始,接近 β 相的区域似乎不受影响)

铸造-1 和铸造-2 试样在浸入实验 7 d 以后,与没有腐蚀的样品相比没有明显的区别。盐雾实验以后只有铸造-1 ss-96 h 的试样出现了 1 cm×0.5 cm 的腐蚀坑,坑里有白色的腐蚀产物。压铸-2 ss-96 h 试样没有出现白色的腐蚀。96 h 的盐雾实验似乎形成了表面改性,腐蚀破坏不明显,说明形成了保护性的氧化物或氢氧化物层。

图 3-26 给出了不同状态合金的腐蚀动力学曲线。压铸-2 试样的失重与时间的关系在经过 22 d 的盐雾实验后呈直线,斜率是 0.0002 $g/(cm^2 \cdot d)$,如图 3-27 所示。

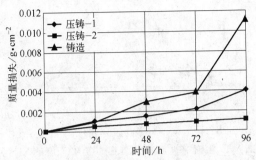

图 3-26 盐雾试验 96 h 后的腐蚀动力学测试

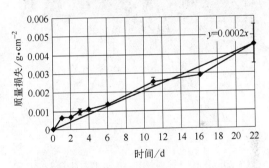

图 3-27 压铸-2 试样进行 22 d 盐雾试验后的腐蚀动力学测试

对于砂型铸造试样和压铸试样,分别进行 24 h 的盐雾实验和 7 d 的蒸馏水浸泡实验。XPS 分析的结果表明 Mg_{2p} 和 Al_{2p} 峰的位置在腐蚀以前主要与镁铝金属间化合物的组成以及镁氢氧化物的成分有关。

铸件试样 7 d 浸泡实验后,表面富积了镁铝混合氧化物,而 24 h 盐雾实验以后表面形成了碳化物和氢氧化物。这可从图 3-28 所示的 O_{1s} 峰得到证实,盐雾腐蚀试样向较高的能区漂移了 2~3 eV。

Al_{2p} 峰(见图 3-29)的分析表明,压铸试样在蒸馏水中浸泡 7 d 后,试样表面形成了富铝的氧化物以及镁铝混合氧化物。图 3-30 是在不同的腐蚀条件下,试样的 O_{1s} 峰的 XPS 分析结果,证实表面有氧存在。这些结果意味着压铸试样在 3 种不同的腐蚀状态下试样表面均有镁和铝的氧化物或者氢氧化物形成。

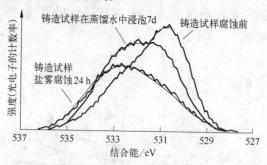

图 3-28 铸造试样腐蚀前、在蒸馏水中浸泡 7 d 和
在 5% NaCl 溶液中盐雾腐蚀 24 h 试样的 O_{1s} 峰的 XPS 分析

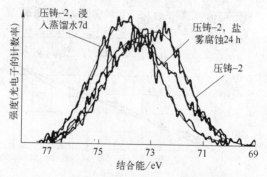

图 3-29 压铸试样腐蚀前、在蒸馏水中浸泡 7 d 和
在 5% NaCl 溶液中盐雾腐蚀 24 h 的 Al_{2p} 峰的 XPS 分析

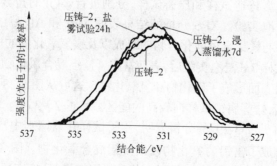

图 3-30 压铸试样腐蚀前、在蒸馏水中浸泡 7 d 和
在 5% NaCl 溶液中盐雾腐蚀 24 h 的 O_{1s} 峰的 XPS 分析

图 3-31 是铸态和压铸两种试样在浸入实验和盐雾实验前后表面镁铝含量的比较。可以看出，压铸试样中的铝含量在两种不同的腐蚀实验条件下比铸造试样经过同样处理后的高百分之一，这意味着压铸合金和铸造合金腐蚀后表面更富 β 相且含有较高的铝。

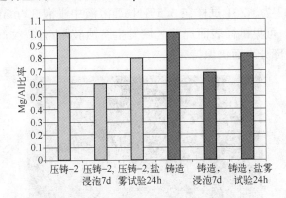

图 3-31　压铸和铸造试样腐蚀前、在蒸馏水中浸泡 7 d 和在 5% NaCl 溶液中盐雾腐蚀 24 h 的试样表面 Mg/Al 比率

　　研究表明，AZ91D 合金的耐腐蚀性取决于多种因素，如成分、杂质元素、杂质含量、成形方式以及显微组织。在潮湿环境中腐蚀的最主要的原因是合金的成分、杂质元素如铁、镍、铜的存在。压铸合金相对于砂型铸造合金表面有较高的铝含量，压铸合金腐蚀之后在表面形成富镁和铝的氧化物以及氢氧化物，而铸造合金表面富集的则是镁的氢氧化物。

3.4　镁合金腐蚀举例

3.4.1　镁合金在 NaCl 溶液中的腐蚀

3.4.1.1　变形镁合金挤压态 AZ31 在 NaCl 溶液中的腐蚀行为

　　郝献超和周婉秋等人[70]研究了变形镁合金挤压态 AZ31 在 NaCl 溶液中的腐蚀行为。实验体系为 3.5% NaCl 溶液，加入 $Mg(OH)_2$ 直至饱和，使溶液体系 pH 值保持在 10.5 恒定值。实验所用药品 NaCl 为分析纯，溶液使用二次蒸馏水配制。

　　挤压态 AZ31 镁合金的组织结构为铝在镁中的单相 α 固溶体,不存在 β 相,但含有一些 Al-Mn 相颗粒弥散分布于基体之中。

　　将 AZ31 样品浸泡于 3.5% NaCl 溶液中,样品各面均很快有气泡附着,在 5～10 min 内,各表面均有气泡析出,局部开始发生明显的点蚀。图 3-32 为 AZ31 试样在 3.5% NaCl 溶液中浸泡 30 min 后的表面腐蚀形貌。可见试样表面局部区域发生腐蚀破坏,有裂纹产生及表层脱落,但大部分表面仍保持完好。

图 3-32　AZ31 表面浸泡 30 min 后的腐蚀形貌

　　随着浸泡时间的延长,蚀点数目逐渐增加,腐蚀破坏面积不断扩大,如图 3-33 所示为浸泡 24 h 后的腐蚀形貌。浸泡之前,合金表面覆盖一层保护性氧化膜,使起始反应的电荷传递电阻较大。浸泡一段时间后,氯离子侵蚀造成氧化膜减薄和破坏,保护性降低。

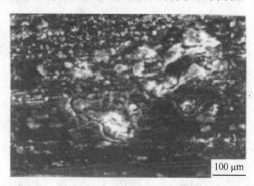

图 3-33　AZ31 表面浸泡 24 h 后的腐蚀形貌

Cl⁻的不断侵蚀,导致已有薄弱区域的进一步破坏和新薄弱区域的出现。由于镁在 NaCl 溶液中的腐蚀属于析氢腐蚀,从腐蚀过程的化学反应式可以看出,腐蚀会造成局部 pH 值升高,导致不溶性腐蚀产物如 $Mg(OH)_2$ 等在试样表面的生成、堆积,对腐蚀介质的扩散通道造成堵塞,增大了材料表面膜层的致密度。同时对电子的传输构成屏障,使电荷转移反应电阻增大。对基体金属具有一定的保护作用。

挤压加工形成的 AZ31 镁合金由于其内部组织沿水平方向发生了一定的层移,致使侧面和截面的位错与缺陷增多。动力学电位极化曲线测定表明,合金表面的腐蚀电位比侧面和截面高,腐蚀电流小,耐 Cl⁻侵蚀的能力略强于侧面和截面。

3.4.1.2 压铸镁合金 AZ91D 在酸性 NaCl 溶液中的腐蚀行为

马全友、王振家等人[71]采用电化学方法研究了压铸镁合金 AZ91D 在酸性 NaCl 溶液中的腐蚀行为,并用扫描电镜观察了腐蚀形貌,对腐蚀产物进行了能谱分析。

实验采用的是经压力铸造的 AZ91D 镁合金,实际生产中用于发动机的散热风扇。试样打磨清洗后,迅速放入腐蚀环境中,稳定 60 s 后,开始测量开路电位与时间(E-t)的关系曲线,30 min 后,开始进行极化曲线的测定,电位的扫描速度为 0.25 mV/s。

由图 3-34 中的极化曲线可以看出,尽管 Cl⁻的浓度差异较大,但是各腐蚀环境下的阴极极化曲线基本一致,这说明 Cl⁻浓度的变化,对阴极极化过程影响很小。随着 Cl⁻浓度的增大,同一电位下的阳极极化电流增大,表明 Cl⁻对 AZ91D 镁合金腐蚀的阳极过程有促进作用,Cl⁻越大,促进作用越强,因此 AZ91D 镁合金在此溶液中腐蚀速率的变化主要由阳极过程决定。溶液中 Cl⁻的存在大大降低了 AZ91D 镁合金的耐腐蚀性能。由图 3-35 中的极化曲线及表 3-1 可以看出,在 pH=2 的环境下,腐蚀过程仍由阳极反应控制,属于活化极化,Cl⁻浓度的增加同样使得平衡电位负移,线性阻抗减小,腐蚀电流逐渐增大,腐蚀速度加快。与 pH=4 的环境下不同点在于,一是相应 Cl⁻浓度下的平衡腐蚀电位正移,相差约 100～200 mV。二是相应 Cl⁻浓度下的腐蚀电流增大,增加约为两个数量级。腐蚀电流急剧增大,表明当 pH 值降低后,AZ91D 镁合金在溶液中的腐蚀速度更主要的是由 H⁺ 的浓度决定,腐蚀反应的动力主要是 H^+ 的氧化作用。

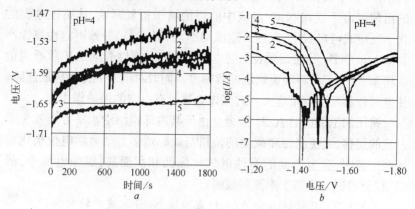

图 3-34　AZ91D 镁合金在 pH = 4 的 NaCl 溶液中开路电极电位
与时间的关系(a)和极化曲线(b)

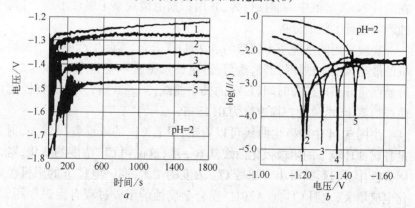

图 3-35　AZ91D 镁合金在 pH = 2 的 NaCl 溶液中开路电极电位与
时间的关系(a)和极化曲线(b)

　　图 3-36 为 AZ91D 镁合金在 pH = 2、浓度为 0.6 mol/L 的 NaCl 溶液中放置 2 h 后的腐蚀形貌。图 3-36a 中,布满台阶状和陨石坑状花纹,台阶边缘和陨石坑边缘呈亮白色,在台阶平面和陨石坑底部有网状裂纹出现。图 3-36b 是对陨石坑边缘某一点所做的能谱分析,其中铝元素的质量分数为 12.80%,大大高于 AZ91D 镁合金中铝元素的质量分数 8.5% ～ 9.5% 的均值。因此坑的边缘即为发布于晶界位置的富含铝的第二相 $Mg_{17}Al_{12}$,同基体相比,它具有更好的耐蚀性能。研究结

果表明,在酸性溶液环境下,随着 Cl⁻ 浓度的升高,镁合金的平衡腐蚀电位降低,线性阻抗减小,腐蚀电流增大。随着 pH 值的减小,晶界出现腐蚀开裂现象,富铝相的耐蚀性高于基体相,在酸性环境中,腐蚀产物主要为 MgO 和 $Mg(OH)_2$。

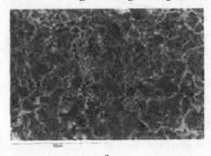

元素	质量分数/%	原子分数/%
O	28.33	37.94
Mg	58.87	51.89
Al	12.80	10.17

a   *b*

图 3-36   AZ91D 镁合金在 pH=2、质量浓度为 0.6 mol/L 的 NaCl
溶液中腐蚀 2 h 后的表面形貌及能谱分析
a—陨石坑状花纹;*b*—能谱分析

3.4.1.3   NaCl 溶液中氯离子浓度和 pH 值对镁合金电化学腐蚀的影响

Hikmet Altun 和 Sadri Sen[72]通过浸入实验以及电极电位测试,研究了 NaCl 溶液中氯离子浓度和 pH 值对 AZ63 镁合金电化学腐蚀的影响。

实验中所采用的试样经抛光和预称重后浸入到 500 mL 的溶液中保持 72 h,实验结束时,把试样浸入到沸腾的 100 mL 水(含 15% CrO_3 + 1% Ag_2CrO_4)溶液中清洗,然后再用丙酮清洗。

由图 3-37 可知,在所有的 pH 值范围内,随氯离子浓度的增加,AZ63 镁合金的腐蚀速率增加,在低浓度范围内氯离子浓度的改变对腐蚀速率的影响比高浓度范围内大,在高浓度范围内氯离子浓度的影响较低。另外氯离子浓度显著增加时,腐蚀速率停止升高,甚至有可能稍微降低。

图 3-38 表明,在所有的浓度范围内,AZ63 镁合金的腐蚀速率随 pH 值的增加而降低,pH 值为 2 时,腐蚀速率最大。在碱性溶液中腐蚀速率相对较低。在中性和碱性溶液中,pH 值的影响在高浓度范围内比在低浓度范围内更大。

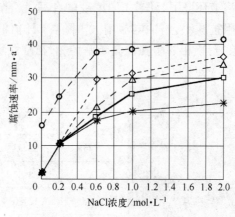

图 3-37　浸入试验获得的腐蚀速率与氯离子浓度的关系

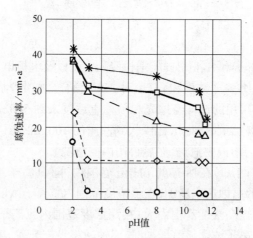

图 3-38　浸入试验得到的腐蚀速率与 NaCl 溶液 pH 值的关系曲线

图 3-39 和图 3-40 表明,浸入实验和电极电位测试实验所得出的
pH 值和氯离子浓度对于腐蚀速率的影响是一致的。

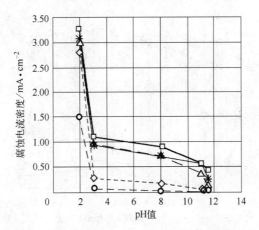

NaCl: - ⊙ -0.01 mol/L　- ◇ -0.2 mol/L　- △ -0.6 mol/L
—□— 1 mol/L　—※— 2 mol/L

图 3-39　极化曲线上测量的腐蚀电流与 pH 值的关系

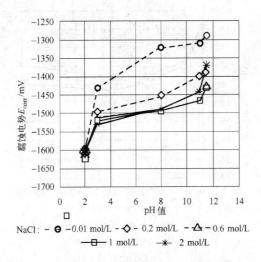

NaCl: - ⊙ -0.01 mol/L　- ◇ -0.2 mol/L　- △ -0.6 mol/L
—□— 1 mol/L　—※— 2 mol/L

图 3-40　极化曲线上测量的腐蚀电位与 pH 值的关系

从图 3-41 可以看出,随着溶液 pH 值的降低,腐蚀电位向更负的值转变。图 3-42 也显示了同样的规律(pH=2 除外)。在 pH=2 时,氯离子浓度的变化对腐蚀电位没有太大的影响。

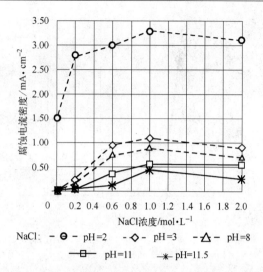

图 3-41　极化曲线上测量的腐蚀电流与 NaCl 溶液浓度之间的关系

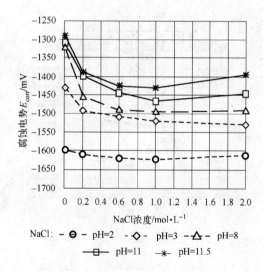

图 3-42　极化曲线上测量的腐蚀电位与 NaCl 溶液浓度的关系

　　镁在水溶液中的溶解是通过和水反应生成 $Mg(OH)_2$ 和 H_2 来实现的。这些反应对于浓度是很敏感的,如式(3-1)～式(3-3)所示。

　　沉积 $Mg(OH)_2$ 的平衡 pH 值大约是 11,高酸性溶液对于镁和铝都有破坏性,因此腐蚀速率很高。在镁铝合金中,pH 值大约在 9 时有利于 $Mg(OH)_2$ 的形成(依赖于镁的浓度)。随着氯离子浓度的增加,可能是由于氯离子也参与了溶解反应导致腐蚀速率增加。氯离子对于镁和铝有负影响。氯离子被吸附到镁表面转化成了 $Mg(OH)_2$ 和可溶解的 $MgCl_2$。

与其他的溶液相比,AZ63 镁合金在高酸性(pH = 2)的溶液中腐蚀速率最大,腐蚀速率随着 pH 值的降低以及氯离子浓度的增加而增加。但是腐蚀速率增加的快慢在不同的 pH 值和浓度区域内是不同的。随着氯离子浓度的增加和溶液 pH 值的降低,腐蚀电位向更负的值转变。

Rajan Ambat 等人[42]对压铸和铸造合金 AZ91D 在 3 种不同的 pH 值时的腐蚀行为进行了研究。图 3-43 是在 3 种不同的 pH 值时,压铸和铸造 AZ91D 试样的腐蚀比较。在 pH 值为 7.25 时,可以看出在蒸馏水和 3.5%NaCl 溶液中腐蚀速率的差异。在 pH 值为 2.0 时,从镁和铝的 E_h-pH 图可以证实,镁、铝元素是不稳定的。在 pH 值为 7.25 时,镁不稳定(因此它能够被腐蚀),但铝被钝化。在 pH 值为 12.0 时,铝是活泼的而镁被钝化。材料在 3 种溶液中的腐蚀速率表明,酸性溶液具有强腐蚀性,而高的碱性溶液有好的腐蚀保护能力。pH 值从 2.0 增加到 7.25,腐蚀速率降低到 1/10,且铸造和压铸 AZ91D 的腐蚀速率相似。在 pH 值为 3.5 的 NaCl 溶液中,压铸和铸造 AZ91D 的腐蚀速率都增加了 4 倍。

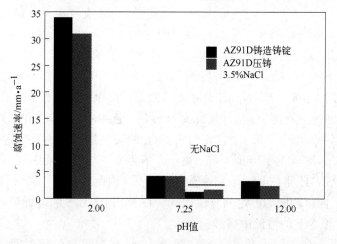

图 3-43 3 个不同的 pH 值溶液条件下铸态和压铸态试样的腐蚀速率

pH 值对于材料腐蚀特性的影响和镁的 E_h-pH 图表相一致[15]。在高碱性溶液中,由于 $Mg(OH)_2$ 膜的稳定性,压铸和铸造试样的腐蚀速率相对较低。

3.4.1.4　镁及其合金在缓冲氯溶液中的腐蚀

Inoue 和 Sugahara 等人[73]研究了溶液的缓冲力对大于 99.95% 和大于 99.9999% 的镁以及 AZ31 和 AZ91E 的腐蚀速率的影响。在 pH 值为 6.5 和 pH 值为 9 的含氯离子的硼酸盐缓释溶液和常规的氯溶液中测量了其腐蚀速率。尽管材料的纯度和所含合金元素的成分不同,除了 AZ91E 在 pH 值为 6.5 以外,所有检测材料的腐蚀速率只取决于测试溶液的 pH 值。高的缓释能力可能掩盖了阴极不纯的有害影响,缓释溶液中测定的腐蚀速率被考虑作为阳极反应钝化膜的电阻系数。高纯镁甚至在常规的氯溶液中都有明显的腐蚀抗力。

实验中材料被切成 4 mm 厚、表面积为 250 mm^2 ± 20 mm^2 的试样,在试样的一角钻一个 0.5 mm 的小孔拴一条尼龙绳进行腐蚀测试。以 10 g/dm^3 NaCl 硼酸缓冲溶液及常规的 10 g/dm^3 NaCl 溶液作为测试溶液。硼酸缓冲溶液的 pH 值通过加入硼酸溶液调整到 6.5 或 9。pH 值为 9 的缓释溶液,即使在浸入实验持续 168 h 时,pH 值仍一直保持在 9±0.06,pH 值为 6.5 的缓释溶液随着浸入试样的腐蚀反应而 pH 值增加。

图 3-44 和图 3-45 分别显示了试样浸入 pH 值为 6.5 和 pH 值为 9 的缓释 NaCl 溶液中时质量随时间的变化曲线。在 pH 值为 6.5 的缓释 NaCl 溶液中(如图 3-44 所示),斜率为 1 的直线代表了纯镁(w(Mg) > 99.95%、3N-Mg)、高纯镁(w(Mg) > 99.9999%;6N-Mg)和 AZ31 的 $\log m_{loss}$ 与 $\log t$ 的变化关系曲线。可以看出在整个实验过程中,腐蚀速率是恒定的,且彼此是一样的。AZ91E 的图给出了另一条直线,斜率大约是 0.5。这表明 AZ91E 的腐蚀速率并不是恒定的,而是随浸入时间的平方根下降。在 pH 值为 9 的缓释溶液中,所有的图包括 AZ91E,形成了一条斜率为 1 的直线,因此在这种溶液中整个浸入时间内有相同的恒定的腐蚀速率。在 pH 值为 6.5 的缓释溶液中比在 pH 值为 9 的溶液中腐蚀速率大。

图 3-46 表明了在常规 NaCl 溶液中,试样质量损失随时间的变化

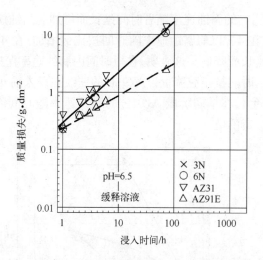

图 3-44 铸造纯镁(3N)、高纯镁(6N)、AZ31 和 AZ91E
合金浸入时间与质量损失的关系曲线(pH=6.5)

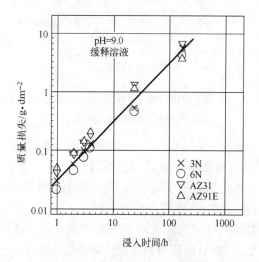

图 3-45 铸造纯镁(3N)、高纯镁(6N)、AZ31 和 AZ91E
合金浸入时间与质量损失的关系曲线(pH=9.0)

关系,虚线和图 3-45 中的实线相一致。与缓释溶液的结果不同,在常
规溶液中,腐蚀速率随浸入时间急剧变化。纯镁的图是一条斜率大于

1 的直线,表明它的腐蚀速率随着时间延长而增加。高纯镁和 AZ31 的图曲线相同,在 4 h 以前腐蚀速率随时间按比例增加,在 4 h 以后腐蚀速率随时间延长而降低。这表明,在短时间内腐蚀速率保持恒定,但在以后的阶段随时间按正弦降低。AZ91E 的曲线在浸入前 4 h 内斜率小于 1,以后接近 1,在早期阶段 AZ91E 的腐蚀速率随时间降低,在以后的阶段保持恒定的值。

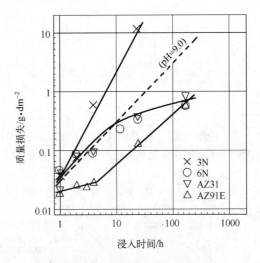

图 3-46　铸造纯镁(3N)、高纯镁(6N)、AZ31 和 AZ91E
合金随浸入时间的质量损失变化

图 3-47 表示的是图 3-46 中浸入实验所用溶液的 pH 值,每次实验结束之后进行 pH 值测试。纯镁、高纯镁以及 AZ31 在浸入 1 h 时 pH 值就达到了 9,在后阶段达到了 10。对 AZ91E,当浸入时间小于 3 h 时,溶液 pH 值保持中性,然后突然增加到 9。

在常规溶液中,纯镁腐蚀速率显著高于高纯镁。纯镁包含一定量的阴极杂质,如铁和铜;但没有抑制杂质活性的合金化元素,如锌和锰。杂质加速了电极反应,使氢气析出,尤其在材料表面区域更加突出。随着反应的进行,在电极反应区域,溶液 pH 值很可能随着氢离子的损耗而增加。相反在阳极区域,随着腐蚀反应金属离子水解,pH 值降低。弱缓冲溶液很可能使阳极和阴极区域的 pH 值不同,在阳极区域可能使 pH 值增加,在阴极区域使 pH 值降低。很可能在阳极区域产生强烈腐蚀,增大 pH 值的差异。严重的点蚀使纯镁的基体损坏,在常规溶液中更增大了腐蚀速率。

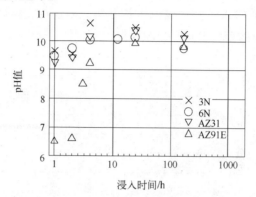

图 3-47　图 3-46 中浸入实验所用溶液的 pH 值
(其中的 pH 值是结束浸入试验后测量的,浸入时间表示在
水平轴上。新鲜溶液的 pH 值是 5.4~5.8)

3.4.2　镁在潮湿空气中的腐蚀现象

Rakel Lindstrom 等人[74]研究了镁在潮湿空气中的腐蚀现象,利用 AFM 和 SEM 研究了周围二氧化碳浓度对于镁的大气腐蚀的影响,揭示了腐蚀产物的产生和形成。样品尺寸 30 mm×30 mm×4 mm,几何面积是 22.8 cm²,暴露前试样用 SiC 砂纸抛光,并用去离子水清洗已抛光的试样,再用丙酮清洗,在空气中干燥。在电解抛光的铝基金属上溅射镁,制成薄膜样品。阳极溅射在 $5×10^{-1}$ Pa 氩气体下进行。靶电流是 320 mA,电压是 290 V,沉积时间 60 min。试样被暴露在 295 K 的合成空气里,并且精确控制相对湿度 95% 和 CO_2 浓度。

图 3-48 通过质量增加显示了 CO_2 对于镁在纯净空气中大气腐蚀的抑制作用。4 周以后,样品经过 SiC 抛光后暴露在大气($68\ \mu g/cm^2$)中,经烘干后其质量大约是暴露在 CO_2($15\ \mu g/cm^2$)中烘干后样品质量的 4 倍。

暴露在没有二氧化碳的环境中的样品肉眼看上去较黑。在暴露的表面,用光学显微镜可以看到亮点和直径大约为 0.3 mm 的圆形区域,如图 3-49a 所示。图 3-49b 和 c 显示了典型圆形区域中心的 SEM 和背散射电子像(BSE)。在这些图像中,由 EDX 分析可知亮点表示局部区域硅和铁含量高。和普通的表面相比,亮点的圆形区域与光洁的表面形貌以及在 EDX 光谱中氧的生长有关。在含有二氧化碳的大气环境中溅射沉积的镁膜也有同样的形貌。

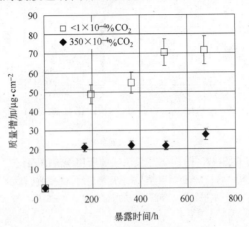

图 3-48　经 SiC 抛光的试样质量增加随暴露时间的变化

(温度 295 K,相对湿度 95%,CO_2 浓度分别为小于 1 或者是 $350×10^{-4}$%)

暴露于二氧化碳中的样品亮并且有光泽。图 3-50a 光学显微镜可以看出像丝一样的腐蚀产物。在 BSE 图像中,多孔区域和周围的区域以及各自的 EDX 光谱没有明显的差异。图 3-50d 表明,未暴露表面的形貌非常光滑,没有可见的明显特征。图 3-50e 中,是暴露于同样环境中溅射沉积镁试样表面的 AFM 图像。在某些区域出现了大块的腐蚀产物,然而在一般的区域,由六边形的镁晶粒组成,仍保持不变。暴露 6 天和 4 周的薄膜试样的表面形貌是相同的。

暴露于潮湿二氧化碳大气后,通过 X 射线衍射确定有结晶氢氧化镁。有二氧化碳存在时,没有探测到结晶态的腐蚀产物,并对暴露的试样进行了碳酸盐数量分析,推断出质量的增加仅仅是由于吸收了二氧化碳和水。由质量的增加和碳酸盐数量的分析,可推断出表面膜是 $(Mg_2(OH)_2CO_3·3H_2O)$,并且有 84 nm 厚。计算是以样品的几何面积为基础的。通过显微镜观察发现,腐蚀产物的分布是不均匀的。腐蚀

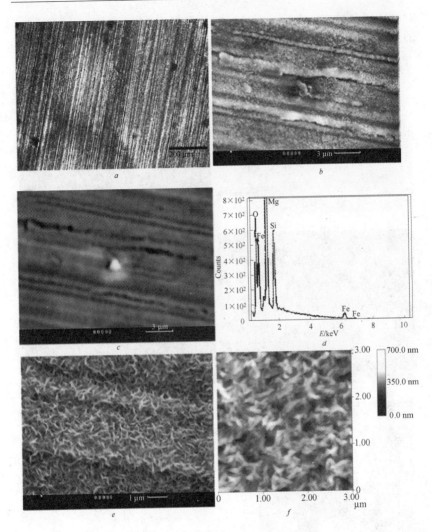

图 3-49 在 295 K,95%湿度和小于 $1 \times 10^{-4}\%CO_2$
气氛中暴露 4 周试样的表面形貌

a—光镜照片;b—二次电子像;c—背散射电子像;d—在 c 中局部的 EDX 分析;
e—表面的二次电子像;f—溅射沉积试样的 AFM 图像

局限于 CO_2 缺乏的区域,并且和金属基体里重金属的含量有关。腐蚀产物去除以后,出现了相对较深的凹坑。相反,随着相同的腐蚀产物的形成,在二氧化碳存在的区域没有出现点蚀。另外,重金属的存在没有对腐蚀的分布产生影响。在长时间的暴露中,也观察到了二氧化碳的抑制作用,表明二氧化碳减小了平均腐蚀速率。

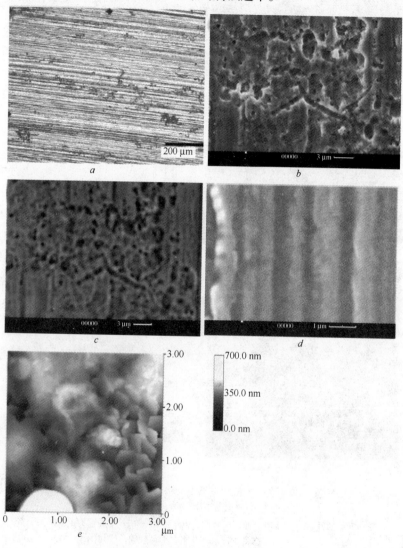

图 3-50 在 295 K,95% 湿度和 350×10^{-4}% CO_2
气氛中暴露 4 周试样的表面形貌

a—光镜照片;b—二次电子像;c—背散射电子像;
d—表面的二次电子像;e—溅射沉积试样的 AFM 图像

图 3-51 显示了暴露于 95% 湿度的空气、在含有二氧化碳和没有二氧化碳中 8 天后的 AFM 图像(面积 10 $\mu m \times$ 10 μm)。在两种环境下,在潮湿空气中,腐蚀的第一个迹象是腐蚀产物细丝的形成。细丝长约为 5 μm,形式多样化,但共同的特征是有一个头和尾,在样品表面没有明显的排列。随暴露时间延长,细丝尺寸和密度没有增加。EDX 分析表明,和周围的表面膜相比,细丝的氧含量增加了,认为是出现了腐蚀产物。在二氧化碳存在时,两天后,出现了随意不规则形状的腐蚀产物,这些腐蚀产物的密度和尺寸随着时间增加,经过几天以后,表面几乎被

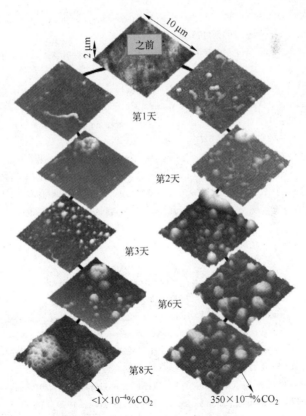

图 3-51   在 295 K,95% 湿度暴露试样的
金刚石切割的表面的一系列 AFM 图像
(CO$_2$ 浓度分别为 <1×10^{-4}% 和 350×10^{-4}%)

完全覆盖,长期暴露后几乎没有变化。二氧化碳不存在时,暴露第二天后,海绵样的像骨骼一样的腐蚀产物零星出现。在进一步暴露后,这些腐蚀产物在密度和尺寸上增加了,但唯一的首选区域在样品的表面,但它们从来没有完全覆盖肉眼可见的表面。

参 考 文 献

1　Mordike B L, Ebert T. Mganesium properties-applications-potential. Materials Science and Engineering A, 2001(302):37~45

2　Eliezer D. Magnesium science, technology and applications. Advanced Performance Mater., 1998(5):201~212

3　Mordike B L. Development of highly creep resistant magnesium alloys. Journal of Materials Processing Technology, 2001(117):391~394

4　余刚,刘跃龙,李瑛,等. Mg 合金的腐蚀与防护. 中国有色金属学报,2002, 6 (12):1087~1097

5　Tawil D S. Corrosion and surface protection developments. Proceedings of conference magnesium technology. London: Institute of Metals,1987.66

6　Reidar T, Hans H, May Britt. The corrosion of magnesium aqueous solution containing chloride Ions. Corrosion Science, 1977(17) :353~365

7　Hiroyuki U, Malsufumi T, Tetsuji I. Atmospheric galvanic corrosion behavior of AZ91D coupled to other metals. Journal of Japan Institute of Light Metals,1999,49 (4):172~177

8　Floats A,Aune T K,Hawke D, et al. Metals Handbook. Metals Park,1987(13):740~754

9　Makar G L, Kruger J. Corrosion of magnesium. International Materials Reviews, 1993,38 (3):138~153

10　Song G, Atrens A. Corrosion mechanisms of magnesium alloys. Advanced Engineering Materials, 1999,1(1):11~13

11　Mitrovic-Scepanovic V, Brigham R J. The corrosion of magnesium alloys in sodium chloride solutions. Corrosion, 1992,48(9):780~795

12　Beldjoudi T, Fiaud C, Robbiola L. Influence of homogenization and artificial aging heat treatments on corrosion behavior of Mg-Al alloys. Corrosion, 1993,49(9):738~745

13　Warner T J, Thorne N A, Nussbaum G,et al. The study of rapidly solidified ribbons of composition Mg-9%Al. Surface Interface Analyse, 1992 (19):386

14　Nisancidglu K, Lunder O, Aume T K. Corrosion mechanism of AZ91 magnesium alloy. Proc. of 47th world magnesium association. Virginia: Mcleen,1990.43~50

15　Lunder O, Lein J E, Aune T K,et al. Role of $Mg_{17}Al_{12}$ phase in the corrosion of Mg alloy AZ91. Corrosion ,1989,45 (9): 741~748

16　曹荣昌,柯伟,徐永波,等. 镁合金的最新进展及应用前景. 金属学报,2001,51(1) :2~

13

17　朱日彰. 金属腐蚀学. 北京:冶金工业出版社,1989.22~32

18　David S T. Protection of magnesium components in military applications, NACE'90 Conference , Paper #90445, Lasvecas,1990

19　Guangling Song, Andrej Atrens, Matthew Dargusch. Influence of microstructure on the corrosion of diecast AZ91D. Corrosion Science. 1999, 41 (2):249~273

20　Khaselev O, Yahalom J. Anodic behavior of binary Mg-Al alloys in KOH-aluminate solutions. Corrosion Science, 1998, 40 (7): 1149~1160

21　Daloz D, Steinmetz P, Michot G. Corrosion of rapidly solidified Mg-Al-Zn alloys. Corrosion, 1997, 53(12):944

22　Hehmann F, Edyvean R G J, Jones H,et al. In: Proc. of the Int. Conf. on Powder Metallurgy Aerospace Materials, Lucerne, Switzerland, 1987 (2-4):46 (Shrewsbury, UK; Metal Powder Report Publishing Services, 1987)

23　CPDS File, V.1.30, 1997, Card No. 10-0238.

24　Yao H B, Li Y, Wee A T S. An XPS investigation of the oxidation and corrosion of meltspun Mg. Applied Surface Science,2000.158

25　Lu Z, Schechter A, Moshkovich M, et al. On the electrochemical behavior of magnesium electrodes in polar aprotic electrolyte solution. Journal of Electroanalytical Chemistry, 1999, 466:203~217

26　Song G, Atrens A, Stjohn D, et al. The electrochemical corrosion of pure magnesium in 1 mol/L NaCl. Corrosion Science, 1997, 39(5): 855~875

27　林高用,彭大署,张辉,等. AZ91D 镁合金锭耐腐蚀性能研究 . 矿业工程,2001,21(3): 79~81

28　Genevi eve Baril, Nadine Pebere. The corrosion of pure magnesium in aerated and deaerated sodium sulphate solutions. Corrosion Science, 2001, 43:471~484

29　张志富. 镁合金腐蚀与防护的研究:[硕士学位论文]. 中国科学院情报研究所:西北工业大学,2004

30　王喜峰,齐公台,蔡启舟,等 . 混合稀土对 AZ91 镁合金在 NaCl 溶液中的腐蚀行为影响 . 材料开发与应用, 2002,5(17):34~36

31　段汉桥,王立世,蔡启舟,等 . 稀土对 AZ91 镁合金耐腐蚀性能的影响 . 中国机械工程 . 2003,14(20):1789~1792

32　Morales E D, Ghali E,et al. Corrosion behaviour of magnesium alloys with RE additions in sodium chloride solutions. Materials Science Forum,2003. 867~872

33　张汉茹,郝远,徐卫军,等 .NaCl 溶液中 AZ91D 的腐蚀性能——RE 与 Sb 及 Si 对 AZ91D 合金在 NaCl 溶液中腐蚀速率的影响. 铸造设备研究,2004, (1):28~30

34　Das. Ingot Cast Magnesium Alloy with Improved Corrosion Resistance. US: 5139077, 1992208218.

35 Rehring K.Corn positional requirements for quality performance with high purity.55th International Magnesium Conference.Coronado,CA,USA,1998 (5):17~19

36 朱祖芳 . 有色金属的耐腐蚀性能及其应用, 北京：化学工业出版社,1995.61~74

37 James E H. The effect of heavy metal contamination on magnesium corrosion perfermance. SEA Technical Paper 830523, Detroit, 1983

38 Holta O H.High purity magnesium die casing alloys——Inpact of metallurgical principles on industrial practice.International Magnesium Conference.Manchester,England:1996

39 Liqun Zhu, Guangling Song.Improved corrosion resistance of AZ91D magnesium alloy by an aluminium-alloyed coating.Surface and Coatings Technology,2006,200(5):2834~2840

40 Polmear I J. Light Alloys. Metallurgy of the Light Metals, London:Arnold, 1995

41 Mathieu S,Rapin C,Hazan J,et al.Corrosion behavior of high pressure die-cast and semi-solid cast AZ91D alloys. Corrosion Science,2002,44(2):737~756

42 Ambat R, Aung N, Zhou W.Evaluation of microstructral effects on corrosion behaviour of AZ91D magnesium alloy.Corrosion Science,2000(42):1433~1455

43 Yao H B,Li Y,Wee A T S. Corrosion behavior of meltspun $Mg_{65}Ni_{20}Nd_{15}$ and $Mg_{65}Cu_{25}Y_{10}$ metallic glasses. Electrochimica Acta,2003(48):2641~2650

44 Gebert A,Wolff U,John A,et al.Corrosion behaviour of $Mg_{65}Y_{10}Cu_{25}$ metallic glass. Scripta mater,2000(43):279~283

45 Li Y,Ljn J,Loh Fc,et al.Characterization of corrosion products forned on a rapidly solidified Mg based EA55RS Alloys. J. Mater. Sci.,1996(31):4017~4023

46 Mathieu S, Rapin C, Steinmetz P. A corrosion study of the main constituent phases of AZ91 magnesium alloys. Corrosion Science, 2003(45):2741~2755

47 Vilarigues M,Alves L C,Nogueira I D,et al. Characterisation of corrosion products in Cr implanted Mg surfaces. Surface and Coatings Technology, 2002.328~333

48 Skar J I. Corrosion and corrosion prevention of magnesium alloys. Materials and Corrosion, 1999, 50:2~6

49 Andrei M, Gabriele F De, Bonora P L, Scantlebury D. Corrosion behaviour of magnesium sacrificial anodes in tap water. Materials and Corrosion, 2003(54):5~11

50 李金桂,赵闺彦,等 . 腐蚀与腐蚀控制手册 . 北京:国防工业出版社, 1988

51 Guangling Song, David St John. Corrosion behaviour of magnesium in ethylene glycol, Corrosion Science, 2004,46(6): 1381~1399

52 Lindstrom R, Johansson L G, Svensson J E. The influence of NaCl and CO_2 on the atmospheric corrosion of magnesium alloy AZ91. Materials and Corrosion, 2003, 54(8): 587~594

53 Song G, Atrens A. Corrosion of Magnesium Alloys, Invited Refereed Review Article for Corrosion and Environmental Degradation of Materials, vol. 19, Wiley, New York, Mater. Sci. Technol., 2000

54 Bowles A L, Bastow T J, Davidson C J, et al. Magnesium Technology 2000, The Minerals, Metals and Materials Society, Nashville, USA, 2000. 295~300

55 Lunder O, Nisancioglu K, Hansen R. Corrosion of Die Cast Magnesium-Aluminium Alloys. SAE Technical Paper Series 930755, 1993

56 Song G, Atrens A, St John D, Wu X, Naim J. The anodic dissolution of magnesium in chloride and sulphate solutions, Corrosion Science, 1997(39):1981~2004

57 Uzan P, Frumin N, Eliezar D, et al. In: Aghion E, Eliezer D eds. Proceedings of the second israeli international conference on magnesium science and technology, Magnesium 2000, Dead Sea, 2000. 385~391

58 Yim C, Ko E, Shin K. In: Proceedings of the 12th Asia Pacific Corrosion Control Conference, 2001, 2:1306~1307

59 Guangling Song, Amanda L, Bowles, David H. StJohn. Corrosion resistance of aged die cast magnesium alloy AZ91D, Materials Science and Engineering A, 2004, 366:74~86

60 Baker V. Alloy Phase Diagrams, ASM Handbook, vol. 3, ASM International. USA: Ohio, 1992

61 Aghion E, Bronfin B. In: Lorimer G W ed. Proceedings of the third international magnesium conference. Manchester, 1996. 313~325

62 Dargusch M S, Dunlop G L, Pettersen K. In: Magnesium alloys and Their applications, werkstoff-informations GmbH. Germany:Wolfsburg, 1998. 277~282

63 Martin Jönsson, Dan Persson, Dominique Thierry. Corrosion product formation during NaCl induced atmospheric corrosion of magnesium alloy AZ91D. Corrosion Science, 2007, 49(3): 1540~1558

64 Guangling Song, Andrej Atrens, Xianliang Wu, Bo Zhang. Corrosion behaviour of AZ21, AZ501 and AZ91 in sodium chloride. Corrosion Science, 1998, 40(10): 1769~1791

65 韩恩厚,柯伟. 镁合金的腐蚀与防护现状与展望. 2002 全国镁行业年会会议论文集, 2002.83~94

66 Tao Zhang, Ying Li, Fuhui Wang. Roles of β phase in the corrosion process of AZ91D magnesium alloy. Corrosion Science, 2006, 48(5):1249~1264

67 Ya B, Unigovski, Gutman E M. Surface morphology of a die-cast Mg alloy. Applied Surface Science, 1999,153(1):47~52

68 Gaia Ballerini, Ugo Bardi, Roberto Bignucolo, Giuseppe Ceraolo. About some corrosion mechanisms of AZ91D magnesium alloy. Corrosion Science, 2005,47: 2173~2184

69 Baboian R, Hills J E. Corrosion tests and standard: application and interpretation. In: Robert Baboian (Ed.), ASTM Manual Series MNL 20, Philadelphia, 1995

70 郝献超,周婉秋,郑志国. AZ31 镁合金在 NaCl 溶液中的电化学腐蚀行为研究. 沈阳师范大学学报(自然科学版) 2004,22(2):117~121

71 马全友,王振家,等. 压铸镁合金 AZ91D 在酸性 NaCl 溶液中的腐蚀行为. 表面技术,

2004,33(4):16~18

72　Hikmet Altun, Sadri Sen. Studies on the influence of chloride ion concentration and pH on the corrosion and electrochemical behaviour of AZ63 magnesium alloy. Materials and Design, 2004(25): 637~643

73　Inoue H, Sugahara K, Yamamoto A. Corrosion rate of magnesium and its alloys in buffered chloride solutions. Corrosion Science, 2002(44):603~610

74　Rakel Lindstrom, Lars-Gunnar Johansson. Corrosion of magnesium in humid air, Corrosion Science, 2004(46):1141~1158

4 镁合金的腐蚀与防护技术

镁合金至今还没有得到像铝合金那样大规模的应用,其中一个重要的原因就是其耐腐蚀性能差。虽然镁合金的腐蚀形式多种多样,但仍可以采取一些方法来减小或避免镁合金的腐蚀。这包括:(1)产品设计得当;(2)减少镁合金中的有害杂质元素,提高合金的纯度和研究新合金;(3)采用快速凝固工艺,扩大固溶度和细化晶粒;(4)通过合适的表面处理。

4.1 产品设计[1]

在没有充分保护的情况下,镁合金与镁合金、异种金属和木材的接触都会产生电化学腐蚀。一般来说,在室外潮湿或者氯化物环境下,镁特别容易遭受腐蚀;但在室内如果保持干燥、不发生水蒸气的冷凝现象,一般的装饰性涂层对镁就能产生良好的保护效果。镁零件的防护需要注意以下几个方面。

4.1.1 装配

下面来看镁合金与镁合金之间的装配、镁合金与木材的装配以及镁合金与异种金属间的装配三种情况。

(1) 镁合金与镁合金之间的装配。由镁及其合金制作的零部件之间存在装配缝隙时,就容易产生缝隙腐蚀。因此在装配时,需要在镁零件表面采用铬酸盐颜料涂层,或者采用在连接处使用封闭剂的"湿装配"技术。对于镁零件的铆接装配可以采用此方法,如图 4-1 所示。

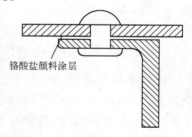

铬酸盐颜料涂层

图 4-1　镁合金与镁合金装配时保护接触面的正确方法

(2) 镁合金与木材的装配。木材吸水后将内部的天然酸浸析出来腐蚀镁合金,因此与镁合金接触的木材必须采取油漆或清漆封闭,并在镁合金表面采用镁合金与镁合金装配时使用的措施,如在镁合金零件表面采用铬酸盐颜料涂层等。

　　(3) 镁合金与异种金属间的装配。为减少镁合金与异种金属间的电池效应,应采取以下方法:1)同时对镁合金和另一种金属采取保护措施。2)采用与镁合金相容的异种金属。3)隔开异种金属,避免腐蚀介质构成回路。

　　无论是异种金属还是镁只有在表面覆盖一层完整的抗碱性的膜,就可以避免发生电化学腐蚀。一般情况下,只要膜不被完全破坏就不会发生大面积电化学腐蚀现象。

　　与镁合金相容的异种金属常用的有 5052、6053、6061 和 6063 铝合金,可用来做垫片、衬垫、紧固件和构件。图 4-2 给出了一种减少腐蚀的方法。对于镁合金与钢、黄铜的装配,锡是良好的镀层材料,且较铬和锌的镀层更为有效。

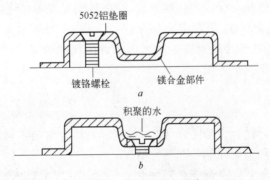

图 4-2　固定镁合金部件的螺栓－垫圈组合

a—螺栓位置合适,不积水;b—螺栓位置不合适,积聚的水使垫圈与部件导通

　　镁合金与不锈钢、钛、铜和铝合金如 2024、7075 和 3003 在腐蚀条件下匹配都会发生腐蚀,因此需要采用防护措施。

　　镁合金与异种金属之间可以采用不吸水的胶带或密封化合物。如采用厚度为 0.08 mm 的乙烯树脂胶带。图 4-3 和图 4-4 示出了异种金属

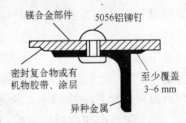

图 4-3　镁合金和异种金属铆接的正确方法

与镁装配的几种正确的方法。图 4-5 显示了排水和密封连接的方法。

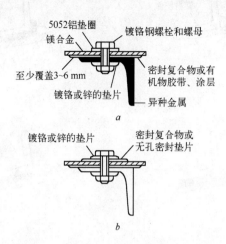

图 4-4　镁合金与异种金属或者木材连接的保护方法

a—镁合金与异种金属的连接；b—镁合金与木材的连接

4.1.2　紧固和镶嵌

选择紧固材料对镁合金的装配十分重要。镁合金零件的铆接一般采用 5056、6053 或 6061 铝合金铆钉。铝铆钉在使用前需进行化学处理或阳极氧化处理。对于镀铬钢螺栓，一般采用 5052 垫圈。对于紧固件与镶嵌件的隔离，可采用烘干的乙烯塑料溶胶、环氧树脂和耐高温的氟化烃类树脂涂层。

4.1.3　设计

为保证镁合金零件有良好的腐蚀防护性，应当从设计上进行一些必要的考虑。首先应当尽量避免在镁合金表面产生可能聚集水滴的结构，并且考虑排水的结构，见图 4-5。为避免缝隙的毛细作用吸水，应尽量避免在零件上形成窄的缝隙、缺口或凹槽。此外，在零件上应避免形成尖角。图 4-6 和图 4-7 分别显示了镁合金零件结构设计时应注意的问题。

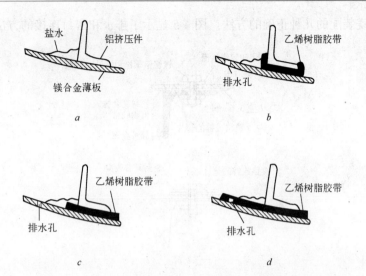

图 4-5　镁合金与异种金属允许储积盐水的装配设计

a,*c*—结构不合理;*b*,*d*—结构合理

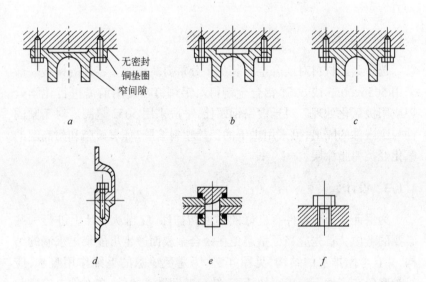

图 4-6　镁零件螺栓连接时设计考虑

a—不正确;*b*—较好,有密封,铝垫圈,宽间隙;*c*—好,和 *b* 一样但无间隙;*d*—不正确,无密封;

e—好,用尼龙和塑料作垫圈;*f*—好,用塑料或硬纤维作垫圈

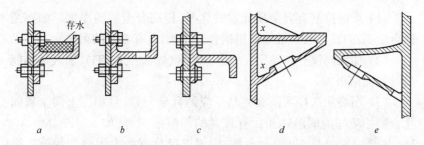

图 4-7　避免液体储积的设计考虑

a—不正确,易于存水;b—较好,设计有斜度和孔洞;c—推荐设计,有密封无凹坑;
d—不正确,易于在 x 处积水;e—正确,具有斜度和钻孔

4.2　合金纯度的提高及新合金的研究

要从根本上解决镁合金耐蚀性问题,最重要的是减少镁合金中的有害杂质元素,使 Fe、Ni、Cu、Co 的含量在容许极限之下,获得高性能的耐蚀镁合金。Fe、Ni、Cu、Co 这 4 种元素在镁中的固溶度很小,在其质量分数小于 0.2% 时就对镁合金产生非常有害的影响,大大加速了镁合金的腐蚀。

镍是对镁合金耐蚀性非常有害的杂质元素。镍在固态镁中溶解度极小,常与镁形成 Mg_2Ni 等金属间化合物,以网状形式分布于晶界,降低镁的耐蚀性。当镍含量大于 0.016% 时,镁合金腐蚀速率显著加快。因此必须限制耐蚀镁合金铸件的镍含量不大于 0.002%,镁锭的镍含量不大于 0.001%。但镍在镁液中的溶解度很高,为防止熔炼时增镍,必须使用低镍不锈钢制造的熔炼工具和设备。

铜也降低镁合金的抗腐蚀性。铜在镁合金中溶解度极小,常与镁形成 Mg_2Cu 等金属间化合物,以网状形式分布于晶界,降低镁的耐蚀性能。当铜含量大于 0.15% 时,镁合金的腐蚀速率显著加快,因此必须严格控制镁合金的铜含量。

铁不溶于固态镁,以金属铁形式分布于晶界,降低镁的耐蚀性。当铁含量大于 0.0165% 时,镁合金的腐蚀速率急剧加快。

根据化学元素对其耐腐蚀性能的影响,可以通过以下几条途径对合金元素进行控制以达到目的。

（1）严格控制有害杂质元素的含量，提高合金的纯净度。如高纯镁合金 AZ91E 与大多数商业用铝合金相比，具有更好的耐蚀性。

（2）加入同镁有包晶反应的合金元素（如 Mn、Zr、Ti），加入量不能超过其固溶极限。

（3）当必须选择同镁有共晶反应的合金元素，且相图上同金属间化合物相毗邻的固溶体相区有较宽的固溶范围时，如 Mg-Zn、Mg-Al、Mg-In、Mg-Sn、Mg-Nd 等合金系，应该选择具有最大固溶度的第二组元金属，与固溶体相区毗邻的化合物以稳定性高者为好，共晶点尽可能远离相图中镁一端。

（4）通过热处理提高耐蚀性。通过热处理把金属间化合物溶入基体中，以减小活性阴极或易腐蚀的第二相的面积或数量，从而减小合金的腐蚀活性（Mg-Al 合金除外）。

（5）加入可以减少有害杂质的合金元素，如 Zr、Ta、Mn；添加稀土元素，如新合金 WE43（Mg-4Y-2.5Nd-1RE）和 WE54（Mg-5.25Y-1.75Nd-1.75RE），其盐雾腐蚀速率比传统镁合金 AZ91C 低两个数量级。

另外，加入新元素利用相结构和微观结构的分布开发新合金，也是提高镁合金耐蚀能力的一个方向。如 Mg-Li 合金以及加钙的高温合金，实现了汽车镁基动力系统的商业化[2]。

4.3　快速凝固处理工艺的应用

快速凝固技术是一种新型的金属材料制备技术，其基本原理是设法将合金熔体分散成细小的液滴，减小熔体体积与散热面积的比值，提高熔体凝固时的传热速度，抑制晶粒长大和消除成分偏析。快速凝固技术能有效提高镁合金的耐蚀性，其原因主要有两个：一是快速凝固合金的成分和组织均匀，能抑制局部腐蚀；二是快速凝固技术能提高合金固溶度，使有害杂质固溶于合金基体中，不会形成有害析出相，从而减轻了腐蚀。同时还能形成非晶态的氧化膜，提高合金的耐蚀性。实验表明，快速凝固工艺可以将镁合金的腐蚀速率降低至少两个数量级，并且点蚀电位大大提高。发生应力腐蚀开裂时，快速凝固镁合金的再钝化速度和钝化膜的完整性也大大高于普通铸造镁合金。

Maker 和 Kruger[3]比较了快速凝固和普通铸造合金在晶界中含有有害杂质元素形成阴极相时对局部腐蚀的不同倾向。快速凝固工艺可以减少对微观组织和杂质微粒根部的浸蚀,还可以增加元素的固溶极限,使得有高浓度元素存在时可以形成非晶态氧化膜。如镁合金中含有高浓度铝时可以在整个表面形成含铝的钝化膜,这层膜具有自修复作用,具有完整的结构。而普通铸造工艺获得的镁合金中铝首先形成第二相,只是在局部区域形成钝化膜。快速凝固工艺是一种能从根本上解决镁合金耐腐蚀问题的有前景的工艺,目前已有许多技术针对不同牌号的镁合金在进行工艺探索和应用推广方面的研究。但快速凝固需要专用设备,成本较普通工艺高,所以真正作为规模化生产目前还不多。

4.4 表面清洗

附着在镁合金表面的氧化物、脱模用润滑剂、铸造剥离剂和切削油等污物会影响镁合金表面保护膜的完整性而导致腐蚀。镁合金的表面清洗与其他金属一样,是化学氧化处理或阳极氧化处理前必不可少的工序,影响随后保护膜层的质量。镁合金表面清洗的方法很多,主要分为两大类,下面分别阐述。

4.4.1 机械清洗

在机械清理前应先用溶剂将油、油脂等有机污物去除。机械清理常用研磨和粗抛光,干或湿喷砂处理,钢丝刷和湿磨或球磨(振动修饰)来完成。

(1) 研磨和粗抛光:采用纱布带、纱布轮、旋转锉清理砂型铸件,纱布带通常用来去除毛刺和压铸件的表面缺陷,如模印和脱模拉痕。如果铸件表面无大的污染隐患可以不用研磨和粗抛光。

(2) 干砂喷丸清理:干砂喷丸是经常用于镁合金铸件清理的方法,很多铸造厂用硅砂,偶尔也用钢砂、玻璃球或切丝锌丸、铝丸作为喷丸。干砂喷丸主要用于清理镁合金砂型铸件,以显露出主要表面缺陷,一般铸件在落砂后应立即进行喷丸。干砂喷丸也用于酸洗前表面清洗。

在用砂子或钢砂喷丸处理时,在常规操作条件下,这两种干砂喷丸的清理效果都很好,但是由于钢砂嵌入镁表面,容易导致表面腐蚀。

大多数干砂喷丸处理都对镁合金表面的腐蚀性具有不利的影响（见表 4-1），这种影响必须通过随后的酸洗或其他处理来校正，以保持合金固有的耐蚀性和最终的保护效果。

干砂喷丸对耐蚀性的不利影响主要是由于铁污染，其机理并不是简单的铁的迁移，而是在高能冲击时与氧化铁发生了化学反应。但即使采用了非铁介质喷丸，如用刚玉或玻璃砂，由于氧化铁杂质可以从钢制设备上引入，同样也会出现这种情况。

表 4-1   表面机械处理对 AZ91B 压铸件腐蚀的影响

处　　理	平均腐蚀速度(76h 暴露)/mm·a^{-1}
铸态表面	0.9
振动磨光	0.75
钢刷刷光	1.675
玻璃珠喷砂,0.7 mm 大小,415 kPa	4
玻璃珠喷砂,0.11 mm 大小,415 kPa	15.75

（3）盘或棒磨：对镁合金压铸件表面的压铸润滑油和其他表面污染物，常用湿盘或振动棒磨削结合去污迹和表面处理配方来清洗，这些工序兼有清洗和磨光作用。为防止污染物积累和重新污染工件表面，使溶液很好地流入介质中是非常重要的。湿盘和振动棒多应用于高纯合金工件的终饰处理，也用于链锯、草场和花园设备、运动器材和电动工具等产品部件涂装前的预处理或清理。

（4）钢丝刷：钢丝刷可用于镁合金板的中间清理和电弧焊或电阻焊前去除氧化物。采用钢丝刷清理镁合金表面时，施加的压力是一个重要的参数，其大小应当既能够有效去除表面氧化物，又不产生凿眼。表面最终的光滑程度取决于钢丝刷的齐整程度和钢丝的组成。

4.4.2　化学处理

镁合金化学清洗方法有溶剂清洗、蒸汽去脂、乳化清洗、碱洗和酸洗。

溶剂清洗法用来除油（如加工润滑油、蜡、淬火油、防腐蚀油、抛光化合物以及其他可溶性污染物和污染）、固体颗粒（如加工灰尘或碎屑)。在溶剂溶解了油或蜡后,冲洗时可夹带着金属屑被洗掉,这一过程必须在碱洗、涂装和化学处理之前以及机械加工和成形前后进行。在通常情况下,溶剂清洗最佳的选择,主要取决于要去除残留油的数量。

蒸汽去脂是较好的方法,用于镁的化学清洗方法、设备和溶剂与其他金属用的相同。最通常用的是三氯乙烯和全氯乙烯。亚甲基氯能有效去除铸件表面上多余的浸渍有机树脂,且不去除孔中的物质,这些溶剂对镁合金无不利影响,但溶剂混合物中含有甲醇时不可用于镁合金清洗。

乳化清洗是有机溶剂分散于水中形成的混合物,可用来去除油和抛光剂。乳化清洗剂应是中性或碱性,pH 值为 7 或偏上,这样才不腐蚀镁表面,乳化清洗剂能去除大的油污,但残留少量油污,必须在随后碱洗过程中去除。乳化清洗剂中水与溶剂互不相溶,在使用前应先试验,以避免对金属可能的腐蚀或点蚀。

碱洗是涂装、化学处理和镀膜前最常用的清洗方法,碱洗也用于清理镁合金上的铬酸盐膜。

与铝合金相反,一般碱液(但焦磷酸盐和一些全磷酸盐对镁合金有轻微腐蚀)不腐蚀镁合金(除了 ZK60A),即使这些碱液的 pH 值在 12.0 以上,对镁合金腐蚀也不显著。所有适用于低碳钢的高浓碱洗液或苛性钠浸泡液对镁合金的清洗效果也很令人满意。不论是用浸泡法还是阴极法清洗都有同样的效果。镁合金碱洗液的 pH 值都在 11.0 或更高。

苛性碱液一般是基于氢氧化钠、磷酸盐、碳酸盐和硅酸盐,倾向于两种或更多种的组合使用,还加入一些天然树脂酸盐或作为乳化剂的合成表面活性剂。苛性碱溶液的浓度通常使用的为 35~75 g/L,温度在 71~100℃。用来喷射清洗的苛性碱洗液不能含有表面活性润滑剂,泡沫太多有碍操作。喷射的机械作用,可以增强去污能力。

在碱洗后应彻底漂洗,以防止浸蚀和处理溶液的污染,例如,带入酸液中粘附的肥皂,形成一层油性表面膜,会对随后在酸液中处理的工件造成污染。有些类型的表面污染碱洗除不掉,随后需要采用合适的酸洗液处理。

酸洗在镁合金处理过程中的重要性常被低估,与表面结合紧密或不溶于溶剂或碱液的污染物,需要用酸洗去除。这些污染物包括自然形成的氧化物、嵌入的砂粒或铁、铬酸盐膜、焊接残留和烧过后的润滑油。压铸件原始铸造表面有富铝的偏析区，能阻止转化膜与溶液的反应。正确选择酸洗液对镁合金的涂饰有如下重要作用：(1)去除在前面制造和处理工艺中引入的促进腐蚀的表面污染。已经证明酸洗可减小本已很小的高纯镁合金 AZ91E-T6 在盐雾实验中的腐蚀速度。(2)去除氧化膜和存放时防腐用的旧转化膜。(3)提供一个能接受化学转化膜的干净表面，这对于在中等酸性 pH 值为 4～5 条件下的工艺操作特别重要。

在选择酸洗处理时，要考虑去除污染的类型，要处理的镁合金类型和允许的去除尺寸以及要求的外观。

当镁合金产品裸露态使用时，或有一层干净涂饰，希望能提高其耐蚀性同时又能提供有吸引力的外观，这可以用硝酸铁、醋酸－硝酸或磷酸浸蚀。硝酸铁酸洗可沉积一层不可见的氧化物膜，使表面钝化，提高耐蚀性。醋酸－硝酸和磷酸浸蚀液充当多价螯合剂，可有效去除镁合金表面甚至不可见的微量元素 1，从而抑制局部电偶腐蚀。尽管所有这些方法均能增强耐蚀性，但硝酸铁和磷酸浸蚀效果最好。

镁合金酸洗，应特别注意如下两点：(1)应根据镁合金的型号、表面状态选择适当的酸洗液；(2)应严格控制酸洗时间，以免造成过腐蚀或燃烧。

镁合金酸洗液成分及工作条件如下：

(1) ZMS 合金砂模铸造毛坯的酸洗。

硝酸 HNO_3（密度 1.42 g/cm³)	15～30 mL/L
温度	室温
时间	1～2 min

(2) MB_3、MB_2 的各种板材或型材的酸洗。

铬酐 CrO_3	80～100 g/L
硝酸钠 $NaNO_3$	5～8 g/L
温度	40～50℃
时间	2～15 min

(3) 去除旧氧化膜或腐蚀产物的酸洗。下列的酸洗液既不会影响零件的尺寸精度，又可用于碱性溶液去膜后的中和或机械加工过程中的临时防锈处理。

铬酐 CrO₃	150~200 g/L

铬酐 CrO_3 150~200 g/L
温度 室温
时间 1~5 min

4.5 表面涂覆层技术

防止腐蚀的一个最有效的方法是将基体涂覆。涂覆可以在金属和环境之间提供一个屏障来保护基体,或者在基体上形成一个抗化学腐蚀的膜。因此涂覆层必须均匀、结合力好、无孔隙,使用过程中出现物理破坏时能够自愈合。目前有许多的技术可用于镁❶ 的涂覆,包括电化学镀、转化膜涂层、阳极氧化、氢化物涂层、有机物涂层和气相处理等。下面对每种方法进行详细地叙述。

4.5.1 电化学镀(Electrochemical Plating)

4.5.1.1 概述

为了改善工件的表面性能,如耐蚀性、耐磨性、可焊性、导电性和表面装饰性等,常可通过在金属表面获得一种具有某种或某几种性能的涂层来实现。其中最有效的和最简单的在基体上获得薄膜的方法是电化学镀。电化学镀可分为两种:电镀和化学镀(electroplating and electroless plating)。在这两种情况下,处于溶液状态的一种金属盐被转变为它的金属形式附着于工件表面。在电镀中,分解电子由外部提供,在化学镀中,缓释电子由溶液中的化学缓释剂来提供,或者是在浸入的情况下,由衬底本身来提供。

镁的电镀可用于很多场合,例如 Cu-Ni-Cr 镀层在室内或者温和的室外环境条件下都具有较好的耐蚀性[4]。但是,电镀的方法获得的涂层在海水或盐渍条件下不能使用,因而限制了其在汽车、航空和航海等方面的应用。化学镀镍涂层被证明在计算机和电子工业中应用时,耐蚀性、耐磨性较好,并有较好的可焊性和稳定的电子接触性能(electronic contact)[5]。Ni-Au 涂层也被应用于许多的空间领域,改善构件的导电性和光学反射比[6]。对 Mg_xNi 合金粉末微胶囊通过化学镀

---

❶ 没有特别指明时,镁被用来指镁及其合金。

Cu、Ni-P、Ni-Pd-P 或者 Ni-B 等可能提高这些合金的导热性、热扩散性、疲劳强度和寿命,使之可适用于负氢化物电极[7,8]。使用铜的硫酸盐和硝酸盐,将 $Mg_x Ni$ 合金粉末可密封于铜中,这是一种非常有效的和简单的工艺,并且可大幅减少化学有毒物对环境的影响[9]。

4.5.1.2   镁上电镀的难点

目前,在为镁及其合金开发实用的电镀工艺方面仍然存在许多问题[10~13]。

(1) 镁是一种难于直接进行电镀(或化学镀)的金属,即使在大气环境下,镁合金表面也会迅速形成一层惰性的氧化膜,这层膜影响了镀层金属和基体金属的结合强度,所以在进行电镀时必须除去这层氧化膜。由于镁生成氧化膜的速度非常快,所以必须寻找一种适当的前处理方法,能在镁合金表面形成一层既能防止氧化膜的生成,又能在电镀(或化学镀)时容易除去的膜。

(2) 镁合金具有较高的化学反应活性,使得人们必须考虑在电镀(或化学镀)时,镀液中的金属阳离子的还原一定要首先发生,否则金属镁会与镀液中的阳离子迅速发生置换反应,形成疏松的金属置换层,影响镀层与基体的结合力。

(3) 镁与大多数酸反应剧烈,在酸性介质中会迅速溶解(氢氟酸、铬酸除外),但在碱性溶液中溶解速度极慢。因为镁极易氧化,暴露在空气中表面即能自发地形成一层 $Mg(OH)_2$ 及其次级产物(如各种水合 $MgCO_3$、$MgSO_3$ 等)为主的灰色薄膜,由于自身的热力学稳定性不高,这层钝化薄膜在 pH 值小于 11 的条件下是不稳定的,对镁基体不能提供保护作用。因此,对镁合金进行电镀(或化学镀)处理时,应尽量采用中性或碱性镀液,这样不仅可以减小对基体的浸蚀,也可延长镀液的使用寿命。

(4) 由于镁的标准电极电位很低,为 -2.34 V,易发生电化学腐蚀。在电解质溶液中与其他金属相接触时,容易形成腐蚀电池,而且一般镁总是阳极,这样会导致镁合金表面迅速发生点腐蚀。所以在电镀时,在镁合金表面形成的镀层必须无孔,否则不但不能有效地防止镁的腐蚀,反而会加剧它的腐蚀。对于镁合金基体上的铜/镍/铬组合镀层,有人指出,它的厚度至少在 50 μm 时,才能保证无孔,以便在室外应用。

(5) 镁合金上电镀所获得镀层的质量,还取决于镁合金的种类(化学镀也是如此)。对于不同种类的镁合金,由于组成元素以及表面状态不同,在进行前处理时,应采取不同的方法。例如镁合金表面存在大量的金属间化合物,如 $Mg_{17}Al_{12}$ 等,使得基体表面的电势分布极不均匀,这样就增加了电镀和化学镀的难度。

(6) 大多数金属及其合金都可通过铸造方法生产铸件。对于镁合金来说,由于它的熔化温度比较低,所以铸件用的就比较多。

金属液在铸型中总是表面先凝固,而内部冷却相对缓慢,组织则疏松多孔。铸造产品的主要缺陷有气孔、渣孔、冷隔、夹杂、偏析、疏松、疤痕、打皱及晶粒粗大等,这些缺陷将使金属镀层的质量下降。对于镁合金来说,它们铸件形状往往比较复杂,这更增加了电镀操作的难度。

压铸镁合金表面往往存在气孔、洞隙、疏松、裂缝和脱模剂、油脂等,应通过机械和化学方法进行清理。常用压铸镁合金主要是 AZ91D 型 Mg-Al-Zn 合金,其金相组织由两相组成,基体 α 相是 Mg-Al-Zn 固溶体,析出 β 相是 $Mg_{17}Al_{12}$,分布在晶界上。压铸过程中还可能产生偏析现象。这种特点,在处理过程中,必须充分考虑。同时在加工、抛光过程中,应注意保护铸件表面的致密层。如果处理不当,会导致工件的疏松基体暴露,将增加表面处理的难度。

(7) 电镀及化学镀的缺点是镀液中含有重金属,它们会直接影响镁合金的回收利用,增加镁回收纯化时的难度与成本。但是,值得注意的是现在已经有许多的方法可用来使这些金属从镁的表面剥离,一些有效方法列于表 4-2。由此可以看出对镁合金电镀带来的重金属污染不足以对镁的循环再利用造成太大的问题。

表 4-2　金属镁及其合金表面涂层的剥离方法[14~16]

表层金属	剥离方法和条件
浸锌层	室温下浸泡于 10%～15% 的氢氟酸溶液中(70%)
铬	在碱性溶液中施加可逆电流
铜	热的碱性硫化物和氰化物溶液
镍	15%～25% 氢氟酸＋2% 硝酸钠,电压 4～6 V
铜、镍、锡、镉、锌	硝酸:氢氟酸:水＝1:2:2 的混合溶液

表层金属	剥离方法和条件
金、银、铜、镍	含氰化物的碱性化学剥离液，温度 20～60℃，添加氢氧化钠以防止镁的溶解
铜、镍等只有电镀的薄膜被溶解	电镀的镁作为阳极，铁作为阴极，在水溶液中电解。溶液组成为 180～220 mL/L 磷酸 + 40～50 g/L 氢氟酸或者 150～220 mL/L 磷酸 + 90～110 g/L 氟氢化氨
一种保护性的氨基镁的硫酸盐表面层保护合金基体不被溶解	浸入于氨水溶液和氨基硫酸盐的混合溶液中

4.5.1.3　预处理过程

要想在镁及其合金上得到理想的金属电镀层，最重要的和最必要的是前处理过程，其目的：一是去除和防止镁表面自然形成的氧化物；二是防止镁基体与镀液发生自发的置换镀层。有了合适的预镀层，几乎可以在镁合金表面对所有金属进行施镀。迄今为止，锌和镍都可以直接镀在镁上，并可以作为后续金属涂层的衬底。预镀层必须是无孔的，因为存在的孔隙很可能影响镀层的质量。在镁合金上获得一个均匀的镀层是比较困难的，现有的工艺都要求许多的步骤，并且都费力、耗时，且要求精确控制各种参数以获得可接受的结合强度和耐蚀性。目前对镁及其合金电镀的研究，主要集中在各种前处理方法上。

预处理对不同的合金和不同的电镀液也有变化。目前有两种镁合金电镀前预处理工艺。它们分别是浸锌(Zinc immersion)和用一个含氟化物的镀液来化学镀镍[17]。这两个工艺步骤总结于图 4-8 中，每一步工艺的作用在表 4-3 中进行了说明。

A　浸锌[18]

浸锌预处理工艺的主要目的是要保持适当的粘合力。在许多情况下，在金属表面得到的是疏松的、粘合不牢固的新的表面沉积层，这也正是铜的氰化物打底层受到广泛批评的主要原因[19]。第一，由于这是一个电镀过程，因而对一个形状复杂的工件进行涂覆是非常困难的。电镀时电镀液会直接与镁接触，导致在镁的表面形成非粘合性的铜的沉积层。这种沉积层多孔，耐蚀性很差。第二，氰化物镀铜工艺所带来的氰化物镀液废物，处理代价太高。文献[20]在预处理的过程中去掉

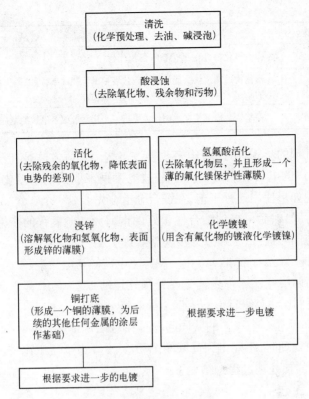

图 4-8 预处理过程

表 4-3 电镀过程中单个预处理步骤的作用和功能

步 骤	功 能
表面清洗	去除污物、残留物、油或者油脂
碱 洗	镁在碱性介质中是惰性的,浸湿表面,去除污物、油脂等
酸浸蚀	去除表面的毛刺或者氧化物,用一种后续容易去除的氧化物来代替。刻蚀处理也会带来一些表面点蚀,可以作为提高粘合力的一些机械互锁位置
酸活化	去除残余的氧化物,使点蚀减小,减少局部的腐蚀电池对建立一个等电势表层的影响
浸 锌	溶解氧化物和氢氧化物形成的薄的锌层,以防止镁的再氧化
铜打底	锌的活性较高,因此大多数金属不能直接电镀其上,铜可以作为一个后续电镀的基底

步　骤	功　能
氟化物处理	去除氧化物,用一个 MgF_2 薄层代替
活　化	氟化物处理被认为能够控制锌或者镍的沉积速率,可以产生更有粘合力的涂层[24]。这个步骤与酸激活有相似的作用
化学镀镍	镍基合金被沉积在表面作为更进一步化学镀或者电镀的基底

氰化物处理的步骤,由此希望来改善该工艺。具体方法是在浸锌处理后,采用锌的电镀和后续的热磷酸盐电镀铜来取代铜的氰化物电镀。研究发现如果使用这种工艺,在镁合金上会先形成一个 $0.6\ \mu m$ 厚的均匀的锌薄膜,然后可得到粘合性很好的铜薄膜。电镀锌的步骤可以和浸锌工艺同时进行,也可以分步实施。这个工艺如下:

除油→碱洗→酸洗→活化→浸锌→电镀锌→电镀铜

目前已经开发了许多基于浸锌预处理的工艺,其中有 3 个主要的工艺,它们分别是 Dow 工艺、Norsk-Hydro 工艺和 WCM 封装工艺[19,21]。但这 3 个工艺的共同问题是在对铝含量超过 6%～7%的镁合金表面处理时,不能得到良好的沉积层[22]。为了便于比较,将以上 3 个工艺的预处理过程总结如下[19,22]。

Dow 工艺:

除油→电解清洗→酸浸蚀→酸活化→锌酸盐处理→电镀铜

Norsk-Hydro 工艺:

除油→酸浸蚀→碱处理→锌酸盐处理→电镀铜

WCM 封装工艺:

除油→酸浸蚀→氟化物活化→锌酸盐处理→电镀铜

Dow 工艺是最早被开发出来的,但实践表明在许多情况下由这种工艺得到的涂层的粘合力较差,并且锌的分布不均匀。Dow 工艺经过改进后,在酸活化后引入了碱活化,并在 AZ31 和 AZ91 镁合金获得 Ni-Au 薄膜时证实有较好的效果,并且明显地缩短了预处理的时间。Norsk-Hydro 工艺在 AZ61 的应用表明表面涂层的粘合力、耐腐蚀性和外观装饰性能等方面都得到了改善,其产品的性能也超过了户外使用的标准[23]。但是 Dennis 等人[21,22]研究发现,用 Dow 工艺和 Norsk-

Hydro 工艺处理的试样,得到的锌涂层具有多孔的特征,它们在热循环试验中性能较差。采用 WCM 封装工艺产生的锌薄膜最均匀,并根据粘合力、耐蚀性和外观形貌等特征评价是最好的。但是,在这 3 种工艺处理时,富镁的区域可能发生优先溶解,这一点限制了它们的应用范围。

还有一种类似的工艺是通过化学镀或者电镀技术在金属表面获得一系列金属的底层[24]。研究者认为他们可以在形状复杂和大的长宽比的试样上得到具有较好的耐蚀性、焊接性和导电性的均匀的薄膜。预处理的变化在于使用了铜的氰化物镀液,同时包含一种可溶性的硅酸盐[25]。研究者表示可以在镁合金上用这个工艺得到粘合力较好的薄膜。文献[26]报道了镁合金在镀锡之前的浸锌工艺,镁合金先用传统的浸锌工艺处理以后,然后再在锌的磷酸盐溶液中电镀锌,接着镀锡,实验结果表明可大大改善电镀层的摩擦性能。

B 直接化学镀镍

前面已经列举了 AZ91 合金电镀过程中浸锌预处理时出现的问题。Sakata 等人[19]发明了一种直接在 AZ91 压铸镁合金上直接化学镀镍的新工艺。采用这种工艺可以获得厚度均匀,粘合力强的涂层。一般来说,这种工艺预处理过程如下:

预处理→除油→碱刻蚀→酸活化→碱活化→碱化学镀镍打底→酸化学镀镍[11]

这个工艺采用了一个酸性的化学镀镍处理,如果在镍打底层中出现任何孔隙,都可能导致镀层下镁合金的腐蚀。

PMD(UK)发明了一个更为简单的工艺[13,27,28]。其预处理过程如下:

预处理→碱清洗→酸浸蚀→氟化物活化→化学镀镍

在这个过程中刻蚀和电镀条件对所获得的薄膜的粘合力有较大的影响,刻蚀不完全或者氟化物活化不彻底所得薄膜的粘合力都很差。在同样的粘合力下,用氢氟酸来调整和使用氟化氢铵处理,其后续的电镀条件是不一样的。前者电镀参数范围较宽,而后者范围则较窄(pH 值为 5.8~6.0,温度 75~77℃)。另外,酸浸蚀过程中采用三价铬酸处理会严重腐蚀表面,并留下一层已分解的铬化物。采用氟化物处理可去除表面的铬,并通过钝化表面来控制沉积速率。例如在对 MA8 镁合金的电镀过程中也利用了氟化物的钝化效果[29],结果表明镍电镀液电镀过程中抑制基体腐蚀。研究认为镍的薄膜有很强的粘合力,但是镀液的寿命太短而使得化学镀在工业化上的应用受到限制,而添加复合添加剂(如氨基乙酸)可明显改善镀液的稳定性。另外还可采用磷酸盐、硝酸盐和硫酸盐等来刻蚀处理试样,避免使用有毒的铬离子[30]。这个工艺如下:

化学刻蚀→氟化物处理→中性化处理→化学镀镍

镀镍液不包含任何的氯化物或者硫酸盐,镀后的试样有高的粘合力和耐腐蚀性能,但用镍来涂覆镁及其合金时,存在的问题是,传统的镍镀液是酸性的,会腐蚀镁合金基体。这个问题已经通过开发略呈酸性的镍的氟化物电镀液得以解决[31]。这种镀液已经表明不会腐蚀镁合金基体。

C　空间技术中使用的镁合金部件的贵金属电镀

在镁合金上镀金和镀镍在空间技术中的使用非常广泛,工艺如下:

除油→碱清洗→铬酸浸蚀→电镀镍→化学镀镍→金打底→电镀金

初始电沉积的镍薄膜是多孔的,但可以作为均匀的化学镀镍的活化剂,也可以作为镀金的良好衬底。目前已经在 AZ31 镁合金上使用浸锌预处理工艺,然后化学镀镍和电镀金获得了成功[32,33],得到的这种薄膜粘合性好,同时具有良好的力学性能、热学性能和光学性能以及良好的环境稳定性。研究表明浸锌工艺为后续的化学镀镍形成了致密的、粘合性好的衬底层,并且酸性的镀金液能够得到最好的镀金层。涂层的表面形貌是均匀的锌层 + 硬质多孔的具有微裂纹的化学镀镍薄膜,其上均匀地分布着磷。最后电镀金的表面没有裂纹。

文献[34]报道了在 RZ5 镁合金表面镀金的工艺过程,其衬底是通过在非水溶液中化学镀镍而得到的。实验中所使用的镀液是 30 g/L 硫酸镍 + 200 mL/L 二甲基甲酰胺, pH 值为 4,温度为 25~30℃,电流密度 10 mA/cm²。但是,这种工艺的成本非常昂贵,并且由于在预处理中含有水的溶液,所以可能会出现潮湿的空气污染镀液的危险。

浸锌和直接化学镀镍得到的薄膜的性能较差。在浸锌的情况下,得到的锌的薄膜不均匀。若在此锌涂层上直接化学镀镍,会出现过度腐蚀和沉积层的剥落。沉积层质量比较差的原因主要是由于存在粗大的、不均匀的衬底颗粒,其具有较为宽泛的表面化学成分。经过改变预处理工艺,为后续的镀镍得到一个均匀的表面,可在氟化物活化阶段,增加直流电解过程。最终的工艺可以总结如下:

清洗→酸浸蚀→氢氟酸浸泡→直流电解处理→在氟化物镀液中化学镀镍→电镀镍→电镀金

该工艺已成功地应用于卫星组件的电镀,目前已经超过了预期寿命两年以上。

另一种对镁合金电镀银或者电镀金的预处理工艺[37]涉及到了阳极氧化处理,之后用一个导电的树脂薄膜涂覆表面,后续进行电镀。得到的表面薄膜达到了人们所期望的保护效果。这种工艺已成功地用于处理卫星搭载设备部件。

在镁合金上镀镍在航空上已有许多的应用。在镁合金 ZM21 上直接化学镀镍已经表明可以获得良好的力学、环境、光学和焊接性能的涂层[35]。化学镀镍可以在氟化物处理之后进行,然后进行铬的三价氧化物钝化处理。对试样进行退火还可以实现析出强化,并改善粘合力。

D 其他工艺

还有一些有别于传统的预处理工艺的新工艺,如在镁及其合金表面涂覆锡[36]。这个工艺可以得到具有好的耐蚀性的锡的氧化物涂层。具体步骤如下:

除油→浸入铬酸盐溶液中→浸入二丁基二锡的乙基纤维素溶液中→500℃退火

文献[37]报道了通过氢氟酸水溶液对衬底进行酸活化的新方法。这种溶液主要含有 NH_4HF_2、NaF、LiF 以及 Ni、Fe、Ag、Mn、Pd、Co 的金属盐,其中最佳的组成物应是矿物酸、一元羧酸或者前面提到的金属盐。金属盐必须能够可溶于氢氟酸,并能被化学镀的衬底和催化剂所取代。电流可用来提高沉积速率,但也不是非常必要的。当加入有机硫化物,用氨基硼酸盐作镀液进行化学镀时,得到的薄膜在 150~300℃进行热处理,可以改善粘合性能。通过这样的工艺形成的薄膜粘合力好,并且是连续的。这个工艺对铝、镁和锌及其合金都是适合的。

文献[38]给出了在镁合金上电镀银的工艺方法。这个工艺先是在碱性的溶液中电解处理基体金属(采用脉冲电流),然后酸浸蚀,再在含银的镀液中电镀,可以得到粘合性好,且连续的涂层。

文献[39]提出了一种将镁合金表面进行铝处理的非水溶性的工艺。这个工艺的第一步是用液滴浸蚀,该液体是一种含有分散性很好的细小磨粒的惰性的疏水介质(例如油),通过压力喷射形成液滴。第二步是在无水的有机铝电解介质中,通过阳极处理去除镁合金表面的薄层。这个步骤的反应是:$Mg + 2R \rightarrow MgR_2$。这里 R 是来自铝电介质的甲烷基或者乙基。对镁合金来说,这个工艺必须在一个惰性的气氛中进行。这个工艺总结如下:

液滴浸蚀预处理→除油→甲苯洗涤→阳极化处理→直接浸入镀铝槽中→阴极电镀铝(惰性气氛)

镀铝液在合适的溶剂中一般是由具有普通分子式的电解质组成,分子式是 $MX_nAlR'R''R$。合适的溶剂是指芳香族的碳氢化合物,例如甲苯、二甲苯、THF(四氢呋喃)、二丙基二丁基醚或者二氧杂环乙烷。

其中 $M = Na^+$,K^+,Rb^+,Cs^+,或者带有 N、P、As 和 Sb 4 个离子作为中心原子,或者带有 S、Se 和 Te 3 个离子作为中心原子。

$X = F^-$,Cl^-,Br^-,I^-,CN^-,N_3^- 或者 $1/2SO_4^{2-}$。

$n = 2, 3$。

R = 甲苯,二甲苯。

$R' = R, H^-, F^-, Cl^-, CN^-, N_3^-$。

$R'' = R'$ 或者从 R' 中选择的同样的种类。

沉积层是 99.9% 的纯铝,并具有很高耐腐蚀性能和银白色的装饰外观表面。它们也有好的导电性,优良的超音速焊接性能和高的反射率。

4.5.1.4　镁及镁合金的化学镀镍

镁上化学镀镍通常分浸锌后化学镀镍和浸氟化物溶液后化学镀镍两种方法,浸氟化物溶液后化学镀镍又称为镁上直接化学镀镍。

A　直接化学镀镍工艺示例

a　工艺流程

除油→水洗→酸洗(酸浸渍)→水洗→活化(浸氟化物溶液)→水洗→化学镀镍→水洗→钝化→热水洗和空气干燥→热处理

b　工艺

化学镀镍的溶液配方和操作条件见表 4-4。

表 4-4　化学镀镍配方和操作条件

溶液配方和操作条件	配方 1	配方 2
碱式碳酸镍　$NiCO_3 \cdot 2Ni(OH)_2 \cdot 4H_2O/g \cdot L^{-1}$	10	10
氢氟酸　　　$HF/mL \cdot L^{-1}$	12	10
柠檬酸　　　$C_6H_8O_7 \cdot H_2O/g \cdot L^{-1}$	5	
氟化氢铵　　$NH_4HF_2/g \cdot L^{-1}$	10	10
氨水　　　　$NH_3 \cdot H_2O/mL \cdot L^{-1}$	30	
次磷酸二氢钠　$NaH_2PO_2 \cdot H_2O/g \cdot L^{-1}$	20	20
硫脲　　　　$CH_4N_2S/mg \cdot L^{-1}$	1	
络合剂		15
缓冲剂		2
pH 值	6.5 ± 1	6.5 ± 0.5
温度/K	353 ± 2	358 ± 5
时间/min	60	90
溶液过滤	连续过滤	

c　说明

化学镀镍的说明有以下几点：

（1）表 4-4 中配方 1,镁制品先用异丙醇作脱脂剂,并加超声波清洗 5～10min。再用碱性除油液除油,其工艺是：氢氧化钠 50 g/L,磷酸三钠（Na_3PO_4）10 g/L,温度 333 ± 5 K,浸泡 8～10 min。

酸浸渍工艺为：铬酐 $CrO_3$125 g/L,硝酸 $HNO_3$110 g/L,室温,浸泡 45～60 s,溶液需搅拌。

活化工艺是：氢氟酸 HF385 mL/L,室温,浸泡 10 min,溶液需搅拌。

钝化工艺是：铬酐 $CrO_3$25 g/L,重铬酸钠 $Na_2Cr_2O_7$120 g/L,硝酸 $HNO_3$100 mL/L,室温,浸泡 2 min。

热处理是在 230℃烘箱中,热空气循环过滤（无尘）,时间为 2 h。

（2）表 4-4 中配方 2,其酸洗工艺为：铬酐 $CrO_3$120 g/L,硝酸 HNO_3 100 mL/L,室温,浸泡 2 min。

活化工艺是：氢氟酸 HF350 mL/L,室温,浸泡 10 min。

热处理时,温度在 200℃、300℃和 400℃,得到的镀层为非晶态、磷含量高的镀层（磷含量为 12.73%）。

B　镁及镁合金上直接镀镍的注意事项

镁及镁合金上直接镀镍的注意事项如下：

(1) 镁上直接化学镀镍,镁制品事先必须经氟化物溶液活化处理。

(2) 由于镁合金不耐 SO_4^{2-}、Cl^- 的腐蚀,故不能使用通常的硫酸镍、氯化镍配方。国内外主要使用 DOW 公司设计的配方,用碱式碳酸镍作为化学镀镍的主盐。但碱式碳酸镍不溶于水,所以要用氢氟酸来溶解它。

(3) 柠檬酸和氟化氢铵是作为缓冲剂、络合剂和加速剂而加入的,硫脲起稳定剂和光亮剂的作用;氨水用来调整镀液的 pH 值。

C　镁上化学镀镍层与基体的结合机理——实例

在镁合金上直接化学镀镍的工艺中,工件须先用氟化物(一般采用氢氟酸)活化,这样可以在镁基体上生成一层保护性的 MgF_2 膜,以减少镁的氧化以及化学镀溶液对镁基体的腐蚀。

a　处理工艺[40,41]

本实例采用的试验材料为 AZ91 压铸镁合金。

工艺流程为:镀件(压铸镁合金 AZ91D)→除油→水洗→酸洗→水洗→活化→水洗→施镀→温水洗→热风吹干。

处理液配方及工作条件如下所述。

酸洗:HNO_3,50%(体积比);室温处理: 20～25 s;
　　　CrO_3,110 mL/L

活化:HF(40%),使用浓度 385 mL/L,室温处理 10 min。

化学镀镍:

$NiCO_3$	9.2 g/L
$NaH_2PO_2 \cdot H_2O$	20 g/L
$C_6H_8O_7 \cdot H_2O$	3.8 g/L
HF	11 mL/L
NH_4HF_2	8.5 g/L
糖精	5 g/L
$NH_3 \cdot H_2O$	调整 pH 值
pH 值	4.5～6.5
温度	348～353 K

b 镀层测试

镀层测试方案如下：

（1）选取 5 块大小为 13 mm×10 mm×1 mm 的试样，其中 1 号试样经砂纸打磨后抛光，然后观察压铸表面的显微形貌。

（2）2 号试样经上述工艺流程，酸洗后水洗，自然干燥后用扫描电子显微镜（型号为 LEO-438-VP）观察酸洗后的表面形貌。

（3）3 号试样按以上工艺到活化完后水洗，自然干燥后用扫描电子显微镜（型号为 LEO-438-VP）观察活化后的表面形貌。

（4）4 号和 5 号试样以正常工艺流程完成后，用扫描电子显微镜（型号为 LEO-438-VP）观察 4 号试样的表面形貌和断面形貌。

（5）采用 GDA 辉光放电光谱分析仪测定 5 号试样镀层的元素分布情况。GDA 辉光放电光谱分析仪的参数如下：辉光室初始温度 297.1 K，开始工作温度 313.1 K，工作电流 0.3 mA。

c 结果与分析

首先来看不同处理状态的组织形貌。

图 4-9 为抛光后的压铸镁合金基体的组织形貌，可以看出，组织为在 α 镁基体上分布的细小粒状共晶相，这是在压铸成型过程中快速凝固造成的。为了能去除表面氧化膜，并提高基体与镀层结合力，必须对基体表面进行酸洗，酸洗后的表面形貌如图 4-10 所示，出现了多孔洞结构。这是由于基体相 α 镁的电极电位为 -2.36 V[42]，β 相（$Mg_{17}Al_{12}$）的电极电位为 -1.73 V，在酸洗液中腐蚀时，α 镁基体充当

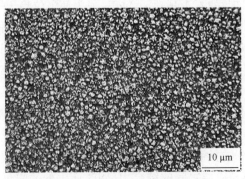

图 4-9 压铸镁合金基体的组织

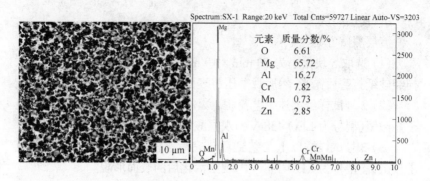

图 4-10　酸洗后的形貌和能谱分析

阳极优先腐蚀。对酸洗后的表面进行能谱分析表明有铬元素和氧元素，这是由于在酸洗过程中铬酸和基体发生反应引起的。镁在普通酸洗液中置换反应很激烈，溶解于 HNO_3 和 $H_2Cr_2O_7$ 的混酸，放出 H_2，并有生成产物附着在基体表面，其主要的反应过程如下：

$$Mg + H_2Cr_2O_7 \longrightarrow MgCr_2O_7 + H_2 \uparrow$$

$$Mg + HNO_3 \longrightarrow Mg(NO_3)_2 + H_2 \uparrow$$

生成的 $MgCr_2O_7$ 和 $Mg(NO_3)_2$ 部分附着在孔洞内的基体上，这样突显了网状结构。通常情况下，形成的置换层结合力很差[43]，仅以有限的化学键来保持。

图 4-11 为活化处理后的表面形貌，采用活化处理可以减少镁的氧化以及化学镀液对镁的腐蚀，一般采用氢氟酸来进行活化处理，这样可以生成一层保护性的 MgF_2 膜。MgF_2 薄膜使电位趋于一致，同时使表面趋于平整，但不够致密。能谱分析基体表面有铬、氧和氟元素，说明酸洗后的基体与氢氟酸发生了化学反应，反应过程如下：

$$Mg + HF \longrightarrow MgF_2 + H_2 \uparrow$$

$$Mg_{17}Al_{12} + HF \longrightarrow AlF_3 + MgF_2 + H_2 \uparrow$$

HF 在活化的过程中与 $Mg_{17}Al_{12}$ 及孔洞中的镁基体反应生成 MgF_2 和 AlF_3 层覆盖于第二相上，这在一定程度上减少了孔洞的数量和直径，但由于有的孔洞较大，不能完全覆盖；这种形貌在很大程度上可以提高基体与镀层之间的结合力，同时产生的薄膜可以降低基体表面原来的电极电位差异，更有利于后面的施镀工艺。

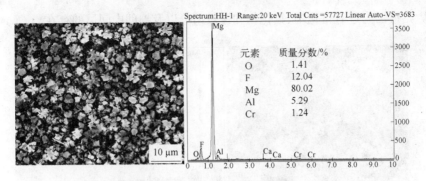

Spectrum:HH-1 Range:20 keV Total Cnts =57727 Linear Auto-VS=3683

元素	质量分数/%
O	1.41
F	12.04
Mg	80.02
Al	5.29
Cr	1.24

图 4-11 活化后形貌和能谱分析

化学镀完成后的表面形貌如图 4-12 所示,化学镀层的形貌立体感明显。镀层表面为胞状结构,一个大胞由几个变形的小胞组成,这是由于随着初始沉积胞的增加,胞表面的晶界和缺陷较多,且镀层的催化能力大于基体,使形核位置增加,所以在胞生长过程中就会相遇,发生变形。胞上的孔洞等缺陷可能是由于施镀过程中不断产生的气体没有及时排出引起的。

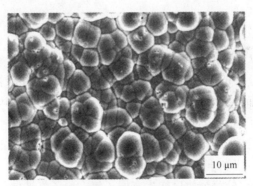

图 4-12 化学镀后形貌

为了更好地了解镀层与基体的结合情况,用 SEM 观察了剥离后基体和镀层的形貌(如图 4-13 所示)。用机械方法将镀层与基体拉开,图 4-13 能谱分析结果表明,镀层附近主要元素是 Mg、Al、F、O、Ni 、P、Cr,能谱峰上显示有 Na、C 元素存在于镀层之中,说明镀液成分也混杂在初始镀层中。综合实验结果可以发现,经过酸洗和活化的镁合金,初始镀层附近有铬化物、氟化物和镀液组分以及镍的中间层的存在。

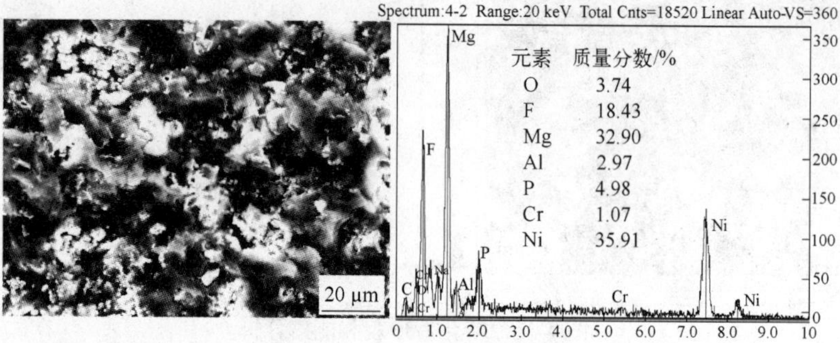

图 4-13 镀层结合面形貌和能谱分析

再来看镁合金化学镀层的沉积过程。

化学镀液中，MgF_2 具有一定的溶解度[44]，部分溶解于镀液中，导致了镀液和 α 镁的直接接触，发生置换反应。

初始沉积层中的镍是由镀液和镁的置换反应来实现的，反应过程如下：

$$Mg \longrightarrow Mg^{2+} + 2e$$
$$Ni^{2+} + 2e \longrightarrow Ni$$

其中初始还原金属 Ni^{2+} 所需的电子由还原剂镁供给，因为 $H_2PO_2^-/HPO_3^{2-}$ 的电极电位为 0.50 V，所以镁基体在酸性镀液中更容易受到腐蚀而释放电子优先发生电化学反应。镀液中的金属离子 Ni^{2+} 吸收电子后在工件表面沉积，随着镍形核数量的增多和长大，有自催化能力的镍层产生。次磷酸盐和镍离子开始反应沉积出镍金属，并生成 H^+，由于大量 H^+ 的局部聚集，导致反应向生成氢气和原子态氢的方向进行，分解释放出初生态原子氢。原子氢被催化表面吸附，进一步和次磷酸反应产生磷沉积。镍磷开始共沉积，产物（H_2、H^+、$H_2PO_3^-$）从表面层脱附。反应过程如下：

$$Ni^{2+} + H_2PO_2^- + H_2O \longrightarrow H_2PO_3^- + Ni + H^+$$
$$H^+ \longrightarrow H_2 \uparrow + H$$
$$H_2PO_2^- + H \longrightarrow H_2O + P \downarrow$$

产生的 H^+ 将会使反应向沉积磷的方向进行。

　　为了进一步研究沉积过程中各元素的分布变化情况及作用,利用GDA辉光光谱对镀层进行了分析。图4-14为Ni、P、Al、Mg和Cr元素随镀层不同深度的变化分布情况。从图中可以看出,从基体到表层,镍、磷含量不断升高,镁含量不断减少,铝含量变化不大;到镀层厚度5 μm处,铬含量最高,达到峰值(酸洗过程中与基体反应形成孔洞的地方,原子分数为0.5%),镁的原子分数约为60%,而铝原子分数约为10%,变化不大(这一点也能说明在酸洗过程中腐蚀的是 α 镁,铝的消耗不多),镍、磷原子分数分别约为21%和6%。沉积层中镁和铝的存在说明Ni-P的初始沉积是在酸洗形成的孔洞中开始的;随着镀层的增厚,不断填充孔洞,因而表现为镁含量不断降低。以上实验现象说明化学镀层在沉积过程中有中间层的存在。即中间层内含有镁、铝和铬等元素。随着施镀时间的延长,镀层厚度增加,铬和镁原子百分含量不断减少。镍、磷原子百分含量不断增加。

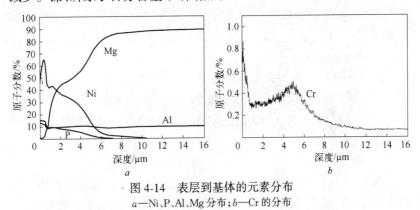

图4-14　表层到基体的元素分布
a—Ni、P、Al、Mg分布;b—Cr的分布

　　随着镀层增厚和镀膜致密性的增强,镁基体对化学镀过程的影响越来越小,镀层中的镍和磷的相对含量不断提高直到镀层中镁含量非常少时,镍和磷的相对含量达到最高,然后镍含量有一个快速地下降,磷含量趋于稳定。这与镀液的浓度下降有关系。随着反应的进行,镀层附近的镀液浓度不断降低,离子通过不断地扩散来补充镀层附近浓度的降低。

　　在镀层深度介于6~9 μm之间,没有发现磷。这可能是磷没有参与最初沉积,而是在基体 α 镁与 Ni^{2+} 反应生成自催化的镍以后才能以

Ni-P 合金的形式共沉积析出。所以磷不能单独从镀液中析出，它是在镍沉积后镍催化作用下的化学过程。化学镀沉积诱发开始，先只有镍的沉积，然后才有 Ni-P 的共沉积出现。

值得注意的是在反应的过程中可能有部分镀液被包覆于镀层之中，但是它们本身并不参与化学反应过程，而且反应初始沉积主要发生在网状的空洞中。这一方面能增强结合力，另一方面能使镀层不断趋向平整。

D　活化液中加入金属催化剂[45]

镁上直接化学镀镍，一种有效的方法是用氢氟酸活化作镀前处理。通过活化处理后，在镁基体上形成一层氟化物膜层（MgF_2），这层膜能保护镁基体在镀液中免受过多的浸蚀，并防止剧烈的 Mg 与 Ni^{2+} 置换，使得镁上化学镀镍过程能顺利进行。有研究者指出[46]，这层 MgF_2 会夹杂在化学镀镍的沉积层中，从而影响了镀层与基体的结合强度。现在，在氢氟酸的活化液中加入金属催化剂，解决了存在的问题，具体过程如下。

a　镀前处理

通常采用以下两种镀前处理工艺：

（1）碱浸蚀→水洗→活化（氢氟酸 50 mL/L）→化学镀镍。

（2）碱浸蚀→水洗→活化（氢氟酸 50 mL/L + 金属催化剂 3～40 g/L）→化学镀镍。

b　化学镀镍

碳酸镍 10 g/L，次磷酸钠 24 g/L，复合配合剂 20 g/L，缓蚀剂 10 g/L，稳定剂 1～4 mg/L，光亮剂 1～3 mL/L，pH 值 4～5；温度 80～95℃。

c　实验结果

1 mm 厚的压延 AZ91D 镁合金板材采用镀前处理（1）的样品，当化学镀镍镀层厚度到 30 μm 时，均出现鼓泡现象；而采用镀前处理（2）的样品，化学镀镍，即使镀层厚度达到 60 μm 时也无鼓泡现象发生，也无其他由结合力不良引起的问题。

E　浸锌后化学镀镍[47]

镁上直接化学镀镍，通常用碱式碳酸镍作为主盐。但是碱式碳酸镍价格昂贵且溶解性差（配制槽液时需用氢氟酸事先溶解）。若在镁制零部件经氢氟酸活化后,再用浸锌处理,以后就可以进行硫酸镍体系的化学镀镍工艺。

a 处理工艺

处理工艺主要介绍以下几个方面。

(1)工艺流程。

超声波清洗→碱洗→酸洗(三种配方溶液)→活化(两种配方溶液)→浸锌(两种配方溶液)→化学镀镍(两种配方溶液)→钝化

超声波清洗:丙酮,293 K(室温),时间 10 min。

碱洗:NaOH 50 g/L,$Na_3PO_4 \cdot 12H_2O$ 10 g/L,温度(333±5)K,时间 8~10 min。

酸洗:1)CrO_3 125 g/L,HNO_3(68%)110 mL/L,温度293 K,时间 40~60min。

2)CrO_3 200 g/L,KF 1 g/L,温度293 K,时间 10 min。

3)CrO_3 180 g/L,KF 3.5 g/L,$Fe(NO_3)_3 \cdot 9H_2O$ 40 g/L,温度 291~311 K,时间 0.5~3.0 min。

活化:1)氢氟酸(40%)385 mL/L,温度 293 K,时间 10 min。

2)H_3PO_4(85%)150~200 g/L,NH_4HF_2 80~100 g/L,温度 293 K,时间 2 min。

(2)浸锌。

1)$ZnSO_4 \cdot 7H_2O$ 30 g/L,$Na_4P_2O_7 \cdot 10H_2O$ 120 g/L,LiF 3 g/L或 NaF 5 g/L 或 KF 7 g/L,Na_2CO_3 5 g/L,pH 值 10.2~10.4,温度 353 K,时间 10 min。

2)$Zn(CH_3COOH)_2 \cdot 2H_2O$ 37 g/L,$Na_2P_2O_7 \cdot 10H_2O$ 120 g/L,LiF 3 g/L 或 NaF 5 g/L 或 KF 7 g/L,Na_2CO_3 5 g/L,pH 值 10.2~10.4,温度 353 K,时间 10 min。

(3)化学镀镍。

1)$NiSO_4 \cdot 6H_2O$ 20 g/L,氢氟酸(40%)12 mL/L,$Na_3C_6H_5O_7 \cdot 2H_2O$ 20 g/L,NH_4HF_2 10 g/L,$NH_3 \cdot H_2O$(25%)30 mL/L,$NaH_2PO_2 \cdot H_2O$ 20 g/L,硫脲 1 mL/L,pH 值 6.5±1.0,温度 361 K,时间 60 min。

2)$NiCO_3 \cdot 2Ni(OH) \cdot 4H_2O$ 10 g/L,氢氟酸(40%)12 mL/L,$C_6H_8O_7 \cdot H_2O$ 5 g/L,NH_4HF_2 10 g/L,$NH_3 \cdot H_2O$(25%)30 mL/L,

$NaH_2PO_2 \cdot H_2O$ 20 g/L,硫脲 1 mL/L,pH 值 6.5 ± 1.0,温度 (353 ± 2)K,时间 60 min。

钝化处理:CrO_3 2.5 g/L,$K_2Cr_2O_7$ 120 g/L;温度 $363 \sim 373$ K,时间 60 min。

b　镀层测试

AZ91D 镁合金试片 10 mm×10 mm×4 mm,用酸洗、活化、浸锌用两种配方 1)、2),化学镀用两种配方 1)、2),其他处理一样。

经过上述工艺流程处理的试片,都用 5% NaCl 溶液浸泡 2h。观察试样上的腐蚀点数。

c　结果与分析

浸锌的配方及结果如表 4-5 所示。

表 4-5　浸锌的配方及结果

试样号	配方	浸锌后的外观	化学镀后的外观	浸泡 2 h 后表面形貌
1	1)	淡蓝色、均匀	银灰色	两个腐蚀点
2	2)	与浸锌前无差别	银灰色	约 10 个腐蚀点
3	不浸锌		银灰色	5 个腐蚀点

浸锌后,1 号试样表面呈浅蓝色,看上去明显浸镀了一层均匀的锌膜;2 号试样表面与浸锌前几乎没有什么差别;3 号试样是活化后直接化学镀镍。这三种试样经 NaCl 液腐蚀后,腐蚀程度为 2 号>3 号>1 号,这表明浸锌配方 1)得到的镀层耐腐蚀性能好;至于 2 号试样,活化后不但没有浸镀上锌,而且又受到浸锌液的浸蚀,当然其耐蚀性不及 3 号试样了。

使用浸锌 1)浸 10 min,再用氢氟酸活化液退除 40 s;二次浸锌 10 min,化学镀镍,它的耐 NaCl 溶液腐蚀比一次浸锌的有所改进。

两种化学镀镍获得的镀层,其抗蚀性对比如表 4-6 所示。

表 4-6　不同镀层的抗蚀性比较

试样号	化学镀配方	镀后外观	浸泡 2 h 后表面形貌
1(浸锌用 1))	配方 1)	银灰色	表面基本没腐蚀
2(浸锌用 1))	配方 2)	银灰色	近 10 个腐蚀点

这表明,镁上化学镀镍,镀液配方中可用硫酸镍体系,但需在镀前用浸锌法处理。

F 浸铝后化学镀镍[48]

镁合金化学镀镍处理,不仅可以获得较高的耐蚀性和耐磨性,而且能在形状复杂的铸件上得到厚度均匀的镀层。虽然镁部件经氟化物活化后,也可以直接化学镀镍,但为了提高化学镀层与镁基体的结合强度,就采用预浸铝中间层后再化学镀镍工艺。

具体处理工艺如下:

(1) 流程:除油(两种配方)→酸洗(两种配方)→活化(两种配方)→预浸中间层→化学镀镍。

(2) 各种处理液的成分及工作条件见表4-7。

表 4-7 配方及条件

工 序	配 方		条 件
除 油	1. NaOH Na₃PO₄·2H₂O	60 g/L 10~20 g/L	室温,10 min
	2. 工业酒精		室温,反复清洗
酸 洗	1. H₃PO₄(85%)		室温,2~5 min
	2. H₃PO₄(85%) HNO₃	600 mL 2 mL/L	室温,5~15 min
活 化	1. H₃PO₄(85%) NH₄HF₂	50~60 g/L 100~120 g/L	室温,8~10 min
	2. 氢氟酸	200~250 mL/L	室温,10~15 min
预镀中间层	浸锌 ZnCO₃ NH₄HF₂ HF(40%)	30~35 g/L 8~10 g/L 5~8 mL/L	pH 值 9~10, 338~353 K, 5~8 min
	浸铝 Al(OH)₃ NaOH	10~20 g/L 15~25 g/L	室温,30~40 min
化学镀镍	NiCO₃ NaH₂PO₂·H₂O HF(40%) Na₃C₆H₅O₇ 稳定剂 缓冲剂 NH₃·H₂O	10 g/L 70 mL/L 15 mL/L 5 g/L 少量 少量 适量	pH 值 6.5,348~358 K,30~ 40 min

4.5.1.5 浸镀后电镀

A 镁在电镀前的合金化处理[49]

众所周知,镁合金零部件不能直接浸入电镀槽液中进行电镀。如何将镁合金表面进行适当的预处理,然后再用常规电镀,达到对镁合金表面防护装饰,已成为国内外表面处理研究的重要课题之一。镁合金镀前合金化处理方法如下所述。

a 前处理

镁合金在进行表面合金化处理之前,必须进行充分的脱脂、除油、除锈、弱腐蚀、活化等工序。前处理的好坏是决定合金化处理质量的关键。

b 合金化处理

合金化处理如下所述。

(1) 槽液配制。FG-20301 开缸剂 65 g/L,用纯水将固体开缸剂充分溶解,过滤、静置 24 h 后使用,用 $NH_3 \cdot H_2O$ 调整 pH 值为 5.8~7。

(2) 操作条件。温度 $(348 \pm 2)K$;时间 20~60 min。

(3) 操作方法。

1) 将经过活化的镁合金工件放入处理槽液中;

2) 槽液进行循环过滤,除去其中的微粒杂质;

3) 自动控制温度、随时补充蒸发消耗的水分;

4) 对槽液进行低速搅拌;

5) 按时取出工件,清洗后即可电镀或化学镀镍磷合金。

(4) 槽液调整。

1) 分析镍含量,作调整的依据。

取槽液 10 mL 于锥形瓶内,加 30 mL 蒸馏水和 15 mL 氨水,加紫脲酸铵指示剂少许,试液呈棕色;用 0.05 mol/L EDTA 液滴定至变为紫色为止,记下消耗的 EDTA 毫升数 V。

计算镍的含量(g/L):

$$\rho(\text{Ni}^{2+}) = V \times 0.05 \times 5.87$$

2) 原液 $\rho(\text{Ni}^{2+})$(g/L),减去使用槽液 $\rho(\text{Ni}^{2+})$(g/L),所得消耗的镍量即为镍补充量。

当每升槽液要求补充 1 g/L 镍时,可加入 FG20301 补加剂 10 g 进行调整,搅拌溶解。

3) 用 $NH_3 \cdot H_2O$ 调整槽液的 pH 值,然后即可使用。

B 浸锌法示例

浸锌法是镁及其合金进行电镀前的一种有效的预处理方法。目前,国内外主要采用美国 ASTM 推荐的标准方法,使用 DOW 公司开发的浸锌法,其预处理采用了浸锌和氰化物镀铜工艺(见表 4-8),其工艺流程为:

清洗(除油脱脂)→酸浸蚀→活化→浸锌→氰化物闪镀铜→进一步电镀

表 4-8 浸锌和氰化物镀铜的配方及条件

工 序	配 方/$g \cdot L^{-1}$		条 件	
浸 锌	$ZnSO_4 \cdot H_2O$	30	pH 值	10.2~10.4
	$Na_4P_2O_7$	120	温度	353 K
	LiF	3	时间	8 min
	Na_2CO_3	5		
氰化物镀铜	CuCN	38~42	pH 值	9.6~10.4
	KCN	64.5~71.5	起始电流密度	5~10 A/dm^2
	KF	28.5~31.5	工作电流密度	1~2.5 A/dm^2
			温度	318~333℃
			时间	6 min

C 影响因素

镁及其合金上电镀或化学镀,关键是镀前处理。现在对于前处理中的酸洗、活化和浸锌这三个工艺流程中的操作步骤、对后续镀层的质量影响作些讨论。

a 酸洗

又称酸(浸)蚀,是为了除去金属表面的氧化物、嵌入工件中的污垢以及附着的冷加工屑;酸洗液以 CrO_3 和 HNO_3 组成的溶液为好。镁合金基体经这种溶液浸蚀后,表面具有一定的粗糙度,能加大镀层金属与基体金属的机械咬合作用,从而提高镀层的结合力。酸洗也可用磷酸和硝酸组成的溶液来进行。

b 活化

活化有两种,一种是氟化物活化,另一种就是酸活化。在镁上直接化学镀镍工艺中,预先须用氟化物活化,通常以 HF 为好。据报道[50]化学镀镍时,镍是在活化后形成的氟化物膜层下面成核的,MgF_2 膜层能够保护镁基体免受镀液的强烈腐蚀。在 HF 酸组成的活化液中,由于 F^- 的含量比较高,镁基体经活化后表面形成的氟化物膜层比较厚,对镁基体保护得更好,所以后续的化学镀层更为致密,结合牢固。

c　浸锌

浸锌法是一种常用的有效预处理方法,浸锌层的厚度和致密度直接影响到后续镀层的质量。那么浸锌层本身又受到哪些因素影响呢?下面从温度、浓度和时间这三方面来分析。

(1) 镁合金上浸锌工艺[51]。

硫酸锌 30~60 g/L,络合剂 120~150 g/L,碳酸钠 5~10 g/L,氟化钾 3~6 g/L,温度 293~353℃,时间 10~15 min。

(2) 温度和浓度对浸锌的影响。

1) 浸锌时温度过低,镁合金很难在溶液中发生反应,时间再长,也得不到均匀细致的浸锌层。

2) 浸锌时浓度过高或过低(最佳的锌浓度范围为 6.8 g/L $< c_{Zn} <$ 13.7 g/L),得到浸锌层难以均匀致密。

(3) 浸锌时间对浸锌层的影响。

浸锌时间太短,则得不到致密均匀的浸锌层,后续工序也难以进行;浸锌时间太长,则浪费人力和物力。因此浸锌时间一般是 10~15 min。

D　浸蚀、浸锌后电镀[52]

浸锌法对锻造和铸造镁合金均适用,在电镀前需对镁合金表面进行化学浸蚀和活化处理。

a　化学浸蚀

镁合金浸锌的浸蚀液成分及工艺条件见表 4-9。

表 4-9　镁合金浸锌的浸蚀液的组成及工艺条件

溶液成分及工作条件	配方 1	配方 2	配方 3
铬酐 CrO_3/g·L^{-1}	180	180	120
硝酸铁 $Fe(NO_3)_3$·$9H_2O$/g·L^{-1}	40		

溶液成分及工作条件	配方 1	配方 2	配方 3
氟化钾 KF/g·L^{-1}	3.5~7		
硝酸 HNO$_3$/mL			110
温度/K	室温	293~363	室温
时间/min	0.5~3	2~10	0.5~3

配方 1 适用于一般零件,配方 2 适用于精密零件,配方 3 适用于铝含量高的镁合金。

b 活化

用来除去在上述铬酸溶液中酸洗时生成的铬酸盐膜,并进一步活化镁合金表面,其溶液组成及工艺条件如下:

磷酸(H_3PO_4)   200 mL/L
氟化氢铵(NH_4HF_2)   100 g/L
温度   室温
时间   0.5~2 min

c 浸锌

浸锌工艺的配方及工作条件如下:

硫酸锌($ZnSO_4 \cdot 7H_2O$)   30 g/L
焦磷酸钠($Na_4P_2O_7$)   120 g/L
氟化钠(NaF)或氟化锂(LiF)   3~5g/L
碳酸钠(Na_2CO_3)   5 g/L
pH 值   10.2~10.4
温度   343~353℃
时间   3~10 min
搅拌   工件运动

溶液中最好选用 LiF,因其含量在 3 g/L 时已达到饱和,可以加入过量的 LiF 对其含量作自动调节。

对于某些镁合金零件需要进行二次浸锌,才能获得良好的置换锌层。此时可以将第一次浸锌后工件返回到活化液中退除锌层后,再在此溶液中进行二次浸锌。

d 预镀铜

预镀铜的配方及工作条件如下:

氰化亚铜(CuCN)	30 g/L
氰化钠(NaCN)	41 g/L
控制游离氰化钠	7.5 g/L
酒石酸钾钠(KNaC$_4$H$_4$O$_6$·4H$_2$O)	30 g/L
pH 值	10~11
温度	295~305 K
电流密度	先在 5 A/dm^2 下镀 2 min,后降至 1~2 A/dm^2 镀 5 min
搅拌	阴极移动

预镀铜后,经水洗可再镀其他金属。

4.5.1.6 镁及合金电镀工艺介绍

A 镁及合金上化学镀镍新工艺(先电镀、后化学镀)

化学镀镍是近年来应用广泛的一种表面处理方法。化学镀镍层(实际上是 Ni-P 合金)具有硬度高、耐磨性好、致密性好、耐蚀性好及镀层厚度均匀等优点。但是,由于镁及其合金的化学不稳定性,在镁合金上获得性能良好的化学镀镍层往往比较困难。下面介绍多种镀层组合的化学镀镍工艺[53]。

工艺流程:化学除油→水洗→酸洗→水洗→活化→水洗→浸锌→氰化镀铜打底→水洗→预镀中性镍→水洗→化学镀镍→水洗→钝化→干燥。

(1)除油。氢氧化钠 10~15 g/L,碳酸钠 20~25 g/L,十二烷基硫酸钠 0.5 g/L,温度 348 K,时间 2 min。

(2)酸洗。H$_3$PO$_4$(85%),室温,时间 3~5 min。

(3)活化。H$_3$PO$_4$(85%)20~60 mL/L,NH$_4$HF$_2$ 40~120 g/L,促进剂适量,室温,时间 15 s。

(4)浸锌。硫酸锌 20~60 g/L,络合剂 80~120 g/L,碳酸钠 5 g/L,氟化钾 3 g/L,pH 值 10.2~10.4,温度 333 K,时间 5 min。

(5)氰化镀铜打底。氰化亚铜 30~50 g/L,氰化钠 50~60 g/L,游离氰化钠 7.5 g/L,酒石酸钾钠 30~40 g/L,碳酸钠 20~30 g/L,pH 值

9.6~10.4,电流密度 1.0~1.5 A/dm^2,温度 323~328 K,时间 10~15 min。先用电流密度 2~3 A/dm^2,冲击 1~2 min。

(6)预镀中性镍。硫酸镍 120~140 g/L,柠檬酸钠 110~140 g/L,氯化钠 10~15 g/L,硼酸 20~25 g/L,硫酸钠 20~35 g/L,pH 值 6.8~7.2,电流密度 1.0~1.5 A/dm^2,温度 318~323 K,时间 15~20 min。先用电流密度 2~3 A/dm^2,冲击 2~3 min。

(7)化学镀镍。硫酸镍 30~40 g/L,亚磷酸钠 20~30 g/L,络合剂 50 mL/L,添加剂 2 g/L,稳定剂适量,光亮剂 1~2 mL/L,pH 值 4.5~5.0,温度 353~363 K,时间 30~60 min。

为了避免化学镀镍时,镀层起泡,下面的预镀铜和镍层应厚一些,一般在 7~8 μm 以上。

B 镁上镀锌[54]

在镁合金表面电镀锌,可提高它的耐腐蚀性能,尤其是再经钝化后,使镁制零部件能在大气环境下使用。

工艺流程:去氢→化学除油→水洗→酸洗→活化→水洗→浸锌→水洗→电镀锌→水洗→钝化→水洗→干燥。

(1)去氢。金属零部件在酸洗、阴极电解及电镀过程中都有可能在镀层和基体金属的晶格中渗入氢,造成晶格歪曲、内应力增大,产生脆性,称为氢脆。为了消除氢脆,一般用加热方法,使渗透到金属里的氢逸出。去氢的效果与加热时间及温度有关,在温度 473~523 K 下,时间为 2 h,温度的高低应视基体材料而定。去氢很重要,如果去氢不完全,则会导致镀层起皮、起泡、使镀锌层与基体结合不牢。

(2)除油。氢氧化钠 10~15 g/L,碳酸钠 20~25 g/L,十二烷基碳酸钠 0.5 g/L,温度 348 K,时间 2 min。

(3)酸洗。H$_3$PO$_4$(85%),室温,时间 20~40 s。

(4)活化。H$_3$PO$_4$(85%)35~50 mL/L,添加剂 90~150 g/L,室温,时间 30~60 s。

(5)浸锌。硫酸锌 30~60 g/L,络合剂 120~150 g/L,碳酸钠 5~10 g/L,活化剂 3~6 g/L,pH 值 10.2~10.4;343~353 K;时间 5~10 min。

(6)电镀锌。

电镀锌工艺为:氢氧化钠 100~120 g/L,氧化锌 8~10 g/L,添加剂 6～10 mL/L，电流密度 1～8 A/dm^2，温度 283～328 K，时间 30 min。

电镀锌操作注意事项如下：

1）镀液温度高达 328 K，镀液不混浊，镀层亮泽，均镀能力尤佳，高电流密度区不易烧焦。

2）锌的含量增加，电流效率提高，但分散能力和深镀能力下降；复杂件的尖棱部位镀层易粗糙，容易出现阴阳面。锌含量下降，分散能力提高，但沉积速度变慢。

3）氢氧化钠在镀液中起络合作用和导电作用。过量的 NaOH 是镀液稳定的必要条件，使锌以 Zn(OH)$_4^{2-}$ 形式存在；当 pH 值小于 10.5 时，会产生 Zn(OH)$_2$ 沉淀。应控制 NaOH/Zn 的比值在 11～13 左右。NaOH 含量太高时，锌阳极的化学溶解加快，镀液中锌的含量就升高，造成主要成分的比例失调。

4）当镀液中不含添加剂时，镀层是黑色的、疏松的海绵状，添加剂可改善镀层的外观和性能。

5）在较高的电流密度下，沉积速度较快，但镀层与基体的结合力较差。

6）在 283～328 K 下，一般均能获得良好的镀层。温度偏低，镀液导电性差，添加剂吸附较强，脱附困难。此时若用高电流密度，会引起边棱部位烧焦、添加剂夹杂、镀层脆性增大、起泡等缺陷。温度高时，添加剂吸附减弱，极化降低，必须用较高的电流密度，以提高阴极极化，使结晶细化，避免阴阳面的出现。所以要根据温度，选择合适的电流密度。

（7）钝化处理。为提高镀锌层的耐蚀性，增加其装饰性，必须进行铬酸盐钝化处理，使锌层表面生成一层稳定性高、组织致密的钝化膜。

C　浸镍后电镀

在镁合金电镀前的预处理过程中，将浸镀锌改为浸镀铁溶液。

（1）工艺流程。除油→清洗→酸洗→清洗→活化→清洗→浸镀镍铁→清洗→闪镀铜→清洗→预镀中性镍→清洗→镀光亮镍→清洗→镀铬→清洗→干燥。

（2）活化。采用由草酸(C$_2$H$_2$O$_4$)、浸润剂、活化剂和促进剂组成的酸性活化溶液处理，清洗后，再浸入碱性活化溶液中活化。

(3) 浸(镀)镍铁溶液。由硫酸镍、硫酸铁铵、双络合剂、复合型缓冲剂、促进剂和还原剂组成;镀液的 pH 值大约在 10～11 之间;温度 348～353 K;浸渍时间 10 min。

(4) 闪镀铜。见 4.5.1.6A。

(5) 预镀中性镍。见 4.5.1.6A。

预镀光亮镍和镀铬可按常规的电镀工艺进行,但需带电入槽。

D 用稀盐酸活化的电镀工艺[55]

用稀盐酸活化的电镀工艺如下:

(1) 工艺流程。有机溶剂清洗→阴极电解除油→浸铬酸溶液→浸磷酸、氟化物溶液→稀盐酸活化→浸锌→氰化镀铜→镀其他金属。

(2) 为了溶解镁基体表面的氧化膜,采用二次活化工艺,即在磷酸、氟化物溶液活化后,再用 1% 盐酸溶液活化。

为阻止、减缓电镀液对镁基体的化学浸蚀,各种镀液中均可适当加入一些缓释剂。

E 两次浸镀后电镀

为了增加金属镀层与镁基体的结合强度,在对镀件进行预处理时,采用两次浸镀方法,目的是为了产生一个均匀、平衡的表面电势。

工艺流程为:镁合金镀件经表面调整、净化和活化后→浸锌→清洗→浸铜(闪镀锌铜、浸铜冲击)→清洗→化学镀镍→清洗→电镀。

F 镁合金浸锌及膜层彩化工艺[56]

镁合金表面浸镀锌是为了降低镁的化学活性,浸镀锌膜后再通过阳极氧化处理,使表面出现彩色的花纹。

(1) 工艺流程。碱洗→酸洗→活化→浸锌→彩化。

(2) 处理溶液配方及工作条件,如表 4-10 所示。

表 4-10 处理工艺

处理工艺	配方及条件	参 数
碱洗	NaO	30～60 g/L
	$Na_3PO_4 \cdot 12H_2O$	6～10 g/L
	温度	303～333 K
	时间	3～10 min

处理工艺	配方及条件	参　数
酸 洗	CH_3COOH	$200\sim300$ mL/L
	$NaNO_2$	$20\sim120$ g/L
	温度	$20\sim50℃$
	时间	$1\sim5$ min
活 化	$K_4P_2O_7$	$50\sim150$ mL/L
	Na_2CO_3	$30\sim40$ g/L
	NaF	$4\sim8$ g/L
	温度	$60\sim90℃$
	时间	$5\sim20$ min
浸 锌	$ZnSO_4 \cdot 7H_2O$	$80\sim120$ mL/L
	添加剂	$5\sim10$ g/L
	Na_2CO_3	$4\sim12$ g/L
	NaF	$3\sim8$ g/L
	温度	$70\sim100℃$
	时间	$30\sim200$ min
彩 化	KOH	$50\sim80$ g/L
	草酸	$40\sim50$ g/L
	电压	$3\sim5$ V
	时间	$1\sim6$ min

注:各道工序处理后,各有一道冲洗。

(3) 过程及作用。

1) 碱洗。工件经碱液彻底清洗后,在随后的酸洗时可看见镁合金表面光亮。否则镁合金表面出现明显的油渍和汗渍痕迹。这些痕迹在酸洗和活化过程中无法除去,在浸锌时,有痕迹的部位无法沉积锌膜,即使沉积锌膜;也是很疏松的,与基体结合不牢。

在碱洗处理过程中无法除去的油渍和汗渍,可以用丙酮除去。

2) 酸洗。对镁合金表面氧化物和其他在碱洗时难以除去的物质进行清洗,如较厚的氢氧化物膜。但酸洗应严格控制时间,而且使试样表面均匀地清洗。否则,由于表面留有杂质,浸渍时会出现浸镀的锌膜疏松、不均匀,而且还会出现过腐蚀。

3) 活化。活化主要是将金属的新鲜表面露出来,用碱性溶液活化,可使基体在活化过程中受腐蚀的程度大大降低。在 pH 值大于 12 的碱性溶液中活化,镁不被腐蚀。在活化过程中,通过搅拌活化液,使试样表面均匀地活化。

(4) 浸锌时的各种影响因素。

1) $ZnSO_4 \cdot 7H_2O$。提供沉积的 Zn^{2+}，浓度过高，锌层疏松粗糙，与基体结合不牢；而浓度过低，锌层沉积率很低，但膜层致密、结合牢固。

2) Na_2CO_3。调节溶液的 pH 值。

3) 添加剂。为络合剂、表面活性剂及光亮剂。络合溶液中的 Zn^{2+}，增大阴极极化，使膜层结晶细致，但络合剂浓度过高，则沉积速率降低；过低则沉积速率过快，而使得膜层疏松、粗糙。

表面活性剂和光亮剂能使 Zn^{2+} 在充分湿润和分散的情况下沉积，从而使膜层细致光亮；但如添加过多，则膜层脆性增大。

4) 温度。温度升高，沉积速率提高，效率提高；若温度过高，则膜层粗糙，分散能力降低。温度过低，则沉积速率降低，尤其在 10℃ 以下，温度的作用很明显。

(5) 彩化溶液的作用。镁合金浸锌层彩化是借助于阳极氧化的功能，使浸锌层获得彩虹色的外观。由于镁合金和锌合金在阳极氧化时不受腐蚀，因而用阳极氧化法有较大的可能性，也是该工艺的创新之处。阳极氧化时用不锈钢作阴极。

1) KOH。与溶液中的 Zn^{2+} 结合，形成氢氧化物并吸附于膜层表面。

2) 草酸。和 Zn^{2+} 结合形成化合物，沉积在膜层表面。

3) 电压。电压过高，则膜变黑；而电压过低，则膜层出现腐蚀。

4) 时间。过长或过短都不会出现彩虹色。

4.5.2 化学转化处理——化学转化膜

转化膜一般是通过化学或电化学的方法在金属表面处理后获得一种金属衬底的氧化物或铬酸盐、磷酸盐或者其他的化合物的表面涂层[57,58]。这种化学转化膜提供了比自然形成保护膜更好的保护效果，更重要的是它使表面膜从碱性转变为中性，使进一步的涂装保护变得容易。化学转化膜单独提供的保护虽然十分有限，但是对运输和贮存过程中产生的腐蚀进行防护还是有效的，特别是对机械加工表面的长期防护[58,59]。转化膜保护基体金属不被腐蚀的原因在于，它在金属表面和环境之间形成了一种低溶解性的绝缘屏障[60],或者其中存在含有阻止腐蚀的化合物。

目前化学转化膜处理主要包括铬酸盐、磷酸盐、过磷酸盐或者是锆氟化物处理等。对所有的这些表面处理,试样的清洗和预处理对获得一个良好的转化膜是非常重要的。

转化膜的缺点之一是用于膜形成的处理溶液通常都有毒。传统的转化膜涂层是基于铬的化合物,它是一种剧毒性的致癌物质。这就要求急待开发"绿色"工艺。另外,还需要进一步考虑在转化膜基础上合金涂层必须达到形貌和成分上的均匀一致[59]。

4.5.2.1　铬酸盐转化膜

铬酸盐转化膜可以作为最后封装之前的预处理或者作为电镀工艺的后处理,以改善耐蚀性、着漆或者粘合性能,或者提供一个较好的精装饰表面[61]。

要获得性能良好的化学转化膜一般应遵循以下几个原则[60]:

(1) 基体显微组织细密,与铬酸盐转化膜匹配良好。

(2) 其他金属的共沉积不利于涂层工艺。

(3) 进行必要的清洗和预处理,确保最佳的涂层。

(4) 铬酸盐处理后,表面应进行清洗以去除残余的酸或能和涂层反应的污物。

(5) 涂层应该在低温下(70℃)烘干,时间不多于 10 min。

下面来看铬酸盐转化膜的工艺。处理液成分和操作条件见表 4-11。

表 4-11　铬酸盐转化膜处理液成分和操作条件示例[62]

编号	溶液组成(质量分数)/%		pH 值	温度/℃	浸渍时间/min
1	重铬酸钠 $Na_2Cr_2O_7 \cdot 7H_2O$ 硝酸(1.42)HNO_3	15 22		室温	1/4~3
2	重铬酸钾 $K_2Cr_2O_7$ 铬钾矾 $Cr_2(SO_4)_3K_2SO_4 \cdot 24H_2O$ 氢氧化钠 $NaOH$	1.5 1.0 0.5		100	30 以上
3	硫酸铵 $(NH_4)_2SO_4$ 重铬酸铵 $(NH_4)_2Cr_2O_7$ 重铬酸钾 $K_2Cr_2O_7$ 氨水(0.880)$NH_3 \cdot H_2O$	3.0 1.5 1.5 0.5			

编号	溶液组成(质量分数)/%		pH值	温度/℃	浸渍时间/min
4	铬酐 CrO_3	1.0		90	1/2
	浸渍后水洗再浸入下列溶液:				
	二氧化硒 SeO_2	10		室温	1
5	重铬酸钠 $Na_2Cr_2O_7 \cdot 2H_2O$	20		18~22	1/2~2
	硝酸(1.42)HNO_3	22			
6	氢氟酸 HF	18			
	或氟化钠 NaF	5			5
	浸渍后水洗再浸入下列溶液:			20~30	15
	重铬酸钠 $Na_2Cr_2O_7 \cdot 2H_2O$	20	4.2~5.6		45
7	氢氟酸 HF(40%)	18		20~30	5
	浸渍后水洗再浸入下列溶液:				
	重铬酸钠 $Na_2Cr_2O_7 \cdot 2H_2O$	30			
	硫酸铵 $(NH_4)_2SO_4$	3.0	5.6~6.0	100	45
	氨水(0.880)$NH_3 \cdot H_2O$	0.25			
	浸渍后水洗再浸入下列溶液:				
	氧化砷 As_2O_3	1		100	1
	冷水洗,热水洗				
8	氢氟酸 HF	20		18~30	5 s
	浸渍后水洗再浸入下列溶液:				
	重铬酸钠 $Na_2Cr_2O_7 \cdot 2H_2O$	12~18		100	30
	氟化镁 MgF_2	0.25			
	或氟化钙 CaF_2				
	注:铸造和锻造镁合金从溶液中取出后,在水洗前,要在空气中停留 5 s。				
9	重铬酸钾 $K_2Cr_2O_7$	1.5			
	硫酸铝钾 $KAl(SO_4)_2$	10	3~4.2	20~40	30 以上
	高锰酸钾 $KMnO_4$	5			
10	依次浸入下述三种溶液:				
	重铬酸钠 $Na_2Cr_2O_7 \cdot 2H_2O$	10		50~60	30
	硫酸锰 $MnSO_4$	5	4~6	70~80	15
	硫酸镁 $MgSO_4$	8		100	3~10
11	重铬酸钠 $Na_2Cr_2O_7 \cdot 2H_2O$	15			
	硝酸(1.42)HNO_3	12~15		18~30	1/2~2
	氟化钾(或钠、铵)$KF(NaF、NH_4F)$	0.2			

编号	溶液组成(质量分数)/%		pH值	温度/℃	浸渍时间/min
12	重铬酸钠 $Na_2Cr_2O_7 \cdot 2H_2O$ 氟化钙(或镁)CaF_2(或 MgF_2)	12~15 0.05	4.1	100	30
13	重铬酸钠 $Na_2Cr_2O_7 \cdot 2H_2O$ 硝酸(1.42)HNO_3	15 7.5		18~60	20~60
14	重铬酸钾 $Na_2Cr_2O_7 \cdot 2H_2O$ 硝酸(1.42)HNO_3	20 15		18~60	1/2~2
15	铬酐 CrO_3 重铬酸钾 KCr_2O_7 硫酸(1.84)H_2SO_4	28 5 10		18~60	1/2~3
16	铬酐 CrO_3 硝酸 HNO_3 氢氟酸 HF 浸后水洗,再浸入下述溶液: 重铬酸钠 $Na_2Cr_2O_7 \cdot 2H_2O$	28 3 0.8 15		18	2~5 s
17	重铬酸钠 $Na_2Cr_2O_7 \cdot 2H_2O$ 硝酸(1.42)HNO_3 硫酸(1.84)H_2SO_4	5~6 1~2 0.42	0.1~0.7	18	2~5 s
18	重铬酸钠 $Na_2Cr_2O_7 \cdot 2H_2O$ 或铬酐 CrO_3 硝酸调 pH 值为 硫酸铝 $Al_2(SO_4)_3$	3 0.7 0.4	1.6~2.8	18	15~30
19	重铬酸钠 $Na_2Cr_2O_7 \cdot 2H_2O$ 硫酸镁 $MgSO_4$	3 0.4	5.2~5.8	18	30

关于铬酸盐转化膜的几点说明如下:

(1) 铬酸盐钝化处理,对镁来说是一种最常用的防腐方法。其结果取决于镁的合金组成,基体的表面状态以及处理溶液的成分和操作条件等。

(2) 镁制件在钝化前必须进行表面调整和净化。由于镁在碱液中不会溶解,故可用碱性除油液去除油污。酸洗时,最好直接浸入铬酸溶液[62],因为这样只溶解掉表面的氧化物,不影响镁金属本身。镁的压铸件,最常用的酸洗液是由醋酸、氢氟酸和铬酐组成;而轧制件一般在10%硝酸液里酸洗。

镁制件在铬酸盐钝化前,常用下列两种酸洗液:

1) 铬酐 250 g/L,硝酸(1.42)20 mL/L

氢氟酸 5 mL/L

室温,浸 5～10 s

2) 铬酐 200 g/L,硝酸 2 mL/L,硝酸钾 2 g/L

氟化钾 2 g/L

室温,浸 10 s 以内

零件酸洗时,最好翻动。

在酸洗液 2)里酸洗时,零件同时被抛光,为了提高抛光效果,可在下述溶液里再浸 1～2 s:

磷酸 150 g/L,氟化钾 20 g/L

(3) 在表4-11 中,1 号液里的硝酸起酸洗作用。2 号和 3 号液里的碱,起净化作用。

(4) 4 号处理液,特别适合镁－铝－锌组成的合金。对于镁制零件中附有铝材部分时,钝化液中不可有氢氟酸和氢氧化钠。

(5) 镁制件在 5 号液中浸后,取出在槽液上方停留几秒钟,再用冷水和热水洗净并干燥,钝化膜非常均匀,呈灰色并带有乳光。5 号液操作快速,但只能用于公差要求不严的零件,因镁在操作液中有 2.5～5 μm厚的表层会溶掉。

(6) 6 号溶液产生的膜层特别耐海水腐蚀;7 号溶液产生的膜层硬度高、耐磨性好;以上两种膜层的颜色在深棕色和黑色之间。

(7) 1～5 号处理液,能在铸件和板材上使用,形成的钝化膜薄、带乳光,颜色由暗灰经淡黄红色变到银白色。

(8) 可用浸泡或刷涂方法来进行钝化处理,用新鲜的处理液处理 1 min,再用流动的冷水清洗。

(9) 对于镁－锰合金可用以下溶液钝化:

硫酸铵 30 g/L

重铬酸盐 15 g/L

重铬酸铵 15 g/L

氨水调 pH 值至 11

煮沸时,浸泡 30 min

取出后,用热水清洗。

　　铬酸盐转化膜是目前镁合金最常用的表面处理工艺,广泛地用于涂装底层或保护镁合金。其机理[59,60,63]是由于金属表面的原子溶于溶液中,对应的水和氧分解形成氢氧根离子,使得液体－金属界面 pH 值上升,从而有一层铬酸盐与金属胶状物的混合物在金属表面形成,其中可能含有六价铬和三价铬的化合物[60,63,64]。纯的铬酸盐溶液不能用于生成转化膜,因为其沉积速率太慢[59]。溶液中需加入其他的阴离子作为沉积催化剂[61],包括醋酸盐、蚁酸盐、硫酸盐、氯化物、氟化物、硝酸盐、磷酸盐和氨基磺酸盐等。溶液的 pH 值是控制铬酸盐薄膜形成的最重要的因素。沉积态的凝胶很软,但干燥后变硬变成了疏水物,很少溶解,并且耐磨损。这个涂层在环境介质中作为一种非反应性的屏障,加上能够自愈合以及铬(VI)的抑制作用而对基体提供了腐蚀保护。一般涂层提供保护的程度和涂层的厚度成正比[64]。为了保持涂层的性能,应避免高温(>66℃),否则会使涂层的厚度减小,并降低涂层的自愈合能力[60,63,64]。涂层的自愈合能力与其含水的特性有关。另外,高温下薄膜的稳定性可以通过封装或者在转化膜上喷漆得以改善。

　　文献[65]给出了镁合金上的铬转化膜的结构组成:致密的 Mg(II)和 Cr(III)的氢氧化物层覆盖在具有多孔的 $Cr(OH)_3$ 的镁合金的表面,这层 $Cr(OH)_3$ 来自于致密的 $Mg(OH)_2$ 有选择性的溶解。提高致密层的厚度,可以增强镁合金在氯化物溶液中的耐腐蚀性[65]。文献[66]表明涂层的形成速率是由六价铬离子通过沉积层的扩散速率所控制的。减少 $Cr(OH)_3$ 的孔隙度可以提高涂层的保护性能,通过涂层中析出的不溶于碱的析出相来填充孔隙。该研究同时发现该转化膜在纯镁上的沉积速率可以通过在镀液中引入铜离子得以提高,这些金属离子对镁来说是惰性的,但是会在铬的沉积层上析出,并充当了提高沉积速率的阴极。

　　在盐雾实验中,铬转化膜的存在明显地降低了 AZ31C、AZ63A 和 AZ91C 等镁合金的腐蚀[59]。但是,这个涂层较薄,一般不适合于作为户外使用的最终表面。

　　文献[67]报道了用已工业化的工艺 MX1、MX3 和 MX7 对 AZ91D 镁合金进行铬转化膜处理后的组织进行的研究结果。MX1 工艺得到的是铬化镁薄膜,而 MX7 工艺在表面得到的是磷化镁薄膜。MX3 工艺得到的是非晶态的铬的氧化物薄膜,它包含一些镁和铝的氧化物和氟化物。腐蚀试验表明,含有大量的氧和铬的转化膜,例如 MX3 工艺,得到的薄膜保护性能最好。文献[68]研究了通过 DW7 的转化膜工艺对模铸 AZ91D 镁合金和纯镁合金进行处理的表面薄膜的结构。在 AZ91D 镁合金上,薄膜的结构是粒状的,而在纯镁上则观察到的是孔状的蜂窝结构,它和衬底在界面上通过一个薄的障碍层分开。这种组织与通过阳极氧化得到的薄膜结构是一样的。两种情况下得到的薄膜都是由 MgF_2、$MgO_x(OH)_y$、$NaMgF_3$、Cr_2O_3 和 NH_4^+ 所组成。在 AZ91D 镁合金表面形成的薄膜中还发现了另外的一些化合物如 $AlO_x(OH)_y$、$FeO_x(OH)_y$ 和 $Mn(Ⅳ)$ 等。

文献[63]为 Mg-Li 合金开发了一个转化膜涂层工艺。涂层厚度大约 $8\sim11\ \mu m$,即使在潮湿和热循环试验中也显示了优异的粘合性能。这种涂层的光学和漆基性能也不受潮湿环境和热循环试验的影响。

在文献[69～72]中,对铬转化膜的形成等进行了较为充分的讨论。可以看出,这些都是在不同的镀液中以上面所讨论的技术为基础的。一个新颖的变化是,在包含有一种可溶性的硅酸盐的铬镀液中沉积铬硅,得到多孔涂层,这为进一步的加工(如喷漆等)的进行提供了便利,但是初始的转化涂层的耐蚀性较差。

研究表明这些涂层在温和的服役条件下为镁及其合金提供了较好的腐蚀保护。但是,由于使用铬化物带来了非常明显的环境污染,人们仍在努力去寻找一种可替代的涂层制备工艺。

4.5.2.2 镁的无铬化学转化处理

A 概述

通过化学转化处理,可以在镁及其合金的基体表面形成由氧化物或金属盐构成的钝化膜。这种膜层与基体结合良好,能阻止腐蚀介质对基体的侵蚀。

传统的化学转化处理是以铬酸盐为主要成分的处理方法。这种方法,由于可形成铬－基体金属的混合氧化物膜层,膜层中铬主要以三价铬和六价铬形式存在,三价铬作为骨架,而六价铬则有修复功能,因而这种转化膜耐蚀性很好[73]。

目前常用的铬酸盐化学转化处理方法中,主要以美国道屋(DOW)化学公司开发的一系列铬酸盐钝化处理液为主。其中著名的 DOW7 工艺采用铬酸钠和氟化镁,在镁合金表面生成铬盐及金属胶状物[74],这层膜起屏障作用,减缓了腐蚀,并且具有自修复能力。铬酸盐处理工艺成熟,性能稳定,但处理液中所含的六价铬毒性高、且易致癌,随着人们环保意识的增强,六价铬的使用正受到严格的限制,因此急需开发低毒、无铬的化学转化处理工艺。

日本学者在高锰酸钾体系中的无铬转化膜方面作了很多工作。梅原博行等人采用高锰酸钾,在氢氟酸存在的条件下,在 AZ91D 镁合金表面生成保护性转化膜。经测定,膜中主要成分为锰的氧化物和镁的氟化物,并且膜具有非晶态结构[74]。

加入稀土元素可以形成保护膜。Rudd 等人研究了铈(Ce)、镧(La)和镨(Pr)的硝酸盐在 WE43 镁合金上的成膜特性,发现转化膜在 pH 值为 8.5 的侵蚀性溶液中浸泡 60 min 后,膜的保护性能变差[74]。

周婉秋等人研究发现,AZ31D 镁合金在锰盐和磷酸盐组成的体系中,在对镁有缓蚀作用的添加剂存在的条件下,可以形成保护性好、硬度和厚度均超过铬酸盐膜的转化膜。该转化膜在 5% 氯化钠溶液中侵蚀后,具有自愈合能力[75]。

目前,镁合金的无铬化学转化处理工艺,主要有以下几类:

B　磷酸盐处理(磷化)

a　典型工艺

典型的工艺为[73]:磷酸锌 15 g/L、硝酸锌 22 g/L、氟硼酸锌 15 g/L。

温度 75~85℃;时间 0.5 min。

镁合金的组成对磷酸盐膜的组成、颜色、晶粒粗细以及与基体的结合力等都有明显的影响。

一般来说,镁合金磷酸盐处理的最大缺点是溶液的消耗十分快,每升溶液处理 0.8 m^2 的表面后就需要校正其组成和酸度。通常,磷酸盐膜的耐蚀性不及铬酸盐膜。

b　磷酸盐－高锰酸盐转化处理

磷酸盐－高锰酸盐处理是作为传统的铬转化膜涂层的一种可替代

的工艺而开发的[76~79]。这种处理工艺不污染环境,并且其耐腐蚀性能与铬转化膜相当。对 AZ91D 和 WE43A 镁合金使用高锰酸钾和磷酸钠进行处理,结果可以得到均匀的非粉末状的涂层。转化液的磷酸盐浓度和 pH 值对最终薄膜的质量有较大的影响。在 AZ91 合金中,磷酸盐 – 高锰酸盐处理的薄膜中观察到了丝状腐蚀形貌,减少了点蚀。对 WE43 合金,磷酸盐 – 高锰酸盐处理的薄膜的腐蚀行为与铬转化膜和磷酸盐 – 高锰酸盐处理的薄膜是一致的。

文献[77]报道了压铸镁合金 AM60B 的磷酸盐 – 高锰酸盐处理的转化膜的使用情况。预处理之后,试样用磷酸盐和高锰酸盐工艺及阴极环氧树脂电涂层进行了处理(cathodic epoxy electrocoated)。结果表明,处理后的薄膜有较好的漆基粘合性能,pH 值是控制转化膜质量的最重要的因素。文献[78]的研究表明对镁合金进行同样的处理,若对试样进行合适的预处理,例如充分的清洗和酸洗,磷酸盐和高锰酸盐工艺后可得到漆基性能很好的薄膜。一般认为高锰酸盐为涂层提供锰,充当加速剂;并且金属锰在镁合金表面没有沉积。获得的薄膜是由晶态的磷酸盐化合物团聚体组成,具有好的耐蚀性和漆基性能。在文献[79]中,作者研究了采用这个工艺对 AZ91D 镁合金进行处理后,发现磷酸盐和高锰酸盐处理可以在一个较宽的参数条件下进行,不论预处理是研磨或者是磷酸浸蚀,都不会影响所产生的涂层的耐蚀性能。经过碱性清洗的试样,有非常高的耐蚀性能,这可能是由于镁合金表面的非均匀脱氧造成的。并且发现用磷酸浸蚀进行预处理,然后用磷酸和高锰酸盐工艺处理的试样具有优良的耐腐蚀性能和漆基性能。文献[67]研究了在镁合金 AZ91D 表面形成锰系转化膜的可能性。清洗和表面活化之后,试样被浸入含有高锰酸钾和或者硝酸或者氢氟酸的溶液中。在含氢氟酸的溶液中形成薄膜很薄,并且是非晶态的,它包含氟化镁、氧化镁和氢氧化镁;在含硝酸的镀液中形成的薄膜大多数都比较厚,得到的是晶态的氧化锰。这些涂层的耐腐蚀性能与标准的铬转化膜的耐蚀性能是相当的。

另外还有许多关于含磷的转化膜的专利,其中一个涉及到用含有二铵盐基氢磷酸盐[80]的镀液来处理镁基试样,研究认为这可能会导致在没有任何预处理的情况下,在镁合金的表面形成镁的磷酸盐、氢氧化镁和镁氢磷酸盐,这个薄膜对后续的粉末涂层具有好的粘合性能。另一个专利[81],推荐镁在粉末涂覆前用含有钠离子、磷酸盐离子和硼酸盐离子的溶液进行预处理。在内燃机活塞实验中[82],发现镁的磷酸盐转化膜对镁合金的内表面有保护作用。通过在铁的磷酸盐溶液中浸渍,镁的表面会形成一个薄的磷酸镁保护层,这个薄层作为在发动机中润滑剂和燃烧产物的一个黏合剂,继而在活塞表面形成了一个保护涂层。研究发现由磷酸锌组成的转化膜与传统的阳极氧化和铬转化膜相比有相当好的粘合性和耐腐蚀性能[83,84]。这些薄膜是在含有锌离子、锰离子、磷酸根离子和氢氟酸的溶液中形成的。文献[85]中,作者开发了一种由磷酸锰和氟化镁组成的具有好的漆基性能和耐腐蚀性能的涂层,它们是在含有磷酸盐离子和氟化物离子的溶液中,在中性条件下形成的。文献[86,87]描述了由 P-Mn、Mn-N 和其他含氮种类所组成的涂层,这些涂层是经过含有磷酸、二价锰离子和胺的化合物组成的弱酸性镀液中形成的,这个胺的化合物阻止在酸性介质中衬底的过度腐蚀[86],所得薄膜具有较好的耐腐蚀性,并具有强的漆基粘合力[87]。

　　C　氟锆化物转化膜

　　氟锆化处理也是一种对镁及其合金材料进行预处理的较好的工艺。Ⅳ-Ⅴ族元素(例如钛、铪和锆)像铬一样[88]以同样的方式在水溶性溶液中形成连续的三维聚合体金属或者非金属氧化物基体,这使得它们作为一种对环境友好的可替代涂层受到重视。这些涂层可以通过形成电池或者充当环境的物理势垒而对基体材料提供保护。还有一种已被采用的耐腐蚀涂层,是将金属衬底浸入含有锆离子的水溶性的酸性溶液中,然后通过有机或者无机氧－阴离子化合物来稳定,干燥后,可在表面形成一个连续的聚合物锆氧化物层。另一个相关专利[89],可获得ⅣA族元素和ⅢA族元素的混合物组成的转化膜涂层。研究表明这些涂层可得到比单一的锆氧化物体系更高的耐蚀性能,这主要是由于在涂层中存在一个起氧化还原作用的组元,起到了类似铬转化膜中的氧化还原模型的作用,这个专利优先推荐的是铈和锆的复合体。

　　氟锆化处理的一个主要问题是污染[90]。最近的研究表明,AZ91D 和 AM50A 镁合金用氟锆化物处理后,用一种环氧树脂多元脂粉末进行涂覆。和铬转化膜处理相比具有相似的漆基粘合性能。试样在温和的腐蚀环境中显示了合理的耐蚀性能,但对冲击的抵抗性较差,这限制了它在更恶劣的服役环境下使用。

文献[90]研究了对镁合金 AZ91DHP 的氟锆化物处理过程。表明涂层主要包含 Zr-Mg-Al 的氧化物和氢氧化物,涂层是由两层组成的:第一层是连续的金属层,多孔且是非晶态的;第二层是由晶体微粒组成,主要是氧化镁和氢氧化镁。这种涂层耐腐蚀性能好,干燥温度高达200℃,涂层的质量仍不受影响。

研究表明[91],氟锆化物处理后不宜用于恶劣的腐蚀环境中。为此考虑采用氟钛化物处理来代替氟锆化处理。进一步考察认为,单独的氟钛化物处理对恶劣环境下使用的工件耐腐蚀性能不是很好,但是,氟钛化物处理加粉末喷涂对恶劣环境中使用的工件有很好的保护效果。

D 锡酸盐处理

文献[92]提出了在 AZ91B+0.5%Si 镁合金上制备锡酸盐和锆酸盐的转化膜工艺。试样被浸蚀和活化之后,然后在锡溶液或者锆酸盐溶液中浸泡。涂层具有一定的耐腐蚀性,但是在两种情况下,形成的涂层都很薄,这些涂层的耐腐蚀性能的机理没有给出,仍需要进一步的研究。

文献[93]对 ZC71 镁合金和 ZC71+12%SiC 颗粒镁基复合材料的锡酸盐处理工艺进行了研究。机械抛光和浸蚀之后,试样被浸入锡酸盐溶液中保持不同的时间,发现在两种金属上形成了 $2\sim3\,\mu m$ 厚的、连续的和粘合性好的、晶态的 $MgSO_4$ 涂层。涂层的形核和长大在 20 min 内完成。观察发现在表面上阴极位置处开始形核,直到晶粒长大到 $2\sim5\,\mu m$ 才开始合并。由于这个薄膜的形成提高了镁合金表面的腐蚀电势,说明涂层对表面有一个钝化效应。在文献[94]中,作者在 ZC71、WE43 和 ZC71+12%SiC(体积分数)颗粒增强镁基复合材料上实施该工艺,发现在上述三个合金上都形成了晶态的 $MgSO_4$,并且机理与上述讨论的相同。

E 其他处理工艺

一种在 AZ91D 镁合金上的转化膜涂层,制备过程中使用的溶液中含有食品添加剂和一种有机酸,发现这种薄膜可以钝化金属表面[95]。除油之后,镁合金浸入含苯甲酸钠、葡萄糖酸钠和有机酸的溶液中。形成的薄膜是彩虹色的,具有网状裂纹,比铬转化膜的耐蚀性能稍好。转化膜的形貌为喷漆提供了好的基底,这能够更进一步改善所处理镁合金部件的耐蚀性能。

文献[96]报道了先在含氢氧根的醋酸溶液中浸蚀,然后用有机甲硅烷化合物处理来形成转化膜。这个涂层对 AZ91D 合金在盐雾实验中保持了较好的耐蚀性能和漆基粘合性能。

文献[97]研究了铈、镧和镨在镁合金 WE43 上形成的化学转化膜的腐蚀保护性能。试样被抛光、在水和甲醇中清洗、干燥后,浸入 $Ce(NO_3)_3$、$La(NO_3)_3$ 和 $Pr(NO_3)_3$ 溶液中。之后在金属表面形成具有粘合力,但容易被剥去的涂层。分析认为这种涂层提高了镁及其合金的耐蚀性能,但是,这种涂层在测试缓冲溶液中,延长浸入时间性能恶化,以至于其保护性能的寿命会缩短。

文献[98]提出了在不同的金属上获得铈基涂层的工艺。最佳的涂层是在 pH 值为 2.5 的氯化铈和过氧化氢的溶液中形成的,且在铝上形成最佳的耐腐蚀性涂层是高的铈浓度和 3% 的过氧化氢。添加有机光亮剂能够进一步降低腐蚀速率,从裸铝的 $7~\mu g/(m^2 \cdot s)$ 降低到 $1.5~\mu g/(m^2 \cdot s)$。研究者认为这个涂层技术也同样适合于镁合金的防护处理。

文献[99]提出了一种钴的转化膜工艺。但是,在这个方面的报道不是很多。所有的研究都是在铝基体上进行的。这个涂层是由 Al_2O_3、CoO、Co_3O_4 和 Co_2O_3 组成的,形成 $Co(\mathrm{III})$ 的六配位化合物 $X_3[Co(NO_2)_6]$,这里 X 为 Na、K 或 Li。未封装的涂层具有多孔结构,提供了较好的漆基粘合性能。为了获得更好的耐蚀性能,必须将这一涂层封装。封装将在后面详细讨论。

转化膜涂层的研究已有一段时间了,但是值得注意的是许多关于镁基体上的转化膜涂层在本质上都拥有专利权,这样还必须去做许多工作以便更好地了解镁基衬底和涂层材料之间的界面反应。

4.5.3　氢化物涂层

作为一种方法替代铬基转化膜,人们开发了在镁及其合金上通过电化学手段得到镁的氢化物涂层的工艺[100,101]。这种工艺实施时,镁合金作为阴极先要在碱性溶液中处理,碱性溶液是通过添加碱金属氢氧化物、氨基盐或者类似的碱性材料来制备,也可以添加辅助的电解质以降低溶液的电阻。但是,研究者提醒在处理时要注意氯化物的使用,因为氯离子可能会对工件产生腐蚀作用。在阴极处理之前,试样要机械抛光,用丙酮除油,酸浸蚀。最佳的处理条件和一些特定的处理过程分别示于表4-12和表4-13。这样产生的氢化物涂层与重铬酸盐的处理相比较,使AZ91D镁合金的腐蚀速率降低了1/3。

表4-12 氢化物形成的最佳工艺条件

pH	10~14
温度/℃	40~80
阴极电流密度/mA·cm^{-2}	20~100
阴极电流频率/Hz	0.1~3

表4-13 氢化物涂层形成的处理过程

阶 段	操 作	条 件
1	机械抛光	600号金刚砂纸
2	溶剂除油	丙酮
3	酸浸蚀 10%HF 或者 10%HNO$_3$	30 s,室温 10 s,室温
4	阴极处理 NaOH Na$_2$SO$_4$	20~60℃,断续的阴极电流(50 mA/cm², 0.1~0.5 Hz, 30 min, pH12) 0.01 mol/L 0.1~0.2 mol/L

4.5.4 阳极氧化处理

阳极氧化处理是一个电解过程,目的是在金属或者合金表面上产生一个厚的、稳定的氧化物薄膜。这些薄膜可以用于改善喷漆与基体金属的粘合性,作为染色的关键步骤,或者是作为一种钝化处理。工艺过程包括:(1)机械预处理;(2)除油、清洗和酸浸;(3)发亮处理或者抛光;(4)使用直流电或者交流电阳极化处理;(5)着色或者后处理;(6)封装。这种氧化物薄膜在金属－涂层界面形成一个薄的阻隔层和一个网状层。每一个单元都包含有空隙,其尺寸依电解质的类型及浓度、温度、电流密度和使用的电压而变化的。所有单元的尺寸和密度决定了阳极化薄膜的封装质量和范围。阳极氧化薄膜的颜色可以在阳极化后通过吸收有机染色剂或者无机的颜料进入薄膜,然后通过无机金属氧化物和氢氧化物电解沉积于薄膜的孔隙中,或者通过整体着色阳极氧化的工艺来处理。整体是通过给阳极化电解质中添加有机组元,在工艺过程中使之分解,形成微粒,从而在长大过程中沉积于薄膜当中[60,102]。着色也可以通过一种叫作干涉着色(interference coloring)的工艺来控制。这种工艺通过控制孔隙结构,利用从孔的顶部和底部反射的光的干涉效应来产生颜色,但这个工艺在生产上控制是非常困难的。

为了获得一个耐磨和耐腐蚀的薄膜,阳极氧化薄膜的封装是必要的。多孔的氧化物薄膜要通过孔隙内部氢化物基金属的析出来密封,可以通过在热水中煮沸、蒸汽处理、二铬化物处理封装或者瓷漆封装来完成[60,102]。这些薄膜如果作为唯一的表面处理是不合适的,但是它们提供了腐蚀保护体系和优良的漆基性能。

阳极氧化薄膜的硬度和耐磨性可以通过在较低的电解温度和较高的电流密度下得以改善,这个工艺被称为硬阳极化,可以通过结合固体薄膜润滑剂(例如 PTFE(聚四氟乙烯)或者二硫化钼[102])来进一步改善硬阳极化涂层的性能。

在镁合金上得到粘合性好的、耐腐蚀的阳极化薄膜的主要问题之一是合金中的相分解而产生的电化学不均匀性,以及来自机械预处理所引起的缺陷、孔隙度和夹杂都会导致沉积层的不均匀。更为困难的是在形状复杂,特别是有深的凹槽、狭窄的空洞和尖锐拐角的工件上得到完全均匀的薄膜。如果涂层有缺陷,可能会加速腐蚀[103]。这个技术的另一个缺点是在处理的过程中,表面的局部加热可能会影响基体金属的疲劳强度,特别是在薄膜较厚的部位[104]。还有一个缺点是产生的涂层是一种脆性的陶瓷材料,它的力学性能较差。

下面,对一些特殊的阳极化处理工艺进行一下总结。

4.5.4.1　改进的酸性氟化物阳极氧化处理

镁合金 ZM21 的阳极化处理是在一个含有铵基二氟化物、二铬酸钠和磷酸的阳极氧化溶液中进行的[103]。涂层是通过镁合金表面和六价铬的化学反应而形成的。其中镁被六价铬氧化,接着分解为三价铬,反应式如下:

$$Cr_2O_7^{2-} + 14H^+ + 6e \rightarrow 2Cr^{3+} + 7H_2O$$

$$Mg \rightarrow Mg^{2+} + 2e$$

同时要求有交流电以确保在金属 – 电解质界面的反应物浓度的补给。所产生的涂层是由三价铬和六价铬组成,也包含铬化镁、磷酸镁、氢氧化镁和二氟化镁。

通过这种工艺产生的阳极氧化薄膜在高湿度、高温度、热循环测试和真空热测试的条件下,具有高的稳定性、高的吸收太阳能的能力、高的红外发射性能和好的光学性能,因而其应用主要在一些空间领域使用的器件上。

4.5.4.2　Dow17 工艺[14]

由 Dow 化工发明的 17 号化学处理工艺,可以用于所有的镁及其合金。这个工艺中所使用的阳极氧化溶液具有强碱性,包含碱金属氢氧化物和氟化物或者铁酸盐或两者的混合物[105]。这个工艺可以产生两相、两层的涂层。第一层以低电压来沉积,产生一个薄的大约 5 μm、亮绿色的涂层。第二层以较高的电压形成,它是暗绿色的、较厚,约为 30.4 μm,具有好的耐磨性能、漆基性能和耐腐蚀性能。与化学转化膜相比,具有优良的耐腐蚀性能[67]。

对使用 Dow17 工艺在镁和镁合金上所制备的阳极氧化膜的成分、组织和长大的机理进行研究[106]。结果发现,第一层的结构是圆柱形的孔隙结构。在纯镁上,薄膜继续长大主要是通过在金属 – 薄膜的界面上氧化镁和氢氧化镁混合物及氟化镁的形成和在空隙中基体的薄膜的溶解。在第二层,氟化镁和 $NaMgF_3$ 晶化会持续进行。在 AZ91D 镁合金上面形成的薄膜是不均匀的,可能是由于金属间 Mg-Al 化合物在晶粒边界和表面的孔隙处出现的原因。但是,涂层的长大机理是相似的,在这些薄膜中也发现了 MgF_2 和 $NaMgF_3$ 晶态微粒组成的多孔的网状结构。

4.5.4.3　阳极氧化镁处理工艺(Anomag Process)

阳极氧化镁处理工艺是一个由 MTL 公司(Magnesium Technology Licensing Ltd.)发明的具有专利权的工艺。这个工艺的阳极氧化溶液是由水溶性的氨水和氨基磷酸氢钠组成的[107]。产生的涂层是由 $MgO-Mg(OH)_2$ 组成的混合体系,还可能添加一些化合物,例如 $Mg_3(PO_4)_2$ 等,这主要根据处理液中的添加剂的种类来选择。由于在这个体系中加入了氨水,所以要抑制火花的形成,这样可以不必配备冷却设备。所产生的涂层是半透明的,具有珠宝的色泽。涂层的性质与是否添加某些添加剂(如氟化物和铝化物)和添加的浓度有关。许多研究者对这些涂层的性能进行了讨论。

Guerci[91]研究发现使用这个工艺所产生薄膜的性能和厚度依赖于处理液的成分、温度、电流密度和处理时间。所产生的涂层与其他的阳极氧化膜结构类似,均为网状结构。作者采用这种工艺对压铸镁合金进行处理,然后进行粉末喷涂,发现试样有好的漆基结合性能和优良的耐腐蚀性能。他们建议更进一步的工作是降低成本、化学物质的选择和薄膜厚度的优化等。在 AZ91D 镁合金上采用这种工艺的另一个研究实例[108]表明,形成的氧化膜孔的尺寸为 $6~\mu m$,孔隙度为 13%。若后续工艺采用封装和喷漆处理,孔隙尺寸和孔隙度分别可降至 $3~\mu m$ 和 4%,腐蚀速率明显降低。薄膜的化学成分主要是由 $Mg_3(PO_4)_2$ 组成的。对镁用阳极化处理的最好工艺是先处理然后再喷漆和封孔,经过这种处理后的薄膜的耐腐蚀性能与裸金属相比,腐蚀速率一般都下降了 97%。三段处理还降低了电池腐蚀速率。但是,若只有阳极氧化或是阳极化后喷漆而不封孔却不会降低电池腐蚀速率。

用阳极氧化镁工艺处理后的 AZ91D 镁合金的疲劳强度与处理前相比没有多大变化[109]。同时也研究了该合金的腐蚀疲劳性能,结果表明在较低的应力水平下,涂层似乎提高了抗腐蚀疲劳的能力,而在高的应力作用下与没有涂层的试样相比,应力腐蚀疲劳没有变化。一个非常有趣的现象是经过封孔的阳极氧化薄膜在这样的实验中性能非常差,研究者认为可能是由于在基体金属中存在热愈合效应造成的。

4.5.4.4　镁的氧化物涂层工艺[110,111](Magoxid-coat Process)

这个专利工艺是由 GmbH Ltd. 发明的一种阳极等离子体 – 化学

表面处理工艺。工件作为阴极,浸入弱碱性的电解质中,由于内部电源的存在,使得工件表面附近形成等离子体,从而在镁合金材料的表面形成了氧化物陶瓷层。所产生的氧等离子体引起不完全的短程表面熔化,最终形成了一个氧化物陶瓷层。这个工艺的阳极溶液没有氯离子,且可以包含无机物,例如磷酸盐、硼酸盐、硅酸盐、铝酸盐或氟化物等[112],也可以包含柠檬酸盐、草酸盐和醋酸盐等有机酸。溶液中必须提供阳离子源,或者可以从碱性离子、碱土金属离子或者铝离子中选择,并选择加入一些稳定剂例如尿素、环乙烷二胺、甘醇、丙三醇等。这个涂层由三层组成,在金属表面是 100 nm 厚的阻隔层,其次是一个低孔隙度的氧化物陶瓷层,最表面一层是具有高孔隙度的陶瓷层。表面层具有较好的粘合性能,易进行喷漆和注入处理。通过对表面采用氟化物聚合物微粒进行注入处理,涂层承受载荷的能力明显提高,同时保持了良好的粘合性能和耐腐蚀性能[113]。涂层主要是由 $MgAl_2O_3$ 组成的。这个工艺的最大优点是即使在工件的边缘和空洞的部位也能够产生均匀的涂层,所以形成的涂层有较好的耐磨损和耐腐蚀性能。

4.5.4.5 HAE 工艺[14]

这种处理工艺对各种镁合金都会产生有效的防护。但要避免工件与其他的金属相连或接触,否则会使耐蚀性能降低。这种工艺与 Dow17 工艺类似,可以得到两相的涂层,在低电压条件下得到 5 μm 厚的亮黄褐色的涂层;在高电压条件下,获得黑褐色的较厚的(30 μm)涂层。通过 HAE 工艺和封孔处理,可以在合金表面得到优良的耐腐蚀性能的薄膜。黑褐色的涂层硬度较高,具有好的耐磨粒磨损性能,但是反过来它会影响镁合金的疲劳强度,特别是这个薄膜比较薄的情况下影响更大。用这个工艺处理后的 AZ91D 镁合金的耐腐蚀性能通过 3 年的空气暴露测试,与转化膜相比具有优良的耐腐蚀性能[67]。

4.5.4.6 电流阳极氧化处理[14](Galvanic Anodizing)

采用这种技术能够在各类镁合金表面得到一个黑色的防护涂层,并且具有良好的漆基性能。这个工艺不需要外接电流,产生的薄膜很薄,对工件的尺寸变化影响较小。

4.5.4.7 Cr22 处理[14]

这是一个高电压的工艺,应用范围不是很广。主要通过改变溶液的成分、温度和电流密度得到绿色的或黑色的涂层。这些涂层经过封孔处理,对未喷漆的零件可提供好的耐腐蚀性能,但是主要还是作为喷漆的漆基使用。溶液的主要成分包括铬酸盐、钒酸盐、磷酸盐和氟化物等[114]。

4.5.4.8　Tagnite 表面处理

这种表面处理工艺是由 Technology Application Group 开发的。是一种无铬的、阳极电沉积表面处理工艺[115]。实施表面处理前需进行预处理,形成一个结合牢固的保护层,可与阳极沉积层相匹配[116]。这个预处理的主要步骤是:浸入氟化铵的溶液中[116]或者在包含氢氧化物和氟的化合物的水溶液中进行电解处理[117]。阳极氧化溶液由含有氢氧化物、氟化物和硅化物的水溶液组成。处理后在表面生成了类似陶瓷的 SiO_2 涂层。采用这种工艺已成功地对内通道和齿轮箱的盲孔进行了涂覆[115],并且发现即使表面处理前经过机加工,其耐磨粒磨损性能、耐磨损性能、漆基粘合性能和耐腐蚀性能都比 Dow 工艺和 HAE 工艺有了较大改进[115~118]。若对涂层进行表面封装,会更进一步改善耐腐蚀性能[115]。

4.5.4.9　混合工艺(Miscellaneous Processes)

许多专利还涉及到用不同的化学成分的溶液来进行阳极氧化处理。溶液为含硼酸盐和硫酸盐阴离子和磷酸盐、氟化物、氯化物或者铝化物阳离子的碱性水溶液来制备[119]。阳极氧化过程中,先要施加直流电,然后关掉,否则极性不会完全颠倒,从而形成磷酸镁和氟化镁、氯化镁或者铝化镁等[119],还可以通过添加胺化合物形式的缓冲剂改进处理过程[120]。研究结果表明这种涂层不带有本征颜色,并可以非常容易地上色,具有良好的漆基性能和耐腐蚀性能。

文献[121]报道了用含有硅酸盐、氟化物或者磷酸盐化合物的水溶液阳极氧化处理镁合金后,生成一种玻璃态的白色氧化物涂层,其化学成分为 $2MgO \cdot SiO_2$。具有优异的装饰表面耐腐蚀性能和抗磨粒磨损性能,效果与 HAE 工艺和 Dow17 工艺相仿。

还有的工艺采用含有多盐基的有机酸,例如聚乙烯醇、磷酸水溶液进行阳极氧化处理[122~124],生成的涂层是不溶性的金属氧化物-有机物复合体,它们在最优的工艺条件下,在 55000 的放大倍数下也没有观察到孔隙,并具有较好的耐腐蚀性能。但是,虽然发明者认为这个工艺应该适合于镁合金,但这个工作所列举的例子都是用铝来作衬底的。

在 Kobayashi 等人[125]的发明专利中,公开了一种阳极氧化工艺可以在镁合金的表面形成化学上稳定的、坚硬的尖晶石化合物 $MgO\text{-}Al_2O_3$。阳极氧化溶液是由铝化物、碱性的氢氧化物和硼、苯酚、硫酸盐或者碘化合物中的一种组成。涂层是白色的,耐腐蚀耐磨粒磨损,并可以在传统的着色溶液中容易地改变颜色。

文献[126,127]报道的阳极氧化处理工艺,能够产生一种坚硬的、持久性和粘合性好的、均匀的、抗腐蚀的氟镁－硅酸盐涂层。这个工艺有两个变化:(1)镁在含有碱性金属硅酸盐和碱性金属氢氧化物的水溶液中阳极氧化之前,先在氢氟酸的水溶液中浸蚀镁合金[125];(2)氟化物是阳极氧化溶液的一部分[126]。在这两种情况下,当在表面产生火花放电时涂层就会形成,但同时会引起表面熔化和含有硅酸盐的氟化物涂层的沉积。

4.5.5 气相沉积工艺

保护性的涂层也可以通过气相形成,一般是金属涂层,但也有有机涂层,例如热喷涂聚合物涂层和类金刚石涂层。所有的这些工艺共同的优点是对环境污染都很小,但是,这些技术的成本一般都比较高。这里,针对气相沉积表面改性技术和对镁合金的防护进行讨论。

4.5.5.1 热喷涂涂层

涂层材料可选择金属、陶瓷、金属陶瓷或者聚合物,输送到喷枪中,并加热到高于或者接近其熔化温度,形成的液滴在气流的加速作用下喷向基体,液滴形成薄的片状的微粒并且粘合到基体上形成涂层[127]。这种涂层技术还可分为火焰喷涂、金属丝喷涂、爆炸枪沉积、等离子体喷涂和高速氧乙炔喷涂。

这种技术的优点是几乎能够形成所有金属的涂层,涂层材料熔化但不分解,因此沉积过程中减少了衬底的加热。同时破损的和毁坏的涂层可以剥去,重新涂覆而不改变部件的性能和尺寸[127]。这种工艺的主要缺点是直线性的,一些小的深孔,特别是如果孔的表面处于平行于喷涂的方向是很难涂覆的。由于涂层本身具有孔隙,还要经过机加工以获得表面光洁度,所以这些涂层也要求封装孔处理。另一个缺点是处理过程中存在的轻微的辐射以及灰尘、烟气和噪声所带来的健康和安全方面的问题。

对于大多数表面处理,为了保证粘合性能,衬底必须进行预处理。同样在热喷涂操作之前基体必须进行清洗和粗糙化处理。

这种工艺可用来涂覆用作卫星部件的镁合金[128],在热喷涂之前,衬底要经过清洗和通过喷砂粗糙(毛)化,然后通过热喷涂喷铝,再用铬转化膜密封,这样处理的涂层不仅耐腐蚀,并具有较好的导电性能。

4.5.5.2　化学气相沉积

化学气相沉积(CVD)是通过气相化学反应在加热的表面沉积一层固体物质。这个技术的优点是耐火材料能够在其熔点以下沉积,可以获得接近理论密度的涂层,可控制晶粒尺寸和位向,在大气压下加工并具有好的粘合性能[129];这个工艺并不像其他大多数的物理气相沉积工艺那样是直线性的,所以深的凹槽、大的方向比的空洞和复杂的形状都可以涂覆;由于这种工艺有较高的沉积速率,所以可以获得厚的沉积层。但是,这个工艺的反应温度不低于 600℃,所以要求在这个温度下,基体具有热稳定性,这样使工艺的应用受到限制。人们正在努力降低温度的要求,采用等离子体和有机金属 CVD 工艺可能会解决这个问题。这个工艺的另一个缺点是化学前驱体有毒,要求使用封闭的体系,反应后也可能产生有毒的固体副产物,带来废物处理的高成本。这个工艺由于需要高的沉积温度并且有时效率较低,因此能源成本较高[129]。下面介绍用于涂覆镁合金的 CVD 工艺。

文献[130]报道了有机金属化学气相沉积钼涂层。研究表明在镁合金表面可以获得无裂纹的、具有粘合性的涂层,分解温度为 400℃,厚度小于 $0.5\mu m$。在 NaCl 溶液中,其腐蚀电位从 -1.457 V(SCE)提高到了 -0.74 V(SCE)。在极化过程中涂层有部分发生溶解,但仍保持均匀。沉积所得到的薄膜是均匀的、没有孔隙、没有裂纹,在一般的中性氯化物溶液中的耐腐蚀性能得到了改善。CVD 方法也被用于镍涂覆镁合金,并且用于氢化镁存储装置[131]。

等离子体辅助的 CVD 技术也被成功地用于在镁合金 AZ91 和 AS21 上沉积 TiCN 和 ZrCN 层[132]。这些涂层是在低温下(小于

180℃)沉积上去的,其介质为有机金属四乙铅(二乙基)－胺金属化合物。沉积层的形貌是圆形光滑的,具有密集的柱状断裂表面。作者认为 ZrCN 和 TiCN 的粘合层的硬度分别可以达到 $HK_{0.01}1400$ 和 $HK_{0.01}1530$。

文献[134]报道了在镁合金上制备保护性薄膜的工艺。这个工艺先得到一个 CVD 的中间铝层,然后是钛的氧化物层、铝的氧化物层、锆的氧化物层、铬的氧化物层或者是一个硅的氧化物层。铝的前驱体和氧化物的前驱体必须能够在温度低于 430℃ 时分解,最后为降低表面孔隙率,可以浸泡在煮沸的水溶液中封孔 30 min。这样形成的保护性的薄膜是耐腐蚀的,并具有较好的粘合强度。另一个研究表明通过 CVD 工艺在 AZ91 镁合金上得到的 SiO_2 薄膜在 NaCl 溶液浸泡 240 h 的过程中没有明显可见的腐蚀斑点[104]。这个薄膜在酸性的和有机溶剂中也是稳定的。

4.5.5.3　类金刚石薄膜

类金刚石薄膜可以通过许多不同的工艺来制备,例如 PVD、CVD 和离子注入等。这种涂层由于具有高的硬度、低的摩擦系数、电绝缘、导热性和惰性等优点,而得到了许多的应用[135]。等离子体增强 CVD 也可以被用来在镁合金上制备非晶态的 SiC 和类金刚石薄膜[135]。在镁合金上的类金刚石薄膜具有好的润滑性能,耐腐蚀性能,粘合性能,并且表面光滑[136]。制备过程是首先使用甲烷和氢气形成类金刚石的薄膜,然后使用四氟化碳在高频等离子体 CVD 工艺处理,最后,用甲烷和等离子体源离子注入方法制备类金刚石薄膜[137]。这个工艺在金属和类金刚石薄膜之间通过离子注入方法获得了具有一定梯度的碳浓度分布。

4.5.5.4　物理气相沉积工艺

PVD 涉及到在衬底上气相沉积原子或者分子。这个工艺包括真空沉积、溅射沉积、离子镀、脉冲激光沉积和扩散涂覆等。

A　镁合金上的 PVD 工艺

PVD 工艺在镁合金表面精饰方面的作用是沉积耐磨和耐蚀的保护层,形成具有耐腐蚀性能的块体镁合金层。

在镁合金衬底上进行 PVD 存在的问题是沉积温度必须低于镁合

金的稳定温度(180℃),尽管温度较低还必须具有好的粘合性能[142],涂层也必须具有好的耐蚀性能。对于大多数 PVD 工艺来说,衬底温度一般在 400~550℃,但是已有研究表明如果在沉积过程中使用脉冲偏压,沉积温度会明显地降低[138]。用这种技术在镁合金 AZ91 上制备的 TiN 涂层粘合性好,并且没有孔隙,如果引入了一个化学镀 Ni-P 中间层,那么这些试样承受较大载荷的能力明显地得到了改善[138]。但关于这个体系的耐腐蚀性能研究还没有报道。文献[139,140]报道了在镁合金上通过 PVD 得到的铬和 CrN 的多层薄膜。研究发现这些涂层具有好的粘合性和耐磨性能,但是由于涂层中存在空隙,所以耐腐蚀性能较差;比较单一铬层和多层的 CrN 涂层,发现多层的耐腐蚀性能略有提高。还有一种对镁合金的防护是用高纯镁或者镁合金来处理[141],在这种情况下耐腐蚀性能的提高主要与合金化元素的降低有关,从而减少了这些合金化元素可能引起的电池腐蚀。表 4-14 列出了对不同的合金和经过纯镁合金涂覆的 AZ31 合金试样在 1%NaCl 溶液中浸入试验后的失重情况。

表 4-14　镁合金浸入在 1%NaCl 溶液后的失重率

试　　样	失重量/$mg \cdot cm^{-2}$
3N-Mg	75
AZ31	3.5
AZ91	0.7
6N-Mg	0.2
AZ31 涂以 AZ91E	0.3
AZ31 涂以 3N-Mg	0.6

从表中可看出通过纯镁处理所得的涂层的耐腐蚀性能与 AZ91 合金和 6N-Mg 合金的耐腐蚀性能相当。

文献[142]研究了用 PVD 方法在 AZ31 镁合金衬底上沉积 3N-Mg 的显微组织,结果表明沉积涂层是由小截面的镁合金微粒所组成的,在沉积的早期阶段以单个的状态组成,但后来逐渐长大覆盖了沉积的表面而连续起来。在 1%NaCl 溶液中在这些试样上没有观察到不均匀的腐蚀,但某些颗粒有些膨胀,这可能是由于在镁合金表面形成

$Mg(OH)_2$ 的均匀腐蚀机理造成的。文献[143]报道了用 PVD-PLD 工艺在镁合金表面涂覆钛和钛合金材料。具体方法是用一个聚焦激光束来加热和蒸发钛或钛合金靶材,气相被沉积在镁及镁合金的表面形成一层薄膜。这个技术的缺点是它必须在低的压力条件下(1.33×10^{-4} ~ 1.00×10^{-6} Pa)工作,并且是一种直线性的工艺。

另一个专利工艺[144],描述了在镁合金上产生抗腐蚀性的涂层,这种涂层可以被当作火焰喷涂、等离子体喷涂或者溅射所形成的薄膜一样使用,并且这个保护层还可以通过在浇铸镁合金之前涂覆在模具表面而形成,或者是通过共挤压或共电镀而形成。被保护的镁合金材料是高纯镁,不含有铁、镍和铜。这个涂层由一种含有钛、锆或者作为基体金属的镁合金和一些其他的金属添加剂组成。添加剂是从碱金属、碱土金属、稀土金属钇中选择,或从第四行的 12~15 或者周期表中更高周期的金属和锰中选取。碱金属、碱土金属、稀土金属和钇有比镁较低的静止电势,因此可作为阴极保护基体金属而不被腐蚀。第四周期的 12~15 号元素或者更高周期的元素以及锰有较高的析氢过饱和电压,可以通过降低阴极反应而保护镁合金。专利指出腐蚀保护层的厚度应该至少 $0.2~\mu m$ 以保证有效果,并给出了例子,具体是 AM50A 镁合金和 Mg-Mn、Mg-Pb 和 Mg-In 试样。

低密度材料的抗磨损、抗腐蚀和抗磨粒磨损的涂层可使用多层材料[145]。这些涂层是含 Cr、Nb、Ni、Ti、Zr 及其氮化物、碳化物的金属间化合物或者碳和氮在这些金属中的固溶体。这些中间层可以由单一层或者好几层堆垛而成,单层的厚度为 $0.5~5~\mu m$。最后一层是钨基沉积层,例如 W、WC 和 WN 或者钨的合金,厚度为 $5~60~\mu m$。在钨涂覆之前使用中间层,结果表明改善了铝合金在热循环和腐蚀测试中的性能。

B 表面合金的沉积

PVD 也可以用来形成一种新的块体镁合金材料,或者作为一种涂层材料。通常添加合金化元素在传统的合金中会导致第二相的形成,电化学上活跃的微粒会引起腐蚀问题[146]。但气相沉积能够用来为固溶体提供更大的扩展,甚至在一个非互溶的体系中[146],例如 Mg-Zr、Mg-Ti、Mg-V、Mg-Mn 和 Mg-Cr 等二元合金已经成功地通过气相沉积获得[146~154]。关于这些合金的腐蚀研究已经表明气相沉积镁的腐蚀速率可以通过锰、锆或者钛的合金化而降低,而铬和钒对纯镁的耐腐蚀性能都有负面的影响[147~154]。气相沉积的组织是柱状的,并且有较大的孔隙度,这对耐蚀性不利。而沉积过程中的原位机械加工降低了孔隙度,减少了柱状显微组织[155,156],提高了耐蚀性。但是,合金的耐腐蚀性能与纯镁相比仍较差[149]。

4.5.6　扩散涂层

扩散涂层是指通过将希望涂敷金属微粒放置于工件之上,或者与之接触,在惰性气氛下,加热扩散而获得涂层的工艺。这个工艺可以在高温下得到合金涂层,通过涂层材料向衬底材料内部扩散[155]。最近这个技术已经被用于在 AZ91D 镁合金上形成铝合金涂层[156],具体工艺是在惰性气体气氛下,于 450℃ 将铝粉经过热处理方式扩散进入镁合金,保温时间为 1 h,这将会在界面上形成大约 750 μm 厚的 Al-Mg 金属间化合物。形成的金属间化合物有表面裂纹,但在反应层和镁合金衬底的界面上没有观察到裂纹和空隙,所产生的表面层主要是由 δ 相镁合金和 γ 相的 $Al_{12}Mg_{17}$ 组成。

4.5.7　其他表面改性技术

离子注入、激光表面热处理和激光表面合金化等表面改性技术也可以用于提高镁合金的抗蚀性。离子注入是一种较新的表面改性方法,这种技术是将要镀的金属表面置于离子束下面,使离子进入基体金属的间隙位置形成固溶体,但基体的性能没有改变。大量实验证明通过向金属表面注入耐蚀性好的 Al、Cr、Cu 等元素,可大幅度提高合金的耐蚀性。但离子注入时工件形状受到很大限制,并且成本较高。

金属等离子体离子注入和沉积(MPIID)一般用来在金属沉积之前去除表面的氧化物,并建立一个有助于离子注入的共混合层来提高表面薄膜的性能。具体工艺是通过阴极电弧放电产生金属等离子体,基体金属浸入等离子体中,同时在试样上施加负的脉冲高电压。离子从等离子体中分离,在电场中加速并注入基体中,在脉冲的间隙,低能的金属离子又沉积在金属表面上[157]。采用这种工艺可将铬沉积到镁合金的表面,厚度大约为 $200\sim300$ nm[158]。混合层的形成和薄膜微粒的含量对涂层的耐蚀性有很大的影响。降低微粒的含量,腐蚀电势会提高,说明试样的钝化能力增强,这主要是由于在薄膜上缺陷数量减少的缘故。这个工艺最主要的局限是它的直线特性,这使得复杂形状的工件处理变得非常困难。

激光表面热处理是使用高能量密度的激光以高速对试样表面进行连续扫描,从而使扫描区表层产生一薄层与基体有陡峭温度梯度的熔区,再利用基体的吸热作用使熔化层急冷,其冷却速度可达到 10^{10} K/s,从而改善表层的耐磨性和抗氧化性能[158]。Dube 等[159]使用 $100\sim300$ W 的脉冲激光器(脉冲为 $1\sim6$ ms)以 $3\sim20$ mm·s^{-1} 的速度对 AZ91D 和 AM60B 表面进行处理,得到一层 $100\sim200$ μm 厚的熔化层,在熔化层中铝和锌的含量远高于基体,直接导致 β 相 $Mg_{17}Al_{12}$ 体积分数上升,于是金属表面硬度得到提高,且钝化行为也较好,但是耐蚀性提高程度不大,其腐蚀行为表现为熔池交界处比熔池中心更耐蚀。高能量激光表面热处理实质上也是一种快速凝固处理方式,能使镁合金表面得到成分均匀、细小的组织,能有效地改善其抗蚀性,但激光处理维数有限,必须辅以其他机加工手段。对于激光表面合金化,金属涂层和层下的衬底用一个高功率的激光束熔化。快速的熔化、混合和重新凝固引起了涂层和衬底的合金化。铜、铝和铬涂层已经表明有较高的耐点蚀电势,因此更有希望作为耐腐蚀保护层。通过 Al+Ni 和 Al+Si 表面处理的工业纯的 AZ91 和 WE54 镁合金耐磨性能得到了改善[160]。这些衬底的耐磨性能当用 Al+Cu 处理时不会提高。这个工艺也表明对镁合金表面用 SiC 粉末增强表面处理后进行激光熔覆,改善了其耐磨性能。在另一个相关的工艺中,将硬质的粉末如 TiC 和 SiC 喷射入通过激光熔化的镁合金的熔池中,可改善 AZ91 合金的滑动磨损性能[161]。这个表面是由弥散的 TiC 和 SiC 微粒分布于熔覆层中。这些表面已经表明改善了耐磨性能,但是没有涂层的一面的材料具有明显的磨损。细小的 Mg_2Si 微粒的喷射也已经进行了研究。这些材料显示了高的耐磨损性能和低的磨损量。

在另一个紧密相关的技术中,一种涂层通过热喷涂结合于基体之上,然后用 2 kW 功率的 Nd:YAG 激光器进行重熔[162]。这个工艺用于含有 17%（体积分数）SiC 粉末的 Al-12.5%Si（质量分数）合金增强 ZK60 镁复合材料。喷涂的涂层粘合疏松，但是激光重新熔化后，涂层完全熔化粘合到基体之上。尽管粘合性能得到了改善，激光重熔并不能提高耐腐蚀性能，这主要是由于镁合金过渡地扩散到了激光重熔的表面。这说明仔细地控制加工参数对于获得适当的涂层是非常必要的。文献[160]报道，用 AlSi30 合金激光熔覆 AZ91 和 WE54 镁合金在磨损试验中已经表明分别降低了 38% 和 57% 的失重量。研究认为在真空条件下的磨损明显降低，在空气中主要的磨损机理是粘合相的损失，之后是耐磨微粒的氧化形成了较硬的、氧化物磨粒。

4.5.8　有机/聚合物涂层

4.5.8.1　概述

有机精饰一般用于涂层加工的最后阶段，这些涂层的目的主要是提高耐腐蚀性能、耐磨损性能以及表面装饰。一般要求适当的预处理，目的是为了形成具有优异的粘合性能、耐腐蚀性能和表面形貌的涂层。镁合金的表面必须没有表面污染、煤烟和疏松的硅酸盐、氧化物和金属间化合物[163]。镁合金清洗的过程包括机械预处理、溶剂清洗或者是碱清洗。清洗之后一般是浸蚀或者使用化学方法刻蚀的步骤，例如转化膜或者是阳极化处理。由于这些处理使表面发生了腐蚀，并且在化学上改进了表面，以致有机涂层和表面会有很好的粘合力。

有机涂层应用于镁合金铸件上时，必须从铸件表面的孔隙中去除所有的空气和潮气，否则会导致在涂层中形成空洞[164]。同时必须有一个预涂层以保证涂层具有适当的粘合性能。

一些可以在镁合金上制备具有特殊装饰效果的处理工艺概括于表 4-15[14] 中。

表 4-15　镁合金的表面有机精饰工艺

装饰效果	内部使用的精饰	外部使用的精饰
使金属发亮	抛光＋硝酸铁浸蚀＋环氧树脂或者丙烯酸浸蚀	抛光＋硝酸铁浸蚀＋环氧树脂或者丙烯酸浸蚀
光亮柔软的处理	金属丝刷清理＋硝酸铁浸蚀＋环氧树脂或者丙烯酸浸蚀	金属丝刷清理＋硝酸铁浸蚀＋环氧树脂或者丙烯酸浸蚀

装饰效果	内部使用的精饰	外部使用的精饰
颜色清理	硝酸铁浸蚀＋环氧树脂或者丙烯酸着色	没有推荐
着色清洗	硝酸铁浸蚀＋环氧树脂或者丙烯酸浸蚀＋着色浸渍	没有推荐
金 属	铬酸或者稀铬酸浸蚀＋环氧树脂、丙烯酸、乙烯聚合物丁酸盐或者乙烯用金属粉末或者糊状物着色	铬酸或者稀铬酸浸蚀＋乙烯聚合物丁酸盐或者乙烯用金属粉末或者糊状物着色
皱褶处理	铬酸浸蚀或稀铬酸＋标准的皱褶处理	一般不用于外部的处理
高光滑的瓷漆处理	铬酸浸蚀或稀铬酸＋丙烯酸，乙烯聚合物丁酸盐，聚氨酯或者醇酸瓷漆	铬酸清洗或稀铬酸溶液＋聚乙烯醇缩丁醛打底＋丙烯酸、醇酸或聚氨酯瓷漆
光滑的人造革	铬酸清洗或稀铬酸溶液＋乙烯镀层	铬酸清洗或稀铬酸溶液＋乙烯镀层
有纹理的人造革	铬酸清洗或稀铬酸溶液＋乙烯有机溶剂	铬酸清洗或稀铬酸溶液＋聚乙烯醇缩丁醛或乙烯涂层＋乙烯有机溶剂

在应用有机涂层之前,镁合金的另一个处理是将材料进行适当的清洗和浸蚀后[165],浸于含有有机化合物的溶液中,化合物必须具有特殊的结构XYZ,这里X和Z都是极性的功能团,而Y是具有2~50个碳原子的直链结构,例如1－磷酸－12－(N－乙胺)十二烷,1－磷酸－12－羟基－十二烷和1,12－十二烷基膦酸。这些化合物与在金属表面的氢氧化合物进行反应形成化学键。剩余的功能团和接下来的喷漆层之间也有反应,使得这些涂层能够明显地改善喷漆的粘合力并阻止腐蚀。文献[166]的专利工艺也改善了轻金属的喷漆粘合力和耐腐蚀性能。在这个工艺中,通过富羧基团的聚合物和富羟基团的聚合物反应形成一个酯交链聚合物涂层。这个酯交链聚合物体系随后和Ⅳ族元素通过添加氟锆酸、氟钛酸、氟铪酸或者它们对应的一种盐来合并。这两个工艺一个主要的优点是它们不含有元素铬。

有机涂层体系包括许多不同的工艺,例如喷漆、粉末涂层、E-涂层和瓷漆、油漆等。这些体系以涂层树脂为基础,例如丙烯酸、醇酸、丁酸盐、纤维醋酸盐、纤维醋酸丁酸盐、氯化聚酯、环氧化物、碳氟化合物、硝化纤维、尼龙、聚酯、聚乙烯、聚丙烯、聚氨基甲酸酯、橡胶树脂、聚硅酮和乙烯等。传统上,有机涂层一直是以溶剂为基的,这使得涂层在使用时具有明显的环境倾向性。可使用粉末涂层,水溶性溶剂等来替代[163]。

有机涂层的主要功能是作为金属基体衬底和其服役环境之间的屏障,阻碍离子、水、氧气和电荷通过涂层到基体的传输。出现物理破坏的情况下,涂层有自愈合特性也是很重要的。这可以通过以下一些方式实现,例如涂敷阻碍腐蚀的颜料、在涂层中增加添加剂或者通过在薄膜中使用牺牲阳极的化合物[167]。专利[168]指出在酚醛酸树脂漆中添加铬酸锌能够明显地改善耐腐蚀性能,并且用这种工艺处理的试样在盐雾试验 1000 h 后没有观察到腐蚀现象,而当试样涂敷了一层传统的聚合物后在实验 24 h 后就被严重地腐蚀。还有的工艺是通过添加了阻止腐蚀的铬酸盐染料和颗粒状的铝微粒形式的离子反应染料来提高镁合金的耐蚀性[169]。这些金属通过和腐蚀性的离子反应,并且使 pH 值处于碱性区域,而铬使涂层具有自愈合的性能,通过减少缺陷位置形成保护性的涂层。

对于作为有效屏障的有机涂层,必须是均匀的,且对基体有良好的粘合性能,不能满足这个条件的有机涂层常常会发生丝状腐蚀。在丝状腐蚀中,细丝状的腐蚀产物主要出现于涂层的下面[170]。在有机涂层反应方面仍然存在许多困难,这些困难包括:涂层中的不均匀交链密度,在局部的染料体积浓度的不均匀性,聚合物长时间暴露于不同的气体和液体中的膨胀和退化等,这些问题可以通过使用多层的涂层体系来解决。通常这些涂层由上涂层和中间涂层组成,前者一般是防水的和防紫外线的涂层,后者一般具有高的交链密度和与基体具有湿粘合效果[171]。多层体系中,缺陷不会相互重叠,从而保证了基体能够被有机涂层材料完全涂覆。已有专利利用这种多层涂层工艺对镁合金进行处理,改善了耐腐蚀性能,提高了表面质量[172],这个涂层包括阳离子电沉积层、液体涂层、粉末涂层以及增强的液体涂层和外表涂层。

消除在有机涂层中的针孔或者缺陷的另一个工艺是在涂层上使用

有机密封剂[173]。在试样上应用低黏度的紫外线可处理的树脂,然后在低温下用紫外光处理。

4.5.8.2 喷漆

在镁合金上喷漆的一个重要的步骤是选择一个合适的底漆。镁合金的底漆应该是抗碱性的并以树脂为基。例如:聚丁醛乙烯、丙烯酸、聚氨基甲酸酯、环氧乙烯和干酚醛[14]。添加铬酸锌或者二氧化钛染料一般被用于腐蚀保护[14]。

文献[174]报道了在压铸 AZ91D 镁合金表面进行喷漆精饰后的耐腐蚀性能研究。在喷漆之前,试样先要进行转化膜处理,或者阳极氧化处理。表 4-16 中示出了有关表面处理的研究结果。喷漆薄膜有两层。第一层是含有 $25\sim30\ \mu m$ 厚度环氧树脂层,在 $170℃$ 处理了 20 min。后一层是丙烯酸漆树脂层,厚度 $25\sim30\ \mu m$,是在 $150℃$ 处理了 20 min。

表 4-16 在喷漆之前适用于镁合金 AZ91D 的表面处理

代　号	处理液的成分
JIS-1	$Na_2Cr_2O_7$,HNO_3
JIS-3	$Na_2Cr_2O_7$,CaF_2
JIS-7	$Mn(H_2PO_4)_2$,NaF,$Na_2Cr_2O_7$
DOW22	$Na_2Cr_2O_7$,$KMnO_4$,H_2SO_4
DOW17	NH_4HF_2,$Na_2Cr_2O_7$,H_3PO_4
HAE-A	KOH,KF,$Al(OH)_3$,$KMnO_4$,Na_2PO_4
HAE-B	KOH,KF,$Al(OH)_3$,$KMnO_4$,Na_2PO_4
U-5	Na_2SiO_3,羧化物,氟化物

文献[174]已经表明在表面上具有明显的铬和氧含量的转化膜(JIS-1 和 JIS-3 镀液)和厚涂层的阳极化薄膜(Dow17、HAE-B 和 U-5)都有最好的粘合性能和喷漆的表面形貌。喷漆表面层表明具有优良的耐腐蚀性能,即使在盐雾试验 4000 h 和 3 年的大气暴露实验中,没有出现明显的起泡或者腐蚀现象。

文献[175]报道了给丙烯酸漆中添加导电的聚吡咯对有机涂层的耐腐蚀性能的影响。一般认为导电的聚吡咯会在某些电化学条件下在涂层的缺陷处和金属发生反应。这可以用来保护金属,但是在一些情

况下腐蚀速度却被加快。由聚吡咯提供的腐蚀保护机理还不明确,可能的原因是:

(1) 涂层可能作为一个屏障;

(2) 聚吡咯可以作为一种牺牲阳极;

(3) 当聚吡咯改变了氧化还原反应的状态,涂层可以作为阻碍腐蚀的离子释放的源泉。

(4) 聚吡咯可以用来作为稳定钝化氧化物层。

更进一步的研究要求来准确确定耐腐蚀性能提高的机理。但是,由于给喷漆中添加了少量的聚吡咯,这个研究表明了在耐腐蚀性能方面的一些改善。

4.5.8.3　粉末喷涂

将一种着色的树脂涂层粉末置于基体上,然后和聚合物一起加热熔化,形成一个均匀的、无孔隙的薄膜[163]。粉末涂层对传统的喷漆工艺是一种优良的替代方法,由于它对环境没有危害,并能够在简单的操作中在粗糙的表面或者边缘也能得到均匀厚度的涂层,并且在操作过程中涂层材料损失也较少,即使那些不容易溶于有机溶剂的基体树脂也能够被使用。但是,这个技术仍然存在一些缺点:

(1) 粉末必须以一个非常干燥、雾状的形式保存;

(2) 得到薄的涂层比较困难;

(3) 保持颜色的匹配和颜色的均匀性比较困难;

(4) 在凹槽区域得到涂层比较困难;

(5) 要求在高温下烘烤。

由于对于任何涂层工艺,采取合适的预处理工艺对于获得最好的表面精饰都是很重要的。Applied Coating Technology 公司在这方面有一些新的工艺。他们发现在镁合金的预处理中,不含铬的涂层对粉末喷涂的基体没有效果[164,176]。他们开发了一种新工艺,使用铬酸工艺进行预处理,然后在转化膜涂层的基础上使用有机金属钛,得到了较好的结果,并且已经应用于涂覆发动机阀门盖的镁合金铸件,并且可以得到粘合力较好的涂层。这个工艺流程如下[177]:

碱清洗 140~160℃,3~5 min→水洗→反应性底漆 1~2 min→水洗→转化膜涂层 2 min→水洗→烘干→干燥炉 250℃→粉末喷涂。

粉末喷涂有许多种方式,包括静电喷涂、流化床或者热塑性粉末的火焰喷涂。火焰喷涂已经被用于在许多衬底的乙基丙烯酸(EAA)共聚物的应用[178]。在这个工艺中,塑料粉末通过火焰加热并且熔化聚合物和表面,使涂层微粒能够合并,形成一个连续的涂层。EAA 聚合物已经表明和金属具有优良的粘合性能,这是由于丙烯酸功能团的存在,促进了氢和离子聚合物结合于基体。基体表面对获得最佳的涂层的粘合是非常重要的。基体表面越新鲜,离子结合会更多,粘合会越好。但镁合金在空气中就会很快被氧化,或者由于油类或者化学物质污染也会导致粘合力降低,另外在加热过程中污染物的排出还会形成针孔。因此加工条件必须严格控制,从而提高粘合力和耐腐蚀性能、低温韧性和伸长率以及耐磨性能[179]。

4.5.8.4 E-涂层

E-涂层,也称为阴极环氧树脂电喷涂,是一种给金属表面喷漆的工艺,它是将金属部件带负电荷,然后浸入含有带有正电荷喷漆的容器中,喷漆被吸引到金属表面形成一个均匀的涂层,然后经过烘烤成形[180]。这种涂层具有良好的耐切削、开裂、磨损和腐蚀的性能。但是,这个涂层非常薄,因此必须采用一个较厚的上涂层覆盖。另外气孔、疏松也是这个工艺的一个关键问题,因此部件设计应尽量不要出现盲孔。

文献[181]中提出对于航空部件使用的镁合金 ZE41A-T5 和WE43T6,使用下述工艺可得到最好的耐腐蚀性的保护:

非铬的转化膜→E-涂层→底漆→树脂密封

这个工艺消除了由于使用传统的铬转化膜或者阳极化薄膜对环境的污染,并且具有较好的耐腐蚀性能。

4.5.8.5 溶胶-凝胶工艺

通过溶胶-凝胶工艺合成的凝胶涉及到碱金属氧化物的水解和凝聚。这个工艺可以用来制备无机/有机复合材料的聚合物网状物,通过在反应混合物中添加一些和被涂覆金属反应的组元以形成粘合的、均匀的涂层。采用这种工艺已经在铝合金上通过简单的湿涂覆技术,形成了稳定的界面,从而得到了具有耐腐蚀性能的涂层[182]。在涂层中原位形成纳米微粒还可以使涂层具有高的耐刮擦性能和耐磨性能[183]。这种涂层已经在镁合金、铝合金和含锌的钢上进行了实验,所形成的涂层是透明的,并且具有优良的粘合性能、耐刮擦耐磨损和耐腐蚀性能。这些涂层的性能比环氧树脂涂层更好,这是由于在金属基体表面形成了非常稳定的事先设计好的金属/纳米复合材料界面,同时无机物骨架和原位形成的微粒的复合也是一个重要的原因。这个技术重要的优点是由于不需要采用较多的试样预处理,即金属的表面在溶胶-凝胶处理之前仅仅是除油、涂抹树脂和干燥,因此涂层具有优良的粘合性能。试样随后在相对低的温度(100~220℃)下烘烤就得到了最终的产品[182,184]。同时研究表明,这种涂层也可以被染色得到彩色的表面。

参 考 文 献

1　刘正,张奎,曾小勤,等.镁基轻质合金理论基础及其应用.北京:机械工业出版社,2002

2　张津,章宗和,等.镁合金及应用.北京:化学工业出版社,2004

3　Maker G L, Kruger J. Corrosion studies of rapidly solidified magnesium alloys. Journal of the Electrochemical Society. 1990,137(2):414

4　Innes W P. Electroplating and electroless plating on magnesium and magnesium alloys. Modern Electroplating. Wiley-Interscience,1974

5　Hajdu J B, Yarkosky E F, Cacciatore P A, et al. Electroless nickel processes for memory disks. Symposium on Magnetic Materials, Processes and Devices 1990 (90):685

6　Sharma A K, Narayanamurthy H, Bhojarej H, et al. Anodizing and inorganic black coloring of aluminum alloys for space applications. Metal Finishing,1997(95):14

7　Luo J L, Cui N. Effects of microencap sulation on the electrode behavior of Mg_2Ni-based hydrogen storage alloy in alkaline solution. Journal of Alloys and Compounds, 1998, (264):299

8　Chen J, Bradhurst D H, Dou S X, et al. The effect of chemical coating with Ni on the electrode properties of Mg_2Ni alloy. J. Alloys Comp. , 1998(280):290

9　Wang C Y, Yao P, Bradhurst D H, et al. Surface modification of Mg_2Ni alloy in an acid solution of copper sulfate and sulfuric acid. J. Alloys Comp. 1999, (285):267

10　Ellmers R, Maguire D. Global View Magnesium: Yesterday, Today, Tomorrow, 1993

11　Crotty D, Stinecker C, Durkin B. Acousto-immersion coating and products for magnesium and its alloy. Products Finishing, 1996(60): 44

12　Paatsch M. W. Transition metal effects in the corrosion protection of electroplated zinc alloy coatings. Electrochim Acta,1994,(39):1151

13　Fairweather WA. Electroless nickel plating of magnesium. Transactions, 1997,75 (3): 113

14 Hillis J E. Surface engineering of magnesium alloys. in: ASM Handbook, Surface Engineering, ASM International, 1994(5):819

15 Yoshiro K. Method for Removing Plating Film on Magnesium. JP2310400, 1990

16 Kenichi Y. Removing Solution for Copper Plating on Magnesium Alloy Base. JP2054785, 1990

17 ASTM Standard Designation B 480—88

18 Spencer LF, Hydro Magnesium. Corrosion and finishing of magnesium alloys. Metal Finishing, 1971 (69): 43

19 Sakata Y. Electroless nickel plating directly on magnesium alloy die castings. in: 74th AESF Technical Conference, 1987

20 Kato J, Urushihara W, Nakayama T. Magnesium Based Alloys Article and a Method Thereof, US6068938, 2000

21 Dennis J K, Wan M K Y Y, Wake S J. Acousto-immersion coating and process for magnesium and its alloy. Transactions, 1985 (63): 81

22 Hydro Magnesium. Corrosion and finishing of magnesium alloys. http://hydro. com/magnesium

23 Olsen A L, Halvorsen S T. Method for the Electrolytical Metal Coating of Magnesium Articles. US4349390, 1980

24 Yoshio M, Kenichi Y. Formation of Plating Film on Magnesium Alloy. JP2254179, 1990

25 Hidekatsu K. Method for Plating Aluminum, Aluminum Alloy. Magnesium, Magnesium Alloy, Zinc or Zinc Alloy, JP59050194, 1984.

26 Mikio O. Method for Plating Magnesium Alloy. JP10081993, 1998

27 Brown L. UK company leads the way in magnesium plating. Finishing, 1994, 18(11):22

28 Corley P J, Finishing 1995 (19): 26

29 Golovchanskaya R G, Gavrilina L P, Smirnova T A, et al. Protect. Metals. 1970 (6): 565

30 Toshinobu O, Chiyoko E, Yuji S. Plating method of magnesium and magnesium alloy. JP61067770, 1986

31 DeLong H K. Method of producing an electroplate of nickel on magnesium and the magnesium-base alloys. US2728720, 1955

32 Sharma A K. Black anodizing of a magnesium-lithium alloy. Metal Finishing, 1996 (94): 16

33 Sharma A K. Anodizing titanium for space applications. Thin Solid Films, 1992, 208:48

34 Rajagopal I, Rajam K S, Rajagopalan S R. Measuring the covering power of a tin plating bath using scanning electron microscopy. Metal Finishing, 1996 (94): 18

35 Sharma A K, Suresh R, Bhojraj H, et al. Electroless nickel plating on magnesium alloy. Metal Finishing, 1998 (96): 10

36 Osamu M, Masaaki O, Ataru Y. Coating method for article made of magnesium or magnesium base alloy. JP55148774, 1980

37 Bellis H E. Plating on aluminum, magnesium or zinc, US3672964, 1972

38 Natwick J W. Method of electrode plating silver on magnesium, US3427232, 1969

39 Dotzer R, Stoger K. Methods of coating and surface finishing articles made of metals and their alloys, US4101386, 1978

40 杨海燕,卫英慧,毕虎才,等.压铸镁合金 AZ91D 手机内构件的 Ni-P 化学镀.稀有金属材料与工程,2005,34(12):1978

41 毕虎才,卫英慧,侯利锋,等.压铸镁合金 AZ91D 化学镀的沉积过程.稀有金属材料与工程,2006

42 Rajan Aung, Naing Naing, Zhou W. Evaluation of microstructural effects on corrosion behaviour of AZ91D magnesium alloy. Corrosion science, 2001(4):21

43 刘新宽,向阳辉,胡文彬,等.镁合金化学镀镍磷研究.宇航材料工艺,2001,(4):21

44 刘新宽,向阳辉,胡文彬,等.镁合金化学镀镍层的结合机理.中国腐蚀与防护学报,2002,22(8):233

45 单大勇等.镁合金化学镀镍层的性能研究.材料保护,2004,37(3):1

46 刘新宽等.镁合金化学镀镍层的结合机理.中国腐蚀与防护学报,2002,22(4):233

47 韩夏云等.前处理在镁及镁合金表面强化中的应用.电镀与环保,2002,22(4):19

48 叶宏等.镁合金及化学镀镍研究.材料保护,2003,36(3):27

49 高福麒等.镁合金及其表面电镀技术.表面技术,2004,33(1):8

50 Xiang Y H, Hu W B, Lin X K, et al. Initial deposition mechanism of electroless nickel plating on magnesium alloys. Trans IMF, 2001, 79(1):30

51 张永君等.镁及镁合金环保型阳极氧化电解液及其工艺.材料保护,2002,35(3):39

52 王文忠.浅谈表面活性剂与金属水基脱脂清洗.电镀与环保,1999,19(6):30

53 薛方勤等.镁及镁合金表面化学镀 Ni-P 合金新工艺.材料保护,2002,35(9):33

54 韩夏云等.镁合金表面镀锌工艺.材料保护,2002,35(11):31

55 李亭举.铝合金及镁合金电镀工艺.宇航材料工艺,1991(2):69

56 蒋永峰等.镁合金浸锌及膜层彩化工艺.材料保护,2003,36(3):30

57 Lowenheim F A. Modern Electroplating. New York: Wiley, 1974

58 Mohler J B. Metal Finishing, 1974 (73):30

59 Hagans P L, Haas C M. Chromate conversion coatings. In: ASM Handbook, ASM International, 1994. 405

60 Mittal C K. Transactions of the Metal Finishers Association of India. 1995 (4): 227

61 Horner J. Metal Finishing, 1990 (88):76

62 曾华梁,杨家昌.电解和化学转化膜.北京:轻工业出版社,1987

63 Sharma A K. Metal Finishing, 1989 (87): 73

64 Eppensteiner F W, Jenkins M R. Metal finishing guidebook and directory, 1992 (90): 413

65 Simaranov A U, Marshakov S L, Mikhailovskii Yu N. Protection of Metals, 1992 (28): 576

66 Simaranov A U, Marshakov S L, Mikhailovskii Yu N, Protection of Metals, 1990(25):611.

67 Umehara H, Terauchi S, Takaya M. Structure and corrosion behavior of conversion coatings on

magnesium alloys. Mater. Sci. Forum, 2000 (350~351): 273

68　Ono S, Asami K, Osaka T. Characterization of chemical conversion coating films grown on magnesium. International Corrosion Congress Proceedings, 13th, Clayton, Australia, 1996: 80

69　Leuzinger J M. Conversion coating of magnesium alloy surfaces. CA726661, 1966.

70　Makoto D, Mitsuo S, Susumu T. Coating pretreatment and coating method for magnesium alloy product. JP6116739A2, 1994

71　Hagans P L. Method for providing a corrosion resistant coating for magnesium containing materials. US4569699, 1986

72　Heller F P. Method of forming a chromate conversion coating on magnesium. CA603580, 1960

73　钱建刚等. 镁合金的化学转化膜. 材料保护, 2002, 35(3): 5

74　周婉秋等. 镁合金的腐蚀行为与表面防护方法. 材料保护, 2002, 35(7): 1

75　周婉秋等. 镁合金无铬转化膜的耐蚀性研究. 材料保护, 2002, 35(2): 12

76　Azkarate I, Cano P, Del Barrio A, et al. Alternatives to Cr(Ⅵ) conversion coatings for magnesium alloys. International Congress Magnesium Alloys and their Applications, 2000

77　Skar J I, Albright D. Phosphate permanganate: a chrome free alternative for magnesium pretreatment. International congress magnesium alloys and their applications, 2000

78　Hawke D, Albright D L. A phosphate-permanganate conversion coating for magnesium. metal finishing, 1995 (93): 34

79　Skar J I, Water M, Albright D, Non-chromate conversion coatings for magnesium die castings. Society of automotive engineers, international congress and exposition, 1997. 7

80　Naohiro U, Yoshiaki K, Yukio N, et al. Surface treated magnesium or magnesium alloy product. method of surface treatment and coating method, JP11029874A2, 1999

81　Naohiro U, Yoshiaki K, Yukio N, et al. Surface treated magnesium or magnesium alloy product, primary treatment for coating and coating method, JP11323571A2, 1999

82　Santi J D. Magnesium piston coated with a fuel ignition products adhesive. US5014605, 1991

83　Takayuki F, Isao K. Pretreatment of magnesium or magnesium alloy material before coating. JP6330341A2, 1994

84　Naoharu M. Formation of corrosion resistant coating film on magnesium alloy member. JP9031664A2, 1997

85　Joesten L S. Process for applying a coating to a magnesium alloy product. US5683522, 1997

86　Ishizaki S, Nishida M, Sato Y. Composition and process for treating magnesium-containing metals and product therefrom. US5645650, 1997

87　Ishizaki S, Nishida M, Sato Y. Composition and process for treating magnesium-containing metals and product therefrom. US5900074, 1999

88　Tomlinson C E. Conversion coatings for metals using group Ⅵ-Z metals in the presence of little or no fluoride and little or no chromium. US5952049, 1999

89　　Tomlinson C E. Protective coatings for metals and other surfaces. US5964928,1999

90　　Gehmecker H. International Magnesium Association, 1994. 32

91　　Guerci G,Mus C,Stewart K. Surface treatments for large automotive magnesium components. International Congress Magnesium Alloys and their Applications, 2000

92　　Bech-Nielson G,Leisner P. American Electroplaters and Surface Finishers Society. 1991

93　　Gonzalez-Nunez M A,Nunez-Lopez C A,Skeldon P,et al. A non-chromate conversion coating for magnesium alloys and magnesium-based metal matrix composites . Corrosion Sci. , 1995 (37): 1763

94　　Gonzalez-Nunez M A,Skeldon P,Thompson G E,et al. A non-chromate conversion coating for magnesium alloys and magnesium-based metal matrix composites. Corrosion Science, 1995 (37): 1763

95　　Zeng A P,Xue Y,Qian Y F,et al. Acta Metallurg. Sin. (English Letters), 1999 (12): 946

96　　Rivera J B,McMaster R L,Ike C R. Method for treating magnesium die castings. US6126997, 2000

97　　Rudd A L,Breslin C B,Mansfeld F. The corrosion protection afforded by rare earth conversion coatings applied to magnesium. Corrosion Sci. , 2000 (42): 275

98　　Wilson L,Hinton B. Method of forming a corrosion resistant coating. CA1292155,1991

99　　Schriever M P. Non-chromated cobalt conversion coating. CA2056159,1990

100　　Nakatsugawa I. Surface modification technology for magnesium products, International Magnesium Association, 1996

101　　Nakatsugawa I. Cathodic protective coating on magnesium or its alloys and method of producing the same. US6117298,2000

102　　Brace A. Transactions, 1997 (75): B101

103　　Sharma A K, Uma Rani R,Giri K. Studies on anodization of magnesium alloy for thermal control applications. Metal Finishing,1997(95):43

104　　Ross P N,Mac Cullouch J A. The mechanical properties of anodized magnesium die castings, SAE, International Congress and Exposition, Session: Magnesium, 1999

105　　Habermen C E,Garrett D S. Anticorrosive coated rectifier metals and their alloys. US4668347, 1987

106　　Ono S. Metallurg. Sci. Technol. , 1998 (16): 91

107　　Barton T F. Anodization of magnesium and magnesium based alloys. US5792335,1998

108　　Tchevryakov V,Gao G,Bomback J,et al. Laboratory evaluation of corrosion resistance of anodized magnesium. Magnesium Technology 2000, The Minerals, Metals and Materials Society, 2000

109　　Ross P N. Corrosion fatigue of anodized am50a magnesium die castings. SAE 2000 World Congress, Session: Magnesium, 2000

110　　AHC Oberflachentechnik. Technical Bulletin, Magoxid-Coat／Kepla Coat, 2001

111 von Campe H, Liedtke D, Schum B. Method and device for forming a layer by plasma-chemical process. US4915978, 1990

112 Kurze P, Banerjee D, Kletze H J. Method of producing oxide ceramic layers on barrier layer-forming metals and articles produced by the method. US5385662, 1995

113 Kurze P, Kletze H J. Method of producing articles of aluminum, magnesium or titanium with an oxide ceramic layer filled with fluorine polymers. US5487825, 1996

114 McNeill W. Protective coating for magnesium. US3791942, 1974

115 Hawkins J H. Global view magnesium: yesterday, today, tomorrow. International Magnesium Association, 1993

116 Bartak D E, Lemieux B E, Woolsey E R, Two-step chemical/electro chemical process for coating magnesium alloys. US5240589, 1993

117 Bartak D E, Lemieux B E, Woolsey E R. Two-step electro chemical process for coating magnesium alloys. US5264113, 1993

118 Bartak D E, Lemieux B E, Woolsey E R. Hard anodic coating for magnesium alloys. US5470664, 1995

119 Schmeling E L, Roschenbleck B, Weidemen M H. Method of preparing the surfaces of magnesium and magnesium alloys. US4976830, 1990

120 Schmeling E L, Roschenbleck B, Weidemen M H. Method of producing protective coatings that are resistant to corrosion and wear on magnesium and magnesium alloys. US4978432, 1990

121 Kobayashi W, Uehori K, Furuta M. Anodizing solution for anodic oxidation of magnesium and its alloys. US4744872, 1988

122 Plazter S J W. Electrolytes for electrochemically treating metal plates. US4578156, 1986

123 Gillich T M, Walls J E, Wanat S F, et al. Novel electrolytes for electrochemically treated metal plates. US4399021, 1983

124 Gillich T M, Walls J E, Wanat S F, et al. Electro chemically treated metal plates. US4448647, 1984

125 Kobayashi W, Takahata S. Aqueous anodizing solution and process for coloring article of magnesium or magnesium-base alloy. US4551211, 1985

126 Kozak O. Anticorrosive coating on magnesium and its alloys. US4184926, 1980

127 Kozak O. Method of coating articles of magnesium and an electrolytic bath therefore. US4620904, 1986

128 Unger R H. Thermal spray coatings. ASM Handbook: Corrosion, 1987

129 Yoshinori T. Method for plating magnesium alloy. JP60024383, 1985

130 Pierson H O. CVD/PVD Coatings. ASM Handbook: Corrosion, 1987

131 Feurer R, Bui-Nam, Morancho R, et al. Br. Corrosion J., 1989. 126

132 Hynek S J, Guller W D. Stationary hydrogen storage using a pHase change material. Hydrogen Energy Progress: World Conference, 1996, 1197

133　Rie K T,Whole J. Surf. Coat. Technol. , 1999 (112): 226

134　Dabosi F J P,Morancho R,Pouteau D. Process for producing a protective film on magnesium containing substrates by chemical vapor deposition of two or more layers. US4980203,1990

135　Sella C,Lecoeur J,Sampeur Y,et al. Surf. Coat. Technol. , 1993. 577

136　Matsufumi T. Coating of surface of magnesium alloy. JP8109476,1996

137　Walter K C,Nastasi M,Baker N P,et al. Surf. Coat. Technol. , 1998 (103~104): 205

138　Reiners G,Griepentrog M. Surf. Coatings Technol. ,1995(76~77): 809

139　Senf J,Berg G,Friedrich C,et al. Wear behaviour and wear protection of magnesium alloys using PVD coatings. International Conference: Magnesium Alloys and their Application, 1998

140　Senf J,Broszeit E. Wear and Corrosion Protection of Aluminum and Magnesium Alloys Using Chromium and Chromium Nitride PVD Coatings. Adv. Eng. Mater. , 1999 (1): 133

141　Tsubakino H,Yamamoto A,Watanabe A,et al. Fabrication of pure magnesium films on magnesium alloys by vapor deposition technique. International Congress Magnesium Alloys and their Applications, 2000

142　Yamamoto A, Watanabe A, Tsubakino H, et al. Mater. Sci. Forum, 2000 (350~351) 241

143　Yoshinori T. Method and device for coating magnesium or magnesium alloy with titanium or titanium alloy. JP2025564,1990

144　Bommer H, Nitschke F. Anti-corrosion coating for magnesium Automomaterials. US6143428, 2000

145　Danroc J, Juliet P, Rouzaud A. Multilayer material with an anti-erosion, anti-abrasion and anti-wear coating on a substrate made of aluminum, magnesium or their alloys. US6159618, 2000

146　Garces G, Cristina M C, Torralba M,et al. Texture of magnesium alloy films growth by physical vapour deposition (PVD). J. Alloys Comp. , 2000 (309) :229

147　Baldwin K R, Bray D J, Howard G D,et al. Mater. Sci. Technol. , 1996 (12): 937

148　Dodd S B, Gardiner R W. Vapor condensation applied to the development of corrosion resistant magnesium. Proceedings of the International Magnesium Conference, 1997. 271

149　Mitchell T, Tsakiropoulos P. Microstructure property studies of in situ mechanically worked PVD Mg-Ti alloys. Magnesium Technology 2000, The Minerals, Metals and Materials Society, 2000

150　Diplas S, Tsakiropoulos P, Brydson R M D. Mater. Sci. Technol. , 1999 (15): 1373

151　Diplas S, Tsakiropoulos P. Studies of Mg-V and Mg-Zr alloys. Magnesium Technology 2000, The Minerals, Metals and Materials Society, 2000

152　Diplas S, Tsakiropoulos P, Brydson R M D. Mater. Sci. Technol. , 1999 (15): 1349

153　Diplas S, Tsakiropoulos P, Brydson R M D. Mater. Sci. Technol. , 1998 (14): 689

154　Diplas S, Tsakiropoulos P, Brydson R M D. Mater. Sci. Technol. , 1998 (14): 699

155 Castle A R, Gabe D R. Internat. Mater. Rev. , 1999 (44): 37

156 Shigematsu I, Nakamura M, Siatou N, et al. J. Mater. Sci. Lett. , 2000 (19): 473

157 Bruckner J, Gunzel R, Richter E, et al. Metal plasma immersion ion implantation and deposition (MPIIID): chromium on magnesium. Surf. Coat. Technol. , 1998 (103～104): 227

158 Hawkins J H. Assessment of protective finishing systems for magnesium. Annual Conf Proc International Magnesium Association. Washington D C: 1993

159 Dube D, Fiset M, Couture A. Characterization and performance of laser melted AZ91D and AM60B. Mater Sci Eng, 2001(A299):38

160 Kutschera U, Galun R. Wear behaviour of laser surface treated magnesium alloys. Magnesium Technology 2000, The Minerals, Metals and Materials Society, 2000

161 Hiraga H, Inoue T, Kojima Y, et al. Mater. Sci. Forum, 2000 (350～351): 253

162 Yue T M, Wang A H, Man H C. Corrosion resistance enhancement of magnesium ZK60/SiC composite by Nd:YAG laser cladding. Script. Mater. , 1999 (40) :303

163 Mazia J. Metal Finishing, 1990 (88): 466

164 Davis D. Indust. Paint Powder, 1998 (6) :34

165 Sebralla L, Adler H J, Bram C et al. Method for treating metallic surfaces, CA2275729, 1998

166 Jones L E, Wert M D, Rivera J B. Method and composition for treating metal surfaces. US5859106, 1999

167 Bierwagen G P, Balbyshev V, Mills D J, et al. Advances in corrosion protection by organic coatings. Cambridge, UK, Sept. 1994, Electrochem. Soc. Proc. , 1995, 95(13):69

168 Wilson W. Method of coating magnesium metal to prevent corrosion. US3537879, 1970

169 Mosser M F, Harvey W A. Organic coating with ion reactive pigments especially for active metals. US5116672, 1992

170 Bautista A. Prog. Organic Coat. , 1996 (28): 49

171 Bierwagen G P. Prog. Organic Coat. , 1996 (28): 43

172 Toru T, Shizuo M, Akira O, et al. Method for coating magnesium wheel. JP5169018, 1993

173 Isao N, Takeshi N. Coating method of aluminum for magnesium die cast product. JP60084184, 1985

174 Umehara H, Takaya M, Tsukuba T I. Aluminium, 1999 (75): 634

175 Truong V T, Lai P K, Moore B T, et al. Corrosion protection of magnesium by electroactive polypyrrole/paint coatings. Synthetic Metals, 2000 (110): 7

176 American Electroplaters Society. Plating and Surface Finishing, 1998 (85): 16

177 Gilbert L E. Powder coating on magnesium castings. Automotive Finishing: Spring Conference, 1998

178 Glass T W, Depoy J A. Protective thermoplastic powder coatings: specifically designed adhesive polymers. Proceedings Steel Structures Painting Council: Maintaining Structures with Coatings, 1991

179　Yukio Y, Makoto F, Naoharu M, et al, Formation of highly corrosion resistant coating film on magnesium alloy material. JP7204577, 1995

180　Jacob R G. Agric. Eng. , 1992 (3): 26

181　Levy M, Chang F, Placzankis B, et al. Improved protective schemes on magnesium aircraft alloys. NACE International, 1996

182　Schmidt H, Langenfeld S, Nab R. A new corrosion protection coating system for pressure-cast aluminium automotive parts. Mater. Design, 1997 (18): 309

183　Wagner G W, Sepeur S, Kasemann R, et al. Key Eng. Mater. , 1998 (150): 193

184　Langenfeld S, Jonschker G, Schmidt H. Materialwissenschaft und Werkstofftechnik, 1998 (29): 23

5 镁合金压铸件表面的腐蚀与防护

5.1 镁合金压铸生产工艺及制品

5.1.1 镁合金薄壁件铸造成形工艺的现状

由于砂型铸造工艺良品率低、易产生显微缩松而降低其使用性能，而金属型铸造工艺虽然克服了砂型铸造工艺的一些缺点，但其生产率低，不适合大批量生产，因此镁合金薄壁铸件大部分采用压力铸造工艺。

压力铸造工艺是将液态或半液态金属在高压作用下，以合理的速度充填铸模型腔，并在压力下快速凝固成形而获得优良铸件的铸造方法。这种工艺可以生产薄壁、形状复杂、轮廓清晰的铸件，已在欧、美、日以及我国的台湾省开始实际应用，尤其是我国台湾省自1998年以来已开始大规模地生产镁合金压铸件，目前无论其生产规模还是技术水平均居亚洲第一，并跻身世界先进行列[1]。

目前，3C产品的薄壁结构件和外壳主要采用AZ91D镁合金制造，这主要是因为这种合金的力学性能和铸造性能均能满足产品的要求，所以最常被采用。薄壁镁合金铸件可以通过热室压铸、冷室压铸以及半固态压铸而得到。下面针对这些不同的压铸工艺作简要介绍。

5.1.2 压铸工艺

按照给汤方式的不同，压铸方法可以分为热室压铸(hot chamber die-cast)和冷室压铸(cold chamber die-cast)。同时由于成形所需原材料的不同，压铸还包括触变压铸(thixo die-cast)，即半固态压铸。

5.1.2.1 热室压铸工艺

图5-1所示为一台FRECH热室压铸机。热室压铸机按照锁模力的大小不同，可分为100 t、125 t、250 t、500 t、800 t和900 t等类型。

图 5-1　热室压铸机简图

　　热室压铸机的射出系统由柱塞、套筒或鹅颈管组成,这些射出硬体浸泡在熔融金属液中,其射出过程如图 5-2 所示。射出是由油压驱动柱塞下压而将金属液压入模穴中的,最终金属液冷却而得到铸件。由于热室压铸机机台射出压力相对较小,同时操控简便,因此一般用于生产体积较小的压铸件,例如 3C 类产品,其特点是生产效率高,同时产品缺陷少。

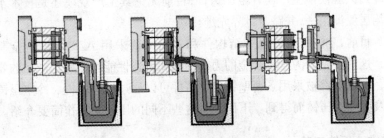

图 5-2　热室压铸过程

5.1.2.2　冷室压铸工艺

　　图 5-3 所示为一台 BUHLER 冷室压铸机设备图,冷室压铸机的锁模力相对于热室压铸机要大,按照锁模力大小不同,可分为 530 t、660 t、840 t、2000 t 和 4000 t 等类型。

　　冷室压铸的射出系统与熔化炉分离,射出过程如图 5-4 所示。射出前需将金属液由熔炉中取出经输汤管倒入套筒中,然后金属液通过

图 5-3　冷室压铸机

柱塞向前从而射入模穴。本法铸造压力大,因而适合肉厚的大型复杂铸件。

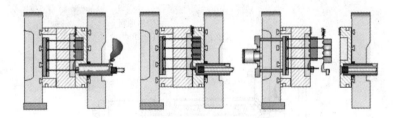

图 5-4　冷室压铸过程

冷室压铸与热室压铸是最常用的镁合金压铸方法。在实际生产中,热室压铸机生产过程中镁汤供给相对简单,同时由于产品较小,易于充填,因此良品率一般较高,在生产中出现的问题也较少;但是冷室压铸机自身结构复杂,镁汤供给不易,且所生产的铸件面积较大,使得充填过程较困难,因此在产品成形过程中往往出现多种缺陷。

5.1.2.3　触变压铸工艺

图 5-5 所示为一台 JSW 触变压铸机设备外形图。

图 5-6 示出了触变成形的射出系统,它是将长条形之镁合金颗粒由加料筒(feed stock)送到射出成形机的料管内,加热至半固态后,同

图 5-5   触变压铸机

时以螺杆(screw)施加外力,搅拌成球状组织之半固态镁合金材料,然后再以螺杆送料射到模穴成形。这种方法因受机型吨位及成形原理之限制,也适合 3C 类产品。

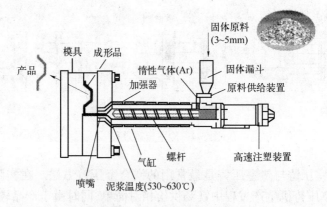

图 5-6   触变压铸射出系统

5.1.3   压铸制程及铸件特点

5.1.3.1   压铸制程

镁合金在压铸过程中,自动化程度很高,制程要求也比较严格,任一环节出现问题都有可能导致铸件出现质量问题,因此对于制程的认识是非常重要的。图 5-7 以冷室压铸机为例给出了完成一个完整压铸制程所涉及的压铸机及周边设备,同时其制程顺序如图5-8所示。

压铸机台

机械臂

熔解炉

预热炉

图 5-7 压铸机台及周边设备

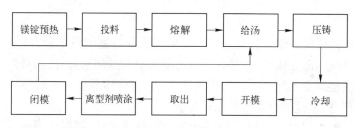

镁锭预热 → 投料 → 熔解 → 给汤 → 压铸

闭模 ← 离型剂喷涂 ← 取出 ← 开模 ← 冷却

图 5-8 压铸制程顺序

通过制程图,结合周边设备,每一个压铸环节的时间设定可通过压铸机台的操控台来完成,首先,经过压铸机的输汤管(热室机通过鹅颈)将镁汤输入模具中,即给汤。然后,充满模具型腔的镁汤在压力下冷却并凝固,间隔一定时间后打开模具,由机械臂将铸件取出。之后,在模具表面喷涂离型剂,其主要目的一是为了顺利脱模,二是为了降低模具表面的温度;为下一个循环的开始节省时间。最后,模具按照事先编好的程序关闭,一个压铸循环完成。在压铸循环过程中,经过预热的镁锭通过自动上料机被送入坩埚而熔化,根据压铸制程的时间以及产品的重量,镁锭的投料时间也可以相应设定,设定好的镁锭投料时间可以配合压铸制程顺利进行。

5.1.3.2 薄壁压铸件示意图及产品设计要点

根据相对应模具的不同部位,镁合金薄壁压铸件的示意图如图 5-9 所示。

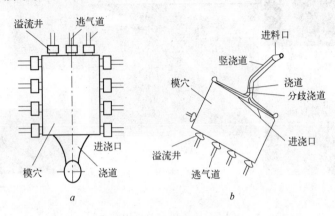

图 5-9　压铸件示意图

a—冷室铸件;*b*—热室铸件

压铸所得的铸件包括料饼、产品、溢流井及逃气道部分,料饼由进料口的压铸部分构成,连接料饼与产品部分的是浇道部分,相对模穴的部位就是所设计的产品。为了便于叙述,在后续部分所述的铸件即指产品部分,不包括料饼及其他部分。

压铸过程中,镁汤在模穴中的凝固速度非常快,同时考虑到后续处理和加工的难易程度,因此产品设计应注意以下要点:

(1) 产品壁厚尽量均匀,不宜太厚或者太薄;

(2) 避免产品中尖角的出现;

(3) 注意拔模斜度;

(4) 注意产品的公差标注;

(5) 尽量减少产品内的空洞;

(6) 产品中不宜有太长的成形孔或成形柱。

5.1.4　镁合金压铸件的应用

镁合金压铸件目前主要应用在汽车、航空航天、电动工具及 3C 制品上。用在汽车上的镁合金压铸件主要包括传动组件外盖、汽缸头盖、离合器、方向盘、刹车踏板架、仪表面板和座椅支架组合等[2]，如图 5-10 所示。用在航空航天及电动工具的镁合金压铸件如图 5-11 所示。3C 产品上的镁合金压铸件的壁非常薄，一般只有几个毫米厚，有的甚至小于 1 mm，主要用在笔记本电脑、手机及数码摄影机、MD、LCD 显示器、移动电话、PDA、TV、VCD、DVD、PDP 等的外部设备及其结构零组件，如图 5-12 所示。

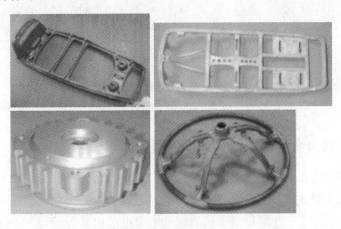

图 5-10　镁合金压铸件在汽车上的应用部件

图 5-11　镁合金压铸件在航空航天及电动工具方面的应用

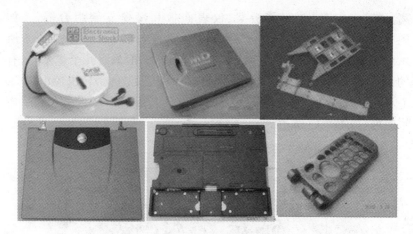

图 5-12　镁合金压铸件在 3C 产品中的应用

5.2　镁合金薄壁压铸件的后处理工艺

镁合金的耐蚀性很差,这主要有两方面的原因,一方面是由于镁合金表面形成的氧化膜不致密,不能完全覆盖基体的表面,起不到应有的保护作用;另一方面是由于镁的标准电极电位很低(-2.37 V 相对于标准氢电极),当它与其他金属材料相接触构成腐蚀电偶时,镁多呈现牺牲阳极而被腐蚀[3]。因此镁合金压铸件需要进行表面处理来提高它的抗腐蚀能力,同时也能达到改善外观的要求。

随着工作环境、外观要求和合金成分的不同,其处理方式也不同,主要的处理方式包括化学钝化处理、阳极氧化和微弧氧化等。由于镁合金薄壁铸件主要用于生产 3C 产品的结构部件,为了能够达到屏蔽的效果,要求经过表面处理的铸件能够导电,即其表面阻抗要小于一定值。为了满足这一要求,工业生产上往往采用在铸件的内外表面形成一层化学转化膜,然后在外表面转化膜上喷涂一层有机涂层,来达到抵抗外部环境侵蚀的目的[4]。这样既满足了屏蔽的要求,同时也达到了铸件耐蚀性的目的。

在铸件表面形成化学转化膜有两个目的,一是为了提高铸件的耐蚀性,二是为了给涂装(即在化学转化膜的外表面喷涂一层有机涂层)提供一个比较平整的基底。同时,涂装也有两个目的,一是满足提高耐蚀性的目的,二是为了满足铸件表面的外观要求。

在进行化学钝化处理前往往需要对铸件中的 BOSS 孔进行机械加工来达到装配的要求,同时进行去毛边研磨作业使铸件达到其表面粗糙度的要求。因此,镁合金薄壁铸件一般的表面处理工艺流程如下:

铸件→机械加工→毛边研磨→化学转化处理→涂装作业。

5.2.1 机械加工

在机械加工过程中,首先将铸件定位于加工机台上,然后用夹具将其固定,再用刀具对铸件需要处理的部位进行加工。待加工完成后,将夹具放松,取出铸件,最后进行洁净处理。至此,机械加工完成。图5-13 是机械加工机台示意图。

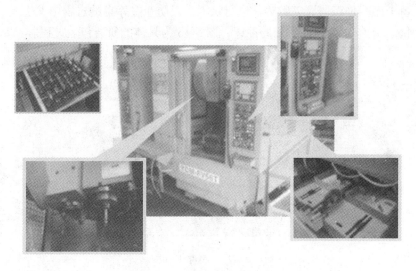

图 5-13 机械加工机台示意图

长×宽×高:2295 mm×1400 mm×2156 mm

工作空间:X/Y/Z-510 mm/360 mm/250 mm

刀具数量:10 个

机械加工过程中对于切削液有一定的要求,一般以水溶液切削液为主,其 pH 值约为 8~9。

机械加工的特点是:

（1）铸件加工所需工时较少，同时加工所需机械设备台数较少，可节约设备投资费用。

（2）工具寿命比其他金属长 4～5 倍，并且交换工具所需时间缩短，工具费用降低。

（3）加工表面良好，比其他金属加工手续少。

（4）节省加工所需动力。

5.2.2　毛边研磨

毛边研磨的第一道工序是将机械加工完成的铸件进行精冲，使其逐渐能够达到产品设计的精确尺寸，然后进行手工打磨，振动研磨，使铸件表面的粗糙度进一步降低，为后续的化学钝化作准备。最后一道工序就是将研磨完的铸件进行烘干，以防止在库存的过程中发生氧化。图 5-14 为精冲所用的冲床，图 5-15 为具体的研磨作业过程。

图 5-14　精冲工具

5.2.3　化学转化处理

镁及镁合金经常通过化学转化处理来提高耐腐蚀性能和油漆的附着力。化学转化处理又称化学氧化法，是使金属工件与处理液发生化学反应，生成一层保护性转化膜。化学转化膜提供了比自然形成的保护膜更好的保护效果，但这种膜较薄，单独提供的保护效果十分有限[5]。因此,一般只用于装饰、装运储存时的临时保护及涂装底层。目前应用较多的有下述几种。

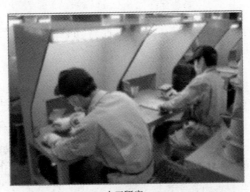

人工研磨

振动研磨

图 5-15 研磨作业过程

5.2.3.1 铬系无机盐转化膜

以铬酸和重铬酸为主要成分的水溶液化学处理工艺,生成的铬酸盐复合膜耐蚀性好,涂装附着力强,具有自动修复能力。

其成膜机理[6]是:金属表面的原子溶于溶液,引起金属表面与溶液界面的 pH 值上升,从而在金属表面沉积一薄层铬酸盐与金属胶状物的混合物,这种胶状物包括六价与三价的铬酸盐和基体金属化合物($Cr_2O_3 \cdot nCrO_3 \cdot mH_2O$, MgO, Al_2O_3, MnO[5]等),其反应式如下[5]:

$$3Mg \rightarrow 3Mg^{2+} + 6e$$
$$2Cr^{6+} + 6e \rightarrow 2Cr^{3+}$$
$$2H^+ + 2e \rightarrow H_2 \uparrow$$
$$Cr^{3+} + 3OH^- \rightarrow Cr(OH)_3$$
$$Cr(OH)_3 + OH^- \rightarrow CrO_2^- + 2H_2O$$
$$Mg^{2+} + 2CrO_2^- \rightarrow Mg(CrO_2)_2$$

这层胶状物非常软,因此,在操作中必须细心,经过不高于80℃的热处理可以提高其硬度和耐磨性,干燥后膜的厚度只有湿状时的1/4,且膜形貌具有显微网状裂纹,或称为"干枯河床"形貌,这种显微裂纹估计为晶界破裂或化学转化膜干燥后尺寸收缩形成,但这层显微网状裂纹有利于与涂层的结合。

铬酸盐化学转化膜具有极好的耐蚀性,关于铬酸盐膜对金属的保护作用,很多研究者认为有以下两方面的原因[7~10]:

(1)铬酸盐膜比较致密,本身的耐蚀性较高,与基体金属又有很好的结合,在腐蚀环境中对基体金属起到隔离保护的作用;

(2)铬酸盐层中的可溶性六价铬化合物,对金属裸露处的进一步腐蚀起到了抑制作用。

研究认为,铬酸盐膜层中的三价铬化合物是不溶于水的,它构成了铬酸盐膜的骨架,使膜层具有足够的强度,并具有良好的化学稳定性;而六价铬化合物是可溶性的,它在膜层中起到填充的作用,在潮湿的大气中,即使膜层被轻微划伤,六价铬也能与金属表面的凝结水形成铬酸,使划破处重新成膜,所以铬酸盐膜具有自愈合能力,在湿度较大的环境中,仍能对基体金属有保护作用。铬酸盐膜的耐蚀性取决于膜层中铬的含量。含量越高,耐蚀性越好,六价铬含量越高,膜的自愈合能力越强。

镁合金铬酸盐化学转化处理的配方有很多[11],可形成多种颜色,其典型配方和工艺见表5-1。由表5-1可看出,大多数工艺处理温度都很高,给操作带来很大不便,由于温度高,槽液稳定性较差,即使使用温度低的工艺成膜性也不是很好,只能生成光泽不是很好的浅彩虹色膜。

表 5-1 镁合金铬酸盐化学转化典型工艺

序号	成 分	含量/$g \cdot L^{-1}$	pH 值	温度/℃	时间/min
1	$K_2Cr_2O_7$	80~100	1.7~2.1	60~75	0.5~2
	CH_2COOH	8~15 mL/L			
	$(NH_4)_3SO_4$	3~4			
	CrO_3	3~4			
2	$K_2Cr_2O_7$	40~55	4~5	70~80	0.5~2
	HNO_3	90~100			
	NH_4Cl 或 $NaCl$	0.75~1.25			
3	$K_2Cr_2O_7$	30~60	3.5~4.5	85~100	10~20
	$(NH_4)_3SO_4$	24~45			
	$MgSO_4 \cdot 7H_2O$	15~20			
	$MnSO_4 \cdot 5H_2O$	7~10			

由于目前主要采用的铬化处理,含有有毒六价铬离子,其生产过程对环保不利,近年来各国在寻找替代铬酸盐方面做了很多工作,在工业生产中已逐渐被其他非铬系处理工艺所取代。

5.2.3.2 非铬系无机盐转化膜

目前,化学转化处理以磷酸盐和锰酸盐系列为主,其皮膜耐蚀性已接近铬化膜,其他各项性能指标也都达到要求。由于环保要求,这种工艺已逐渐成为当前研究和生产所采用的主流工艺。图 5-16 是某工厂使用的非铬系化学转化处理的自动生产线。

非铬系无机盐化学转化处理工艺流程如下所示:

脱脂→水洗→酸洗→水洗→导电化→水洗→表面调整→水洗→化学转化→水洗→烘干。

脱脂的主要目的是为了部分去除工件表面离型剂、切削油及其他油脂。脱脂的种类包括:有机溶剂脱脂、乳化剂脱脂、碱性脱脂、超声波碱性脱脂和电化学脱脂。工业上常用碱性脱脂剂,其主要组成包括:$NaOH$、Na_2CO_3、Na_2SiO_3、Na_3PO_4 和 $Na_4P_2O_7$ 及表面活性剂等。

酸洗的目的是为了浸蚀工件表面,去掉表面的凹凸不平,使表面变得平整,同时清除工件表面剩余离型剂,切削油及表面氧化物。常使用

化学转化处理槽

吊车

工件

图 5-16　化学转化处理自动生产线

的酸洗溶液包括无机酸、有机酸及相应无机盐类及相关络合物等。

导电化使表面更平整,同时在表面形成导电化膜,从而有助于改善静电涂装后表面状况,其主要成分为乙二酸。

表面调整的目的是为了去除工件表面的杂质,为之后成膜提供洁净表面,创造更多的"活性中心",使化学转化过程中形成的转化膜的晶粒更细小均匀。常使用的溶剂是碱液、碱性盐类与表面活性剂等。

化学转化处理主要成分为酸性的磷酸二氢钙。

最后一道工序是烘干,其目的是为了使化学转化膜干燥,为后续的涂装作业做准备。

在化学转化处理过程中,当金属表面与含磷酸二氢盐的酸性溶液接触,就会发生化学反应而在金属表面生成稳定的不溶性的无机化合物膜层,这层膜就是化学转化膜,同时也称为磷化膜。化学转化膜的成膜机理为[12]:

(1) 金属的溶解过程。当铸件与磷化液接触时,先与磷化液中的磷酸反应,生成磷酸二氢镁,并有大量的氢气析出。其化学反应为:

$$Mg + 2H_3PO_4 = Mg(H_2PO_4)_2 + H_2 \uparrow$$

该式表明,磷化开始时,仅有金属的溶解,而无膜生成。上步反应释放出的氢气被吸附在金属工件表面上,进而阻止磷化膜的形成。因此在磷化液中往往加入氧化型促进剂以去除氢气。

(2) 水解反应与磷酸的三级离解。磷化槽液中基本成分是 $Ca(H_2PO_4)_2$，它完全溶于水，在一定浓度及 pH 值下发生水解反应，产生游离磷酸：

$$Ca(H_2PO_4)_2 = CaHPO_4 + H_3PO_4$$

$$3CaHPO_4 = Ca_3(PO_4)_2 + H_3PO_4$$

$$H_3PO_3 = H_2PO_4^- + H^+ = HPO_4^{2-} + 2H^+ = PO_4^{3-} + 3H^+$$

由于金属工件表面的氢离子浓度急剧下降，磷酸根各级离解平衡向右移动，最终成为磷酸根。

(3) 磷化膜的形成。当金属表面离解出的三价磷酸根与磷化槽液中的钙离子或铸件表面的镁离子达到饱和时，即结晶沉积在金属工件表面上，晶粒持续增长，直至在金属工件表面上生成连续的不溶于水的粘结牢固的磷化膜。

$$3Ca^{2+} + 2PO_4^{3-} + 4H_2O = Ca_3(PO_4)_2 \cdot 4H_2O$$

$$3Mg^{2+} + 2PO_4^{3-} + 4H_2O = Mg_3(PO_4)_2 \cdot 4H_2O$$

化学转化处理的特点有：

(1) 以一定条件浸渍或喷涂处理物，处理简单，容易进行大批量生产；

(2) 基材表面处理成极轻微的不溶性结晶皮膜，涂层密着性好；

(3) 设备简单；

(4) 可低温、短时间处理，完全不影响被加工工件的内在组织和结构；

(5) 任何形状大小的工件均可均匀处理；

(6) 耐蚀性好，不溶于水、盐类和溶剂等。

化学转化处理存在的问题有：

(1) 表面膜层是由结晶体组成的，处理过粗的话会影响密着性；

(2) 处理后的工件无法后加工；

(3) 作业中不烘干的话，无法涂装；

(4) 在此状态无法长期保存，须尽快进行涂装处理。

5.2.4 涂装

涂装作业的流程图如下：

底漆(Ⅰ)→研磨补土→底漆(Ⅱ)→研磨补土→面漆→(印刷)→检查包装

在涂装作业前,需要对工件的某些部位进行遮蔽,遮蔽的目的是为了隔离镁合金不需喷漆的位置,如螺丝孔、导电部位和其他客户要求不可喷漆的部位。遮蔽的方式可利用治具或使用贴纸或纸板,视产品形状及大小选择而定。

喷底漆的目的是为增加面漆的附着力,补平小缺陷及显现较大缺陷以供补涂,通常底漆具有较高的防腐性,底漆线有自动线及手动线,当自动线生产不足时,由手动线来弥补。

对于喷完底漆后的缺陷,情况轻微者利用补土剂进行补土,补土后需通过烤炉进行烘烤后才能进行研磨,在研磨线上主要使用打磨机对喷过一次底漆的工件进行研磨,以利于喷涂第二次底漆。

在第二次底漆喷完并烘烤后,由研磨线人员以砂纸进行表面手工研磨,增加表面粗糙度,以利喷涂面漆。

面漆作业使用六轴自动喷涂机器,其物料底架亦可旋转,故可充分喷涂半成品的各个角度,喷涂面漆的具体流程如下:

(1) 检查来料;

(2) 以空气除尘;

(3) 上滑台并再次除尘;

(4) 喷漆;

(5) 烘烤;

(6) 工件检查。

喷完面漆后需要进行打印者,送入移印组进行移印,根据产品的设计图样及位置进行移印。

涂装用油漆的类型包括溶剂型、粉末型和溶胶-凝胶型等。

5.2.4.1　溶剂型

对于镁合金涂装而言,选择合适的底漆是关键步骤。由于镁合金的腐蚀产物呈碱性,故底漆必须非常耐碱。常规应用条件下可以选择的涂料树脂有聚乙烯基缩丁醛树脂、丙烯酸、聚氨酯和乙烯基环氧树脂等[13~15]。其中环氧树脂类耐碱优异,最为常用。在航空领域,应用于特种抗高温蠕变镁合金的耐高温涂装体系:260~315 ℃间性能最好的树脂是直链硅树脂,其次是硅改性环氧或环氧酚类树脂;200~260 ℃间各种环氧和酚类树脂都可以使用[14]。

电泳漆也广泛用于汽车和计算机压铸镁合金部件的底涂[14]。它能够与适当处理的表面产生良好的附着,而且在含有针孔的复杂表面都能够获得均匀的涂层。在特殊条件下,它也可以作为单一涂层来使用。面漆要与底涂结合良好且具备优异的抗渗性与耐蚀性,一般来说大多数面漆都能用于底涂过的镁合金。应用较成功的有醇酸类、环氧类、聚酯类、丙烯酸类和聚氨酯类树脂等。其中乙烯醇酸树脂常用于碱性环境;丙烯酸则用于含 Cl⁻ 的环境;醇酸瓷漆用于直接暴露部件;聚氨酯能够提供良好的耐磨性[15]。其耐高温性能按下列顺序递增:改性乙烯树脂、环氧树脂、改性环氧树脂、环氧改性有机硅和硅树脂[14]。

5.2.4.2 粉末型

粉末涂层因无溶剂、无污染、厚度均匀以及较佳的防腐蚀能力,近几年来广泛地应用于汽车部件、电脑壳体等镁合金部件的涂装。环氧、聚酯、环氧聚酯粉末涂层都在镁合金上取得了很好的效果[13~15]。粉末涂料对表面清洁以及预处理的要求与溶剂型涂料相同。对于普通部件,预处理可以是简单的磷化,但对于汽车部件,在粉末喷涂之前往往要进行铬酸盐处理或电泳底涂[13]。研究发现,铬酸盐处理对粉末涂层来说并不是好的基础,以钛有机金属化合物为主要组成的转化膜则可获得满意的效果[13]。

Yukio 在环氧粉末涂料中加入含羧基的聚酯树脂固化剂,将其涂覆于镁合金表面,在盐雾试验和多因子循环腐蚀试验中均取得了令人满意的耐久性[16]。

5.2.4.3 溶胶-凝胶型

近年来,关于溶胶-凝胶法制备有机、无机杂化材料的研究十分活跃[17,18]。通过金属醇盐的水解与缩合,形成三维的有机、无机复合网络,这种结构的材料兼有无机与有机的优点[19]。许多学者力图将这一技术引入镁合金涂层的制备之中[20,21]。朱立群等为避免传统溶胶-凝胶法凝胶和高温烧结成膜过程以及厚膜制备的困难,在正硅酸乙酯合成硅溶胶中引入一种含有机基团(甲基或苯基)的硅氧烷,制得了成膜材料[20]。Wagner 以有机改性硅氧烷与铝醇盐为主要原料在镁合金上制得了透明的杂化涂层,130℃固化后,显示了优异的附着性能与耐蚀性能,并且潮湿试验(DIN50017)4周后,附着力仍没有下降,耐磨性能比常规双组分环氧涂料高出数倍,盐雾试验2周后仍未腐蚀。优异的附着性能使镁合金的表面处理得以简化,省去了传统的转化膜或阳极氧化膜工艺[21]。这种溶胶-凝胶技术为镁合金在汽车、航空等领域的应用开辟了广阔的应用前景。

5.3 镁合金薄壁压铸件表面常见缺陷

一般情况下,在镁合金薄壁压铸件的制造过程中,通过保护气体在熔融金属的表面形成一层保护膜来防止空气对液态镁的氧化。工业上常用的保护气体是 $N_2 + SF_6$ 混合气体。如果混合气体比例失当(当 SF_6 的浓度过高时,往往会腐蚀盛放镁汤的坩埚,过低时起不到保护的作用)或输送过程中设备出现问题及存在制造工艺缺陷,则不可避免地会引起镁的氧化现象。因此在压铸件中经常发现存在 MgO 及其他镁的化合物,这些物质的存在将会导致压铸件在存放一段时间表面开裂,形成爆痘。

其次,在压铸过程中,模具内部油管的布置、产品的设计结构、模温机的设定以及模具表面离型剂的喷涂状况等因素的影响,使得模具表面往往存在一些热点,这些热点的存在将会导致不同位置熔融镁冷却速度不同,从而造成铸件表面微观组织不均匀,经过化学转化处理后,在表面会形成异色亮斑。

另外,由于镁合金的化学性质非常活泼,在常温下和大气环境中若不加任何保护措施,将会发生腐蚀,即使是微观组织非常细小均匀的薄壁压铸件也不例外。实际生产中经常发现表面存在小麻点、黑絮状或表面浮凸等腐蚀产物,这些表面缺陷在一定程度都影响了产品的使用性能和表观质量。

为了提高镁合金薄壁铸件的竞争力,减少废品的出现,避免上述表面缺陷的出现是非常必要的。下面将结合生产实际与相应的试验设备,分析爆痘现象、异色亮斑以及腐蚀现象的形成原因,同时提出对策,期望能对实际生产有所帮助。

由于 AZ91D 镁合金的力学性能、铸造性能均能满足薄壁压铸产品的要求,因此目前制作 3C 产品多以其为原料。本节中如不特别指明,均以 AZ91D 镁合金薄壁压铸件为分析对象。

5.3.1 爆痘现象[22]

镁合金薄壁压铸件在压铸制程结束后的库存过程中,发现表面常常有类似火山喷发状的凸起出现,俗称"爆痘"。爆痘出现的时间不等,最短 1 周左右,最长可达 2~3 个月。有的出现于化成处理前,有的出现于化成处理后。

仔细观察出现爆痘开裂的部位,发现存在一定的规律,爆痘一般出现在模具的不动模侧,且一般集聚在产品的充型末端,有时可能出现大小不等的多个爆痘。同时还发现,在化学转化处理之后,出现爆痘开裂的几率相对较高。爆痘内部物质都呈白色,或者内部不含此类物质,只是一个空洞。

综合起来,爆痘的出现有以下主要特点:

(1) 发生的时间不确定;

(2) 在制造的各个工段都有可能发生,在化学转化处理完成后发生的比例相对较高;

(3) 爆痘出现的位置具有聚集性,一般存在于产品充型过程的末端位置;

(4) 爆痘的出现一般在对应模具的不动模侧。

通过仔细分析发现,导致爆痘形成的物质主要为压铸件内部的夹杂物,如 MgO、Mg_3N_2 等。爆痘形成的主要原因是 MgO 和水或水蒸气的反应。从 MgO 向 $Mg(OH)_2$ 的转变过程中,体积要膨胀 148%,必然会影响到材料的表面粗糙度,甚至出现爆裂。因 $Mg(OH)_2$ 在室温下比较稳定,在 350℃ 才可分解成 MgO,因此形成爆痘的主要原因是 MgO 的存在。

压铸镁合金熔炼时采用气体保护,气体保护的机理在于保护气氛与表层镁液反应形成致密的镁的化合物层,漂浮在镁液表面,起到防止镁液燃烧的作用。六氟化硫保护气氛的保护作用如图 5-17 所示。

可见,在六氟化硫保护气氛中镁液表面会形成一层氧化镁。这些氧化镁在外界干扰的作用下,会进入熔融镁液中,在液体张力的作用下悬浮在镁液中。镁锭的表皮花纹是氧化镁的另一大来源。一般认为，镁液中存在氧化镁不可避免，因为在第一炉的熔炼当中，就将镁锭表皮的氧化镁带进熔炉，同时在第一炉熔炼中，保护气氛也不能起到有效的保护作用，较好的控制氧化镁夹杂的方法是严格控制生产工艺。

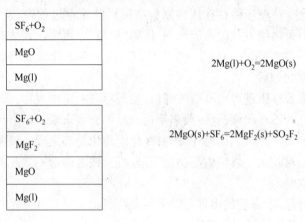

$$2Mg(l)+O_2=2MgO(s)$$

$$2MgO(s)+SF_6=2MgF_2(s)+SO_2F_2$$

图 5-17　气体保护机理

　　除了上述过程可能形成并引入镁的氧化夹杂外，料管内部也是形成氧化夹杂的最可能的部位(如图 5-18 所示)。在熔炉镁液上方有 SF$_6$＋N$_2$ 的保护，而料管和泵内部没有气体保护，当输送镁液时，泵转动提升镁液，然后将其输出。但当泵停止工作后，在泵内镁液开始下降至熔炉镁液平面，料管中的镁液也会流出，此时外部空气将会因为虹吸现象进入料管和泵体内部，而空气的进入将会导致泵体内部或料管内壁少量残留镁液出现氧化现象。如果这些氧化点被镁合金液冲刷进入模具内，将会驻留于铸件，成为形成爆痘的潜在根源。相比较面渣、沉渣和料管内部形成的氧化夹渣，后者进入铸件的可能性最大。

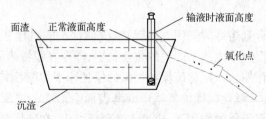

图 5-18　熔融镁液坩埚形成氧化渣的不同部位

对镁液充填过程进行计算机流态模拟,发现溶液填充时射流前端发生了汇集现象,有可能使射流前端的镁夹杂化合物(氧化物和氮化物)汇集,形成爆痘的物质基础。同时由于模具的可动模侧,设计比较复杂,一般的 BOSS 孔及模具相应的顶出装置都在该部位,因此镁汤在该侧面的流动不畅,发生卷气的几率就比较大;而相反在模具的不动模侧,模面比较平整,发生卷气的可能性比较小,因此出现爆痘的位置,大都集中在模具的不动模侧。

同时观察压铸件,发现在末端的溢流井及逃气道部位,形成的组织非常松散,几乎全部是夹杂物质,这是因为在充型过程中,该部分镁液属于充型过程中的最前端,容易氧化,最终在压力的作用下被排出模穴。据此可以知道在压铸件的末端也存在夹杂物的聚集。由此不难理解爆痘出现在可动模侧和充型末端的原因了。

镁合金压铸件表面存在很多的微孔,图 5-19 是在未腐蚀的情况下利用金相显微镜获得的镁合金压铸件的形貌。微孔的数量和形状受许多因素的强烈影响,主要包括合金成分、铸件的设计以及热散失参数和给料参数[23]。存在于铸件表面的微孔密度越高,意味着真正暴露在空气中的面积会更大,因此单位表面积吸收的水蒸气就会更多。同时微孔的存在还会导致严重的局部腐蚀,最终将使铸件表面强度降低[24],从而使爆痘的发生更容易。

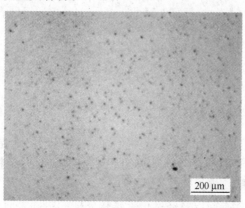

200 μm

图 5-19 压铸件表面的微孔

经过化学转化处理的表面如图 5-20 所示,可以看出表面膜存在很多的微裂纹。化学转化处理膜的横截面如图 5-21 所示,发现在化学转化膜和镁基体的结合处并不致密,中间还存在一些孔洞,孔洞的多少与铸件在化学转化处理前的工艺以及压铸件本身存在的缺陷有关。这些不致密的膜虽然为后续涂装提供了良好的基底,但同时也为水蒸气的入侵提供了通道。化学转化处理完成后,发现爆痘的几率最高,这是因为该过程铸件一直和水接触,所以发生 MgO 向 $Mg(OH)_2$ 转变的几率也就最大。

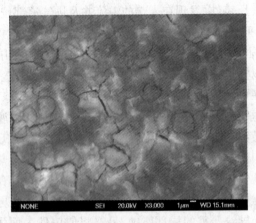

图 5-20　化学转化膜的表面 SEM 图

图 5-21　化学转化膜的横截面形貌

综合上述分析,可知爆痘的产生需要满足以下 3 个基本条件:

(1) 压铸件内存在与镁基体组织结构不同的夹杂物,如 MgO 和 Mg_3N_2 等,尤其以前者为主;

(2) 压铸件表面以及经过化学转化处理的铸件表面存在水蒸气进入镁基体的通道;

(3) 反应过程中生成的产物与原始夹杂存在较大密度差,容易引起体积膨胀。

满足上述条件的反应包括：

$$MgO + H_2O = Mg(OH)_2$$
$$Mg_3N_2 + 6H_2O = 3Mg(OH)_2 + 2NH_3$$

AZ91D镁合金压铸过程中可能形成的杂质种类有氧化镁、氮化镁和碳酸镁等，发生聚集现象是受模具结构和压铸工艺的影响，熔液在填充过程中发生类似卷气，使射流前端的杂质不能经由溢流槽排出，聚集在基材内部而形成的。这些夹杂与水蒸气经过一段时间反应后，生成密度差较大的化合物，从而导致体积膨胀，发生"喷火"，形成爆痘。

为了减少压铸件中的杂质含量，建议采用以下几种措施：

(1) 采用清洁镁液压铸，即将冶炼好的成分合格的镁液直接浇铸，省去镁锭的浇铸、储运和重熔等中间过程，从源头上减少杂质的产生；

(2) 采用真空压铸法，即将模具型腔抽真空，使镁液在充填过程中避免与空气的接触，减少氧化镁等夹杂的产生；

(3) 压铸重熔镁锭时采用双炉冶炼，熔炼炉和浇铸炉分开，中间用虹吸管进行熔体传输，将杂质隔离在熔炼炉中，保证了浇铸炉内熔液的纯净度。

5.3.2 异色亮斑现象[25]

由于镁合金的电极电位很低，耐蚀性差，因此压铸成形后需要经过化学转化处理在其表面形成一层化学转化膜来提高其耐蚀性。在实际生产中，压铸过程会使坯件产生各种外观缺陷和内在缺陷，前者在压铸完成后可以通过目测观察识别出来，但后者不易辨别，经常在化学转化处理后以表面缺陷的形式出现，这些缺陷如异色亮斑，影响了产品的质量，一旦出现即被判报废。另外，在化学转化处理之前还要经过研磨、修正和补土等多道程序，因此亮斑缺陷在成品时出现增大了劳动强度，造成了很大的浪费。

对一种出现亮斑的构件进行成因分析，其压铸参数如表5-2所示。观察发现其正反两面含有对称的亮斑。亮斑和正常的化学转化膜存在明显的分界线。

表 5-2　出现亮斑的压铸件压铸工艺参数

锁 模 力	250 t	喷 嘴 温 度	600℃
射出速度	2.7 m/s	熔炉温度	680℃
射出重量	120 g	镁锭预热温度	200℃
一个循环的时间	25 s	模具温度	285℃
铸造压力	24 MPa		

　　图 5-22 为不同部位的金相组织。其中图 5-22a 为亮斑处基体表面的金相组织,图 5-22b 为亮斑基体处横截面的金相组织。两图的共同特征是组织中存在颗粒尺寸很大的先析 α 相。除了先析 α 相外,还包括共晶组织,由共晶 α 相和共晶 β 相组成,共晶 β 相分布于先析 α 相的相界处。图 5-22c 为正常的化学转化膜处基体表面和横截面的微观组织,可以看出组织很均匀,由晶粒细小的共晶组织组成,该处的共晶组织和亮斑处的共晶组织是一致的,且晶粒都很细小。

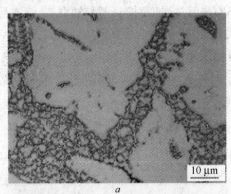

a

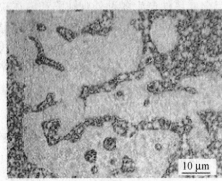

b

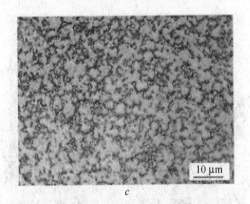

c

图 5-22 不同部位的金相组织

针对不同部位的 EDS 能谱分析结果如表 5-3 所示,从元素含量及其分布可以看出:

(1) 先析 α 相中铝的质量分数最低,其次为共晶 α 相,接近 9%,在共晶 β 相中铝的质量分数最高;

(2) 在 α 相中不含有锌,β 相中锌的质量分数约为 3%;

(3) 横截面的先析 α 相中有 β 沉淀相析出。

表 5-3 不同相的成分含量

相 组 成	元素及其质量分数/%		
	$w(Mg)$	$w(Al)$	$w(Zn)$
先析 α 相	96.12	3.88	
共晶 α 相	92.4	7.6	
共晶 β 相	74.43	22.45	3.12
沉淀相	79.39	18.05	2.56

图 5-23 显示了正常化学转化膜和有亮斑组织的 SEM 形貌。图 5-23a 中的化学转化膜比较均一,白色部分和灰色区域分别对应共晶 β 相和共晶 α 相(SEM 和金相观察均在 1000 倍下进行)。而图 5-23b 中明显存在一不同于正常共晶组织的区域,这一区域可能是由基体中存在的先析 α 相在化学转化过程中形成的。

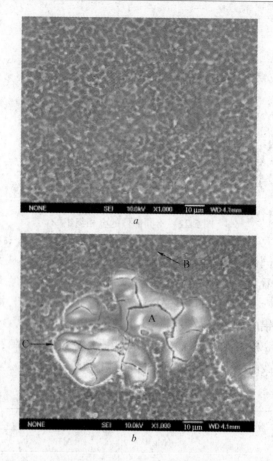

图 5-23 不同部位的化学转化膜表面形貌
a—正常部位化学转化膜;b—含有亮斑的化学转化膜

利用 EDS 能谱分析,不同部分的成分分析结果如表 5-4 所示。发现在 C 处含有锌,而在 A 和 B 处却不含锌。另外,A 处的铝和镁含量最低,但是磷和钙的含量较高。与表 5-3 相对照,这说明 A 处可能是先析 α 相 + 不正常转化膜,B 处为共晶 α 相 + 正常转化膜,C 处为共晶 β 相 + 正常转化膜。

液态金属镁在压铸成形过程中,由于在高压下凝固,将使 Mg-Al 平衡相图中的偏镁部分的共晶点和最大固溶点向右上方移动,因此提高了合金的熔点,这样金属在凝固过程中就很容易发生过冷,使金属液直接过冷到达伪共晶区而凝固,最后得到共晶组织[26]。同时,高压使液态金属或铸件结晶硬壳与型腔紧密接触,可大大改善铸件与铸型间的热交换条件。散热快,冷却速度快,因此镁合金薄壁铸件的正常组织为均匀细小的共晶组织($\alpha + \beta$)。

表 5-4 不同部位的化学转化膜成分

相组成	元素及其质量分数/%							
	$w(C)$	$w(O)$	$w(Mg)$	$w(Al)$	$w(P)$	$w(Ca)$	$w(V)$	$w(Zn)$
A	9.31	37.34	24.92	4.18	9.86	10.64	3.05	
B	5.21	18.08	59.39	7.62	6.52	2.19	0.99	
C	9.72	29.35	42.38	9.75	4.48	1.70	0.70	1.72

但是在实际生产中,型腔某些部位因离型剂喷涂或者模具中油管或进浇系统的错误设计而常使模具表面存在热点[27],它将使该部位金属液温度相对于其他部位要高很多。在压力一定的情况下,金属液温度越高,越难达到形成伪共晶的过冷度,将使得合金在凝固过程中得到树枝状的先析 α 相[28],最终的组织为粗大的先析 α 相 + 共晶($\alpha + \beta$)。另外热点的存在还使铸型的散热能力下降,当散热速度足够慢时,液态合金的凝固成为平衡凝固,一方面,如上所述先析出粗大 α 相,另一方面,会从先析 α 相中析出少量 β 相,这在实验中已经得到证实。

亮斑是在化学转化处理过程中形成的。化学转化处理的主要目的是在铸件表面形成一层磷化膜,来提高铸件的耐蚀性,同时为后续的涂装喷涂作业提供基底。磷化处理溶液的主要成分为磷酸二氢钙,当铸件与含磷酸二氢盐的酸性溶液相接触,就会发生化学反应而在铸件表面生成稳定的不溶性的无机化合物膜层,这层膜称为磷化膜。磷化膜的形成主要包括三步:

(1) 金属镁的腐蚀溶解;

(2) 磷酸的三级离解,形成磷酸根;

(3) 金属离子和磷酸根结合,结晶沉积在铸件表面,形成粘结牢固的磷化膜。

为了便于在该磷化膜上进行涂装作业,还要在其上先形成一层导电层,使磷化膜能够导电,该导电层的主要成分为有机酸盐。这样最终形成的膜层就是化学转化膜。由于化学转化膜的形成过程是化学腐蚀的过程,所以铸件组织中不同成分相的差异将导致腐蚀性不同,因而形成的化学转化膜在微观方面形貌会存在不均匀性。

对镁合金耐蚀性研究结果表明[29,30],镁合金中不同组织的耐蚀性和其中的铝含量有很大关系。镁铝合金的腐蚀性电位是铝和锌的函数。增加材料中铝含量,电极电位向阴极端移动。锌的存在也会影响基体和析出相的腐蚀电位,提高合金的耐蚀性。

通过对亮斑部位的 SEM 观察和微观组织的对比,并结合 EDS 能谱分析结果可推知,化学转化膜中白色部位的基体组织为共晶 β 相,出现破裂的异常化学转化膜的基体组织为先析 α 相,在正常化学转化膜中灰色部分的基体组织为共晶 α 相。

先析 α 相中铝含量最少,耐蚀性最差,导致在形成磷化膜的过程中,先析 α 相中镁的消耗最多,同时其表面发生解离所得到的 PO_4^{3-} 也最多,因此最终在其表面形成的化学转化膜的成分中,镁含量最少,而磷和钙的含量最高。共晶组织表面形成的化学转化膜其成分接近一致,同时由于晶粒细小,其形貌在宏观上是均一的。先析 α 相与共晶相所形成的化学转化膜在成分上的明显差异,导致了宏观上形貌的差异,使得在先析 α 相上形成亮斑。在共晶 α 相中铝以固溶的形式存在,而在共晶 β 相中,铝以化合物的形式出现[31],这导致了不同相在磷化处理过程中镁和铝的消耗量不同,同时由于共晶 β 相中 Zn 的存在,共晶 α 相与共晶 β 相上所形成的化学转化膜在微观上形貌存在差异。

在先析 α 相上形成的化学转化膜的裂纹是由于在化学转化处理过程的最后阶段需要烘干,烘干的目的是使化学转化膜中水分蒸发,从而减少镁合金铸件的腐蚀。由于水分的不存在,烘干后的化学转化膜发生收缩,导致其表面产生裂纹。共晶 α 相和共晶 β 相形成的膜也存在裂纹,但是裂纹的尺寸要小得多。先析 α 相所形成的化学转化膜最厚,收缩变形也最多,使其形成的膜的裂纹最明显。因此在先析 α 相上所形成的化学转化膜在宏观上表现为亮斑,而在微观上表现为表面上存在的明显裂纹。

据此分析,可知亮斑的形成主要是在压铸过程中,由于模具表面温度不一致,铸件表面存在异常粗大的先析 α 相所致。消除亮斑就要使铸件表面组织均一,而获得均一组织的铸件必须表面温度一致,因此解决亮斑的办法是消除模具部位存在的热点,使模具表面在成形过程中温度趋于一致,同时使模具表面各部分散热能够均匀。

5.3.3　腐蚀机理及常见腐蚀问题[32]

镁的氢标准电极电位为 −2.37 V,相对于大多数的结构材料均显示阳极。镁与氧的亲和力大,容易氧化,氧化膜疏松不能阻止镁进一步氧化。因此镁及其合金作为结构材料,耐腐蚀性能低一直是制约其发展的瓶颈之一。人们研究了不同介质中纯镁的腐蚀行为,发现镁腐蚀时在阳极化的过程中,表面氧化膜结构发生改变,导致金属阳极区有效面积增加,出现负差效应。在不同的腐蚀介质中,金属镁的腐蚀界面不同,在中性介质中,腐蚀界面上存在块状氧化物,在碱性介质中,块状氧化物的几何尺度比在中性介质中大,氧化物覆盖度高。

5.3.3.1　薄壁镁合金压铸件腐蚀的影响因素

A　铸造组织

同样对 AZ91D 镁合金,通过比较砂型铸造成形、压铸成形与半固态成形的腐蚀行为[33~35],发现铸造方法不同,腐蚀速率也不同。比较而言,砂型铸造成形的镁合金腐蚀速率最高,半固态成形的镁合金腐蚀速率最低。铸造镁合金 Z91D 相组成为固溶体 α 相和 β-$Mg_{17}Al_{12}$ 相,铸造工艺影响合金元素铝在固溶体中的含量,同时也影响 β-$Mg_{17}Al_{12}$ 相的分布和状态。砂型铸造镁合金 AZ91D 组织由粗大树枝状先析出 α相和枝晶间(α + β) 共晶组织组成。压铸镁合金 AZ91D 组织为细小树枝先析出 α 相和枝晶间 α + β 共晶组织,先析出 α 相中铝的质量分数为1.8%,周围的共晶组织中镁/铝高达 3/2。半固态成形的镁合金AZ91D 组织为球状先析出 α 相和枝晶间 α + β 共晶组织,先析出 α 相中铝的质量分数为 3.5%,周围共晶组织中的镁铝比接近 17∶12,合金元素的分布与相图所示基本吻合(图 5-24)。

腐蚀与铸造组织有关,固溶体中铝含量的增加提高了阳极溶解速度,同时增加了阴极析氢的速度。相对 α 相而言,β 相呈阴极,其分布和形态会影响腐蚀速率。通过比较铸态、压铸态和半固态的组织形态和腐蚀行为,可以发现,铝在 α 相和 β 相中含量差值越小,β 相分布越弥散,组织的电化学状态越均匀,电化学腐蚀速率越小。

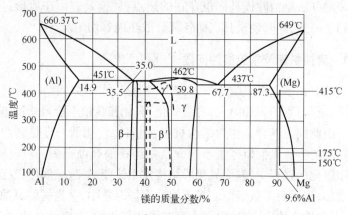

图 5-24 镁铝合金相图

组织中存在电位不同的相是形成电化学腐蚀的一个必要条件,电化学腐蚀的另一个必要条件是存在电解介质,电解介质的形成与环境有关。

B 环境介质

a 形成电解介质的影响因素

金属材料暴露在空气中,由于空气中水和氧等的化学和电化学作用而引起的腐蚀称为大气腐蚀。参与大气腐蚀过程的主要组成是氧和水汽。氧在大气腐蚀中主要参与电化学腐蚀过程。空气中的氧溶于金属表面存在的电解液薄层中作为阴极去极化剂,通常的反应为:$O_2 + 2H_2O + 4e \rightarrow 4OH^-$,而金属表面的电解液层主要由大气中水汽所形成。水汽在大气中的含量常用相对湿度来表示。相对湿度达到 100% 时,大气中的水汽就会直接凝结成水滴,降落或凝聚在金属表面就形成肉眼可见的水膜。即使相对湿度小于 100%,由于毛细管凝聚作用、吸附凝聚或化学凝聚作用,水汽也可以在金属表面凝成很薄的肉眼不可见的水膜。正是由于这层电解质液膜层的存在,具备进行电化学腐蚀的条件,使金属受到明显的大气腐蚀。

金属表面能否形成电解质液膜与空气的湿度有关。一般来讲空气中的湿度越大,金属表面越易形成电解质液膜,并且存在的时间也越长,腐蚀速度也相应增加。使金属大气腐蚀速度开始急剧增加时的大气相对湿度称为临界湿度。

在大于临界湿度时,金属就会出现明显的大气腐蚀。这说明金属表面在超过临界湿度时,已形成完整的水膜,使电化学腐蚀过程可以顺利进行。而湿度并不太高时形成液膜的原因是由于下列作用:

(1) 毛细管的凝聚作用。当毛细管直径为 2×10^{-7} cm 时,相对湿度只需为 60% 就可引起水汽的凝聚。腐蚀产物中的孔隙、沉积在金属表面的灰尘和金属构件间的夹缝都能形成毛细管而凝聚成液膜。

(2) 化学凝聚作用。当金属表面存在着来自大气中并能同大气中水结合的盐类时,大气中的水分就会优先凝聚,这就是化学凝聚作用。例如金属表面存在着铵盐或氯化钠(这在大气条件下是常有的),将会使大气中的水分在相对湿度为 70%~80% 时就凝聚下来。

在临界湿度附近能否形成液膜和气温变化有关,这意味着与其说是湿度不如说是温度的高低具有更大的影响。图 5-25 为露点温度表,可以通过气温和相对湿度简单地求出露点温度(电解质液膜形成临界值),图中斜线为环境相对湿度。

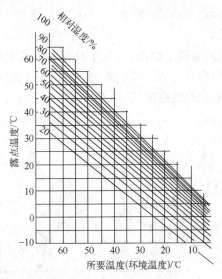

图 5-25 露点温度表

气温的剧烈变化也影响大气腐蚀。例如昼夜之间有温度变化,当夜间温度下降,由于金属表面温度低于周围大气温度,大气中水蒸气凝结在金属表面上,这样就加速了腐蚀。

b 固体尘粒

大气中的灰尘等固体微粒杂质也能加速腐蚀,它的组成十分复杂,包括碳和碳化物、硅酸盐、氮化物、铵盐等固体颗粒,在城市大气中它的平均含量约为 $0.2 \sim 0.3 \, mg/m^3$,而在强烈污染的工业大气中,甚至可达 $1000 \, mg/m^3$ 以上。

固体尘粒对大气腐蚀影响的方式可分为 3 类,尘粒本身具有腐蚀性,如铵盐颗粒能溶入金属表面水膜,提高了电导或酸度,起促进腐蚀的作用;尘粒本身无腐蚀作用,但能吸附腐蚀性物质,如碳粒能吸收 SO_2 及水汽,冷凝后生成腐蚀性的酸性溶液;尘粒既非腐蚀性,又不吸附腐蚀性物质,如砂粒落在金属表面能形成缝隙而凝聚水分形成氧浓差的局部腐蚀条件。

温度、湿度等环境因素变化会在镁合金制品表面形成电解液膜。为保护材料不受环境变化的影响,人们采用了多种表面处理工艺如涂装、烤漆和电镀等。但是在经过表面处理的镁合金制品上人们发现了一种新的腐蚀形态:丝状腐蚀。

C 丝状腐蚀

丝状腐蚀又称为膜下腐蚀,常见于具有涂层的金属材料。这种腐蚀非常普遍,在涂敷有锡、银、磷酸盐、瓷漆、清漆等涂层的钢、铝金属的表面上,都曾观察到丝状腐蚀,其形态如图 5-26 所示。

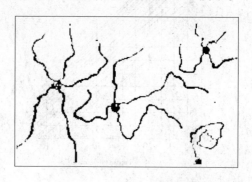

图 5-26 丝状腐蚀形貌示意图

镁合金容易发生丝状腐蚀,这种丝状腐蚀的特点在于:

(1) 丝状扩展速度常常很快;

(2) 丝状腐蚀不需要环境中有氧的存在,但在丝头和丝外必须有氢气不断地析出;

(3) 以点蚀为代价,阳极氧化加强丝状腐蚀;

(4) 在没有涂层的表面也观察到了丝状腐蚀的出现。

镁合金发生丝状腐蚀时。腐蚀丝头部的反应如下所示:

$$Mg \longrightarrow Mg^{2+} + 2e$$

$$1/2O_2 + H_2O + 2e \longrightarrow 2OH^-$$

$$Mg^{2+} + 2OH^- \longrightarrow Mg(OH)_2$$

$$Mg + 1/2O_2 + H_2O \longrightarrow Mg(OH)_2$$

$$H^+ + e \longrightarrow 1/2H_2$$

影响丝状腐蚀最重要的环境变量是大气的相对湿度。丝状腐蚀主要发生在65%～90%的相对湿度之间,相对湿度低于65%,金属不受影响,湿度高于90%,腐蚀主要表现为鼓泡,在金属表面上出现哪种保护层,相对来说并不重要,无论是清漆、瓷漆和金属涂层,下面都发生过丝状腐蚀,不过透水能力低的涂层可以抑制丝状腐蚀。

由此可见,丝状腐蚀是一种电化学腐蚀,腐蚀介质的扩展在腐蚀扩展中发挥了重要作用。针对丝状腐蚀,人们发现对表面进行化学转化处理,可最大程度地消除丝状腐蚀。

D 化学转化处理工艺

化学转化处理是使金属工件与处理液发生化学反应,生成一种以基材金属盐为主要组成的保护性钝化膜,化学转化膜既可以作为涂装处理的前处理,本身又具有一定的腐蚀抗力,这一点很适合3C工业中的镁合金制品。针对化学转化处理工艺的介绍,在第4章中已做介绍,这里不再赘述。

经过化学转化处理的压铸件能够防止丝状腐蚀的机理在于其所形成的化学转化膜不导电,表层呈钝态,即使在表面形成电解质,也能阻止电子在电解质中的传输,起到阻止电化学腐蚀的作用。化学转化工艺和基材表层组织会影响化学转化膜的结构,在大气环境作用下,进而影响化学转化膜抗蚀性能。

下面将针对薄壁镁合金压铸件在生产过程中出现的腐蚀现象,从压铸组织缺陷和其使用环境等方面对薄壁件的腐蚀机理作较为详细的分析。

5.3.3.2　镁合金压铸件组织缺陷对腐蚀的影响

铸造组织中不可避免要存在组织缺陷,这些缺陷将加剧压铸件的腐蚀和经过化学转化处理后的铸件的腐蚀。主要原因包括:

(1) 当压铸件的表面缺陷多时,意味着真正暴露在空气中的面积会更大,因此单位表面积的腐蚀数量也会更高。

(2) 压铸件缺陷的电化学行为很容易被腐蚀产物所阻碍,从而容易在表面和内部形成自催化腐蚀核,这样就会导致严重的局部腐蚀产生。因此压铸件缺陷越多,局部腐蚀现象就会越严重。

(3) 组织缺陷往往是由镁合金的缺陷造成的(比如由于合金中某项元素的不合格,导致镁液黏稠度过高),因此它也会对腐蚀过程起到积极的作用。因此缺陷比例越高,相应的压铸件的化学性质就越活泼,那么腐蚀就会越严重。

薄壁镁合金压铸件的缺陷有以下几种:表面裂纹、溶质元素偏析、夹杂和缩松等等。

A　表面裂纹区

表面裂纹区存在有碳和氧元素。裂纹区内铸造颗粒光滑,没有拉伸变形的痕迹,该组织与基材组织颜色一致。对照图 5-27,可推断表层裂纹形成原因为:在射流前端存在有部分杂质,导致射流前端汇聚处组织与基材组织不一致,在随后的凝固过程中没有完全融合,在热应力的影响下,组织不均匀区发生开裂,形成裂纹(图 5-27)。表 5-5 示出了图 5-27a 中不同位置的能谱分析结果。

表 5-5　裂纹区的能谱分析结果(质量分数/%)

元　素	C	O	Mg	Al	Mn	Zn	总　和
1	10.37	12.97	73.32	3.34			100
2	6.55	22.37	63.69	7.4			100
3	14.63	29.17	42.95	13.25			100
4	5.52	8.19	77.25	8.05			100
5			92.85	7.15			100
6			87.36	11.56		1.08	100

元　素	C	O	Mg	Al	Mn	Zn	总　和
7			76.29	20.21	1.79	1.71	100
最大值	14.63	29.17	92.85	20.21	1.79	1.71	
最小值	6.52	8.19	42.95	3.34	1.79	1.08	

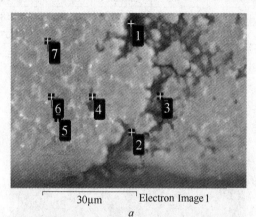

a

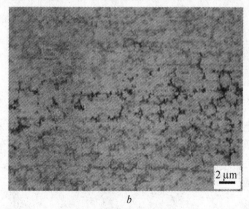

b

图 5-27　裂纹区形貌

a—表面裂纹断面形貌；*b*—表面裂纹形貌

B　夹杂

表 5-6 为图 5-28*a* 中不同位置的能谱分析结果。可以看出，碳、氧和镁三者的原子比接近 1:3:1，由此可推断形成的夹杂可能是一种以 $MgCO_3$ 为主的混合物。

表 5-6 夹杂区的 EDS 分析结果(质量分数/%)

元 素	C	O	Mg	Al	S	总和
1	12.18	45.98	33.97	7.21	0.67	100
2	10.48	49.71	31.06	7.57	1.18	100
3	8.82	57.88	27.58	5.01	0.72	100
最大值	12.18	57.88	33.97	7.57	1.18	
最小值	8.82	45.95	27.58	5.01	0.67	

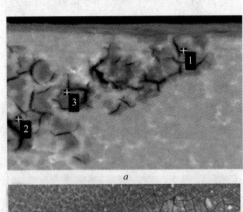

图 5-28 夹杂物及其引起的腐蚀形貌

a—横截面;*b*—俯视图

5.3.3.3 盐雾腐蚀形态及机理描述

化学转化处理后的产品进行盐雾腐蚀实验时,发现的腐蚀形态有 3 种:小麻点、黑絮状和灰白色浮凸。对应的 SEM 照片及 EDS 分析结果如图 5-29 和图 5-30 所示。

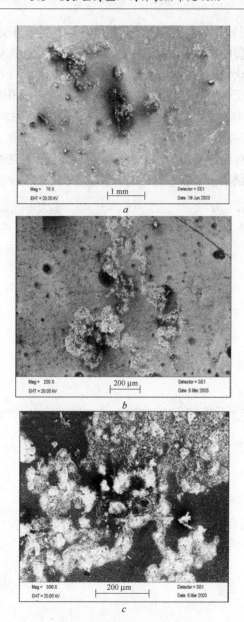

图 5-29 镁合金盐雾腐蚀产物的形态

a—小麻点;b—黑絮;c—灰白色浮凸

小麻点:压铸件表层存在夹杂,夹杂破坏了基体组织的连续性,使此处化学转化膜的形核和长大受到抑制,化学转化处理完后无法形成连续的化学转化膜。外观表现为黑色小麻点,如图 5-29a 所示。

黑絮状:化学转化处理后工件的抗蚀性与化学转化膜的致密度和环境变化密切相关,在一定的湿度条件下,温度变化较为剧烈时,工件表面会冷凝一层水膜,空气中的氯离子、氧离子溶解其中就会形成腐蚀介质。这种腐蚀介质一般不会对化学转化膜产生影响,只有当化学转化膜存在缺陷,如膜不连续时,膜表面的腐蚀介质通过毛细作用

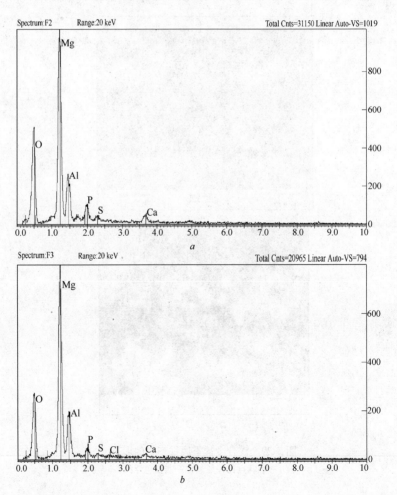

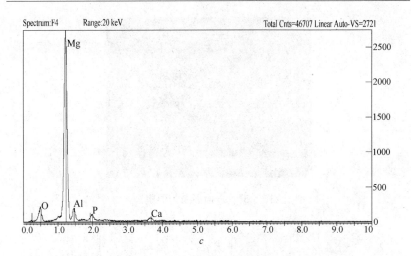

图 5-30 对应于图 5-35 不同形态腐蚀产物的能谱分析结果

a—小麻点；b—黑絮；c—灰白色浮凸

与基体接触，使基体发生腐蚀。腐蚀产物为氧化镁和氯化镁，它们会吸收水分使腐蚀进一步扩展。但是同时又观察到化学转化膜表层平整，究其原因，这可能是由于化学转化反应引起的。在化学转化反应中，化学转化处理液中可溶性的磷酸盐与基材金属反应，生成不溶性的磷酸盐沉积在基材金属表面，盐膜与基材结合紧密，腐蚀产物所产生的应力不能使膜层发生凸起，只能通过膜层缺陷处自内向外排出，形成絮状腐蚀。

灰白色浮凸：黑絮状进一步扩张后，通过下列反应发生体积膨胀而形成浮凸。

$$MgO + H_2O \rightarrow Mg(OH)_2$$

综上所述，这几种腐蚀形态的本质是一样的，都是由于基体中存在夹杂（如图 5-31 所示），在化学转化处理时，夹杂进入化学转化膜层中，导致膜不纯，不纯的化学转化膜在盐雾的作用下吸收水分发生腐蚀，可能的腐蚀机理如图 5-32 所示。

因此，控制镁合金薄壁压铸件腐蚀最根本的措施是清除夹杂，调整工艺参数，提高铸件表面致密度。

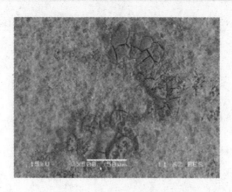

图 5-31   表面夹杂物形貌

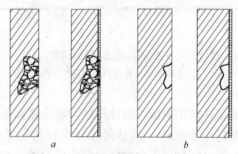

图 5-32   化学转化处理后腐蚀示意图

a—盐雾腐蚀；*b*—丝状腐蚀

5.3.4   其他缺陷

5.3.4.1   孔洞

铸件中的孔洞形态一般分为两种：一种是气孔，是在金属液充填完型腔后的凝固过程中，液体中卷入的气体没有溢出而存在于铸件中形成；另一种是缩孔，是液体镁在凝固过程中体积收缩而形成。金属液流中卷入气体，形成气泡，由于周围压力的作用一般呈球形，内壁相对较为光滑平整。而缩孔主要是由于体积的收缩而产生拉应力，使缩孔周围镁的形状会变得疏松且不规则，形状大小不一。图 5-33 所示为镁合金压铸件内部形成的气孔和缩孔。

气孔产生的原因如下：

(1) 充填过程中气孔产生[36]。

（2）金属液中的气体导致气孔产生。

（3）型腔表面涂料的挥发以及涂料喷涂不均匀也会引起气孔产生。

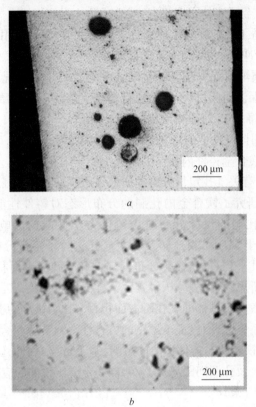

图 5-33 镁合金压铸件内部的孔洞形貌

a—气孔；b—缩孔

可以采取下列措施，减小气孔的产生。

（1）浇注和排溢系统。

1）在浇注系统中，对产生气孔影响较大的是内浇口。在设计时应注意以下几点：金属液从铸件厚壁处充填；金属液进入型腔后不能立刻封闭分型面和排溢系统；尽量减少金属液对内浇口对面型壁和型芯的冲击；尽可能采用单个内浇口，以免金属液相互冲击，形成涡流和飞溅。

2）根据金属液流态分析，结合溢流槽设置，在合适部位开排气槽，将型腔中的气体排出。

3）与排气槽配合，开设溢流槽，不但可将气体和冷污金属排出型腔，还能控制金属液的充填流态，减少或防止涡流形成。

（2）压铸工艺。在满足成形要求的条件下，尽量采用低温、低压射速度，以减少冲击、飞溅和涡流的形成。

（3）金属液熔炼。在保证化学成分符合要求的情况下，尽量避免炉温过高和保温时间过长，严格执行精炼工艺，对回炉料的配比严格控制，并进行表面去污处理和预热。

（4）选用挥发性低的涂料，并保证喷涂均匀。

目前对镁合金铸件内孔洞的研究主要集中在铸造工艺对孔洞影响方面的研究，有关气孔定量分析的研究还很少。乔治亚工学院的 Balasundaram 等研究了镁合金内孔洞的分布形态对铸件性能的影响[37]，但并未涉及孔洞的尺寸分布对压铸件力学性能的影响规律。张新平[38]等人基于 Matlab 对压铸镁合金气孔进行了定量分析，提出了压铸镁合金气孔平均直径、气孔分布均匀性和气孔所占面积百分比等参数的定量分析思路，编程分析了实际试样的气孔参数，实测了各试样的密度。结果表明各试样的气孔所占面积百分比与试样的密度存在着较好的反比关系，从侧面验证了思路的可行性。刘文辉[39]等人研究了孔洞对 AZ91D 镁合金压铸件性能的影响，基于 ansys 软件，研究了孔洞形状、尺寸、位置及孔洞间距离对 AZ91D 镁合金压铸件的应力分布影响。

5.3.4.2　裂纹

裂纹是压铸件上出现的连续的或断续的缝隙状的缺陷，分为热裂纹和冷裂纹。热裂纹是压铸时阻力较大，局部过热，且厚薄截面转变处，以及操作中一些工艺规范控制不当，如模具温度过低、开模太迟等所致。而冷裂纹则是合金成分不合标，合金具有冷脆性以及受到过大的机械力作用等所致。

5.3.4.3　变形

以下几种情况都会产生变形：

（1）铸件自身结构不适宜，冷却收缩产生变形。

（2）模具结构不合理，或在开模时产生变形，或在顶出过程中产生变形。

(3) 浇注系统布置不合理,以致浇口的收缩而造成铸件变形。

5.4 镁合金薄壁压铸件生产中的其他相关问题

镁合金压铸生产过程比较复杂,涉及到机械设计、材料、过程自动化、物理与化学等许多学科,因此是一个系统工程。生产中经常会出现诸如模具失效、镁液坩埚的腐蚀、产品局部的力学性能评价以及离型剂对产品的质量的影响等问题。在本节中,作者将结合生产实际,总结本研究组对这些问题的认识。

5.4.1 镁合金熔炼用铁质坩埚腐蚀及防护

铁坩埚作为熔炼镁及镁合金的主要设备,其主要特点是成本低,而且制造方便。但在镁合金实际生产中存在两方面的问题:一方面,坩埚内表面的金属铁在高温镁液的作用下部分溶解后,离开基体表面,进入镁液,造成镁液中铁含量的升高,铁含量增加会大大降低镁合金的耐蚀性,并影响镁合金的力学性能;另一方面,熔炼过程中铁坩埚受到高温镁液的冲击,不断地溶解到镁液中,从而导致坩埚的腐蚀,使坩埚的使用寿命缩短。因此,在严格控制金属炉料、镁合金熔剂以及熔炼工具等带入铁的同时,减少铁坩埚的溶解是降低镁合金铸件中铁含量、提高其抗腐蚀性能的关键,也是提高坩埚寿命的主要措施,对于生产高纯镁合金、提高镁合金铸件抗蚀性、降低生产成本、提高企业经济效益具有一定的理论价值和现实意义[40]。

5.4.1.1 熔镁铁坩埚腐蚀形式及机理[41]

镁和镁合金熔炼一般在 700~850℃、熔剂或气体保护条件下进行。在熔炼过程中坩埚壁直接与大气、炉气、熔剂、高温金属液接触,坩埚不仅要承受一定的高温载荷,而且还要受高温氧化腐蚀、冷热交替和相变产生的应力腐蚀、炉气腐蚀和高温合金液腐蚀等因素影响,这些都会对坩埚使用寿命产生不利影响。

(1) 高温腐蚀。熔镁铁质坩埚在受热时,其外壁将发生高温氧化,氧化分外氧化和内氧化两种形式[42]。在镁和镁合金熔炼条件下,部分熔剂或保护气体受热分解或超过临界值时[43,44],形成腐蚀性炉气如 Cl_2、HCl、HF、SO_2 等。炉气与暴露的坩埚基体发生化学反应,生成

FeF_3、Fe_2O_3、$FeCl_3$、FeS 等,这些产物脱落或溶解于镁合金液后,新金属基体外露,使得炉气腐蚀继续向基体内部延伸。

(2) 镁及镁合金液腐蚀。镁及镁合金液对坩埚的腐蚀主要发生在坩埚内表面,有溶解腐蚀和反应腐蚀两种形式。

1) 溶解腐蚀。从 Fe-Mg 二元系相图可知,Fe 与 Mg 之间不会形成化合物[45],且铁熔点比镁高得多,理论上铁在镁及镁合金熔炼条件下是稳定的固态。但铁在镁液中有一定的溶解度,其溶解度随温度升高而增加,在 650~850℃ 范围内,铁在液态镁中的溶解度从 0.025% 增加到 0.16%[46],在此温度范围,与镁液相接触的铁质坩埚中的铁离开基体表面而进入合金液,引起坩埚的溶解腐蚀。

2) 反应腐蚀。有研究表明[47~50],镁合金中含有铝、硅、锰、锆等合金元素时,高温下固态铁会和镁合金液中的这些元素发生反应。例如,当镁合金中含有不到 0.02%(质量分数)的铝或硅元素时,在 730℃ 左右铁与这两种元素反应生成 α-Fe(Al,Si)固溶体;碳钢中的碳元素和镁液中的合金元素如铝发生反应,生成四元化合物 $Fe_2(Al,Mg)C$[51]。中间相 α-Fe(Al,Si) 和 $Fe_2(Al,Mg)C$ 与碳钢中原子扩散及液态镁合金中铁元素迁移的溶解析出有关,而溶解析出是铁基坩埚长期暴露于镁合金液中表面产生晶间腐蚀和晶粒粗化的主要原因[52]。另外,用于保护镁及镁合金液的熔剂与坩埚表面接触,在高温下发生化学反应生成卤化物,这些反应产物从坩埚表面脱落或溶解到镁液中后,新金属基体又暴露于镁液中,反应腐蚀得以不断进行,最终造成坩埚内表面严重损坏。

5.4.1.2　熔镁铁质坩埚腐蚀防护方法[40]

从熔镁铁坩埚的溶解机理可以看出,要减少或防止坩埚铁的溶解问题,应采取的措施主要有以下 3 个方面:

(1) 应该尽量避免合金液的过热,加速镁的熔化过程,缩短镁液在坩埚中的停留时间;

(2) 避免使用溶剂作为保护性介质,改用 SF_6 混合气体保护,但 SF_6 不应当超过一定的临界值;

(3) 隔绝坩埚与镁液的直接接触。

但是,在实际的生产过程中,经常需要将镁液加热至 800℃ 左右,故从工艺角度考虑应尽量缩短镁液在超过 750℃ 以上温度的停留时间。除了操作工艺上采取措施尽量减少坩埚铁的溶解以外，从铁坩埚本身出发，应采取措施有效地隔绝坩埚基体与镁液的直接接触，减少或防止溶铁腐蚀的产生。下面介绍几种方法。

(1) 表面渗金属。在碳钢坩埚内表面渗入能和铁形成与镁互不相溶且不被镁液润湿的合金元素，这层合金使镁向坩埚基体内部扩散消失，将坩埚基体与镁液隔离开，从而阻止了铁的溶解。研究证明，当坩埚用钢成分中含有 0.5 %Cr 或含有一定量的铝时，可使铁在高温下不易溶入镁液中。因此可以考虑通过铁坩埚表面扩散渗铝，使坩埚内表面的铁和铝形成比较稳定的铁-铝合金，从而阻止铁和镁液的接触，防止铁的溶解。

(2) 表面涂敷层。在熔镁铁坩埚内表面涂敷上一层化合物，可以有效地隔绝坩埚基体与镁液的直接接触，防止溶铁腐蚀。对这种化合物的要求是：化学稳定性要好，不与镁反应，也不溶于镁液中；和钢板的附着性要好，耐金属液冲刷；线膨胀系数尽可能接近基体钢板，温度变化时不开裂，导热性要好。

(3) 调整成分法。坩埚用钢成分中含有铝或铬时，坩埚表面有铝与铁生成的具有较高稳定性的铝铁合金，或铬与铁坩埚中的碳原子形成的碳化铬化合物，阻隔了镁液中镁原子和铁坩埚中的铁原子的相互扩散，从而阻止了铁的溶解，降低了坩埚的腐蚀。调整成分法成本较高，且在使用中还存在一些实际问题，所以生产厂家很少采用。

5.4.1.3 铁质坩埚失效实例[53]

如图 5-34 所示，用于盛放镁合金熔液的坩埚在使用 3～4 个月后，其底部出现了裂纹，而且还存在严重的氧化开裂现象。这种破坏导致整个坩埚完全报废，不仅造成严重的浪费，而且降低了生产效率。

坩埚是通过螺栓固定在热室压铸机的尾部，其周围有高温绝热衬套起保温作用。坩埚中的镁液由于消耗需不断加入镁锭，因此需要不断加热。为了避免镁液温度出现大的波动，在镁液中放置热电偶 1，在坩埚底部靠近瓦斯点火装置处放置热电偶 2，如图 5-35 所示。通过自动控制装置，当热电偶 1 测得的温度高于镁液的设定温度 680℃时，瓦斯气体将被自动切断，使坩埚处于保温状态；当温度低于 680℃时，瓦斯气体将被点燃，使坩埚处于加热状态。由于热电偶 2 所处位置接近瓦斯点火装置，所以坩埚处于加热状态时，其显示的温度可近似看作火焰的内焰温度。在实际工作中,加热时间一般为 10 min,保温时间在 10~15 min,而且热电偶 1 和热电偶 2 所显示的温度为 670~685℃,温度波动很小。而利用 SG-612A 专业红外测温仪测得沿 x 轴方向的外焰温度为 900~1000℃。

图 5-34　坩埚开裂损坏情况

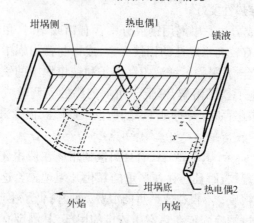

图 5-35　坩埚结构示意图

　　坩埚主要由 3 块钢板焊接而成。一块钢板构成了坩埚的底部和其前后部位,厚度为 30 mm,其中底部是主要传热部位;其他两块构成了坩埚的两个侧面,厚度为 25 mm。

　　光谱分析表明,坩埚底部和侧面成分一致,均为 20Mn 钢[54]。

　　通过金相分析发现,坩埚开裂部位沿 z 方向的组织差别很大。接近内表面的金相组织由铁素体＋珠光体组成,呈带状分布,珠光体中的铁素体和渗碳体呈片状交替分布。而中间部位的组织,没有带状组织,珠光体呈椭圆形和圆形,同时组织中存在腐蚀程度不同的两种铁素体。距离外表面 5 mm 处的金相组织由铁素体基体和其上分布的均匀细小碳化物(渗碳体)组成,这些碳化物弥散分布于晶内,在晶界上则有一些较大的类似珠光体的组织。距离开裂外表面 1~2 mm 处的金相组织,包含了两种不同的组织,这两种组织具有明显的界面。一种组织是铁素体晶粒明显偏大,另一种组织中含有很多缺陷,这些缺陷沿晶界分布。

5.4.1.4 坩埚失效原因分析

如前所述,由于瓦斯气体内外焰温度不同,坩埚受热不均匀。坩埚失效部位的瞬间加热温度较高,达到 900~1000℃。由于坩埚底部和前后侧为同一块钢板,有利于热量的传播,因此在 x 方向不会引起热量的集中。在 z 方向,坩埚和镁液接触,主要热量被镁液吸收,因此沿 z 方向也不存在热量的集中。而沿 y 方向,由于底部和侧面是通过焊接连接在一起的,两者又呈垂直关系,不利于热量的传播,因此会在底部和侧面的接合部位引起局部过热。

正是这种加热温度的不均匀以及坩埚的焊接结构,导致在开裂失效部位产生热量集中,从而使该部位显微组织发生变化,产生较大的热应力和组织应力,造成坩埚失效。

20Mn 钢的正火态组织为铁素体+珠光体。服役过程中,在接近内表面处,由于和镁液接触,温度保持 680℃,所以组织不会有很大变化,组织仍然为 F+P。

在坩埚壁的外表面,由于瓦斯气加热时处于外焰温度,且焊接结构的特殊性造成局部温度较高,达到奥氏体化温度。再加上频繁的加热冷却,会引起表面脱碳和氧化使表面组织中碳含量降低,铁素体相对数量增加,伴随着晶粒长大和沿晶界氧侵蚀的不断加剧。

坩埚沿壁厚方向的中部,温度在 680~1000℃ 范围内变化。在温度处于 720~840℃ 的区域时,部分珠光体会转变成奥氏体,组织由 F+P+A 组成;保温时,A 会发生分解,重新形成 F+P,这种新形成的铁素体与原来的铁素体由于形成温度上的差异,可能溶碳量不同,从而使其耐蚀性能不同,所以金相组织中表现出的腐蚀程度不同[55]。这个温度范围(680~1000℃)接近低温段的区域内,组织发生变化的另一个特征是片层状渗碳体球化。这是由于片层状渗碳体表面积较大,使体系的自由能升高,球化后总的表面积减小,有利于体系的稳定性的提高[56]。

坩埚在使用过程中,与镁液接触的内表面组织为 F+P,外表面为 A。由于各相之间的比热容差别较大[57,58](A 的比热容最小),加热过程中表面会因心部抵制收缩力而胀大,故表面产生拉应力,心部则相反,产生压应力。停止加热时,表面组织又变成铁素体,拉应力减小。这种频繁的加热和保温,外表面则受到周期性的拉应力,再加上表面脱碳,强度降低,就不可避免地形成了疲劳裂纹。随着坩埚使用时间的延长,这些裂纹会快速扩展,最终导致失效。当表面裂纹形成后,氧将沿着裂纹进入晶粒边界,导致基体被氧化侵蚀。

为了防止坩埚失效,延长其使用寿命,建议在使用过程中,底部采取电加热,使外表面加热温度保持在高于 680℃ 的某一适当温度,不致局部过热,从而消除组织应力的影响。

5.4.2 压铸模具失效分析

5.4.2.1 模具寿命[59]

压铸模经过一段时间后不可避免地要失效,延长压铸模具使用寿命,对于提高企业生产效率和经济效益具有十分重要的意义。模具寿命与模具类型、结构和形貌有关,如表 5-7 所示。

表 5-7 影响模具寿命的各种因素

模具设计制造方面的因素	模具设计	模具过载设计(工序划分不当)
		工具形状和精度不良
		加强环预应力不足
	模具材料	选材不当(韧性、强度不足)
		下料不当(最小加工余量不当,未考虑方向性)
	热处理	过热,脱碳,淬火冷却缓慢
		回火硬度偏高,回火温度太低,内部不均匀
		多余的表面处理
	模具加工	表面粗糙度不良,残余有刀痕
		圆角 R 太小
		残余有脱碳层,残余有放电加工变质层

	被加工材料	坯料质量波动,成分波动,硬度波动(退火不良)
使用条件方面的因素		表层不良,尺寸、形状、平面度不良
	机 械	精度、刚性不良
		加工速度大,加工压力大
	模具装配	中心和垂直度偏心
	润滑	润滑油选择不当

5.4.2.2 常见失效形式[60]

压铸模具失效形式归纳起来大致有 3 种,即腐蚀、断裂和塑性变形。

腐蚀失效主要分为气蚀、冲蚀和磨蚀 3 种失效形式。

(1) 气蚀。金属表面的气泡破裂,产生瞬间的冲击和高温,使模具表面形成微小麻点和凹坑的现象叫气蚀。

(2) 冲蚀。液体和固体微小颗粒反复高速冲击模具表面,小滴液体以高速落到模具表面上,会产生很高的应力,使模具表面局部材料流失,形成麻点。速度不高的反复冲击则使模具萌生疲劳裂纹,形成麻点和凹坑。

(3) 磨蚀。在摩擦过程中,模具表面和周围介质发生化学或电化学反应再加上摩擦力的机械作用,引起表面材料脱落的现象叫磨蚀。

模具出现大裂纹或分离为两部分和数部分,丧失服役能力,称为断裂失效。断裂可分为塑性断裂和脆性断裂两类,模具材料多为中、高强度钢,断裂的形式多为脆性断裂。

模具在服役时,承受很大的应力,而且应力一般是不均匀分布的,当模具的某个部位所受的应力超过了当时温度下模具材料的屈服极限时,就会以晶格滑移、孪晶、晶界滑移等方式产生塑性变形,改变模具原有的几何形状或尺寸,而且不能修复再服役,这种现象叫塑性变形失效。

5.4.2.3 失效原因及预防措施[61]

压铸模具失效原因及预防措施分述如下。

(1) 结构设计不合理引起失效。尖锐转角和过大的截面变化造成应力集中,常常成为许多模具早期失效的根源,并且在热处理淬火过程中,尖锐转角引起残余拉应力,缩短模具寿命。

预防措施:模具各部的过渡应平缓圆滑,任何大小的刀痕都会引起强烈的应力集中。

(2) 模具材料质量差引起的失效。模具材料内部缺陷,如疏松、缩孔、夹杂成分偏析、碳化物分布不均、原表面缺陷(如氧化、脱碳、折叠、疤痕等)影响钢材性能。

预防措施:钢在锻轧时,模具应反复多方向锻造,从而使钢中的共晶碳化物击碎得更细小均匀,保证钢碳化物不均匀度级别要求。

(3) 模具机加工不当。切削中的刀痕:模具的圆角部位在机加工中,常常因进刀太深而使局部留下刀痕,造成严重应力集中,当进行淬火处理时,应力集中部位极易产生微裂纹。

预防措施:在零件粗加工的最后一道切削中,应尽量减少进刀量,降低模具表面粗糙度。

(4) 模具热处理工艺不合适。加热温度的高低、保温时间长短、冷却速度快慢等热处理工艺参数选择不当,都将成为模具失效因素。

(5) 冷却条件的影响。不同模具材料,据所要求的组织状态、冷却速度是不同的。对高合金钢,由于含较多合金元素,淬透性较高,可以采用油冷、空冷甚至等温淬火和等级淬火等热处理工艺。

5.4.2.4　压铸模失效实例

影响压铸模寿命的因素很多,如模具设计、机加工、材料、热加工、热处理及压铸工艺等[62]。在压铸过程中,压铸模会出现各种缺陷,如表面冲蚀、开裂等,这缩短了模具的使用寿命,增加了成本,降低了生产效率,因此压铸模受到人们的重视,并得到了较多的研究。但从目前发表的文献来看,对热作模具钢表面冲蚀,特别是镁合金压铸模具表面冲蚀的研究还很少。

A　镁合金压铸模模具冲蚀现象

某厂使用的镁合金压铸模在经过 10000 模次后近浇口处可动模侧就被冲蚀,冲蚀痕迹分成若干束并以浇口中点为中心呈扇形分布,一般呈放射状,冲蚀程度从半径大约为10 mm 开始,然后随半径的增加而先浅后深再浅,半径大于 100 mm 后基本无冲蚀现象。

图 5-36 所示为可动模侧靠近浇口中心处冲蚀较严重部位的入子,该入子被冲蚀面尺寸约为 25.9 mm × 31.6 mm。模温实际设定值为 280～300℃,熔汤实际射出温度为 (630±20)℃,一个循环的时间为 38～45 s,铸造压力为 40 MPa。

图 5-36 被冲蚀入子实物形貌

制造入子所用钢材是日本生产的 SKD-61 钢,相当于中国的 4Cr5MoSiV1 和美国的 H13 热作模具钢。热处理工艺为 1030℃油淬,其中在 550℃ 和 850℃ 分别保温 1 h,1030℃ 保温 90 min,然后 550～560℃ 回火两次。

所用入子材料成分与日本标准 JIS G4404(2000)规定的化学成分基本一致,符合要求。

SKD-61 原材料经过球化退火处理,组织为球状珠光体,经淬火和高温回火后,组织为回火马氏体＋残余奥氏体＋碳化物组织,组织细小均匀。

图 5-37 为入子表面的冲蚀坑形貌,由图可以看出,被冲蚀的表面凹凸不平且疏松,呈现出蜂窝状,并有剥落现象。冲蚀坑的方向与金属液流动方向一致,被冲蚀的模具表面呈现"阴云",这是大量小凹洼出现的结果,每个坑边有波纹状隆起,而中心下陷且呈疏松状,通过 EDS 能

谱分析(图 5-38)可知,冲蚀坑中的物质的化学成分类似于镁合金 AZ91D。

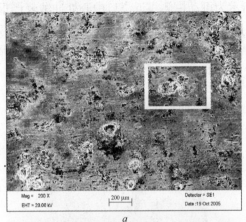

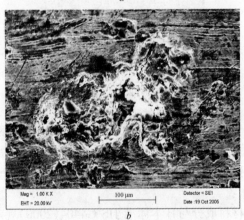

图 5-37　被冲蚀入子的表面 SEM 形貌

a—表面冲蚀形貌;*b*—*a* 中方框部分的放大形貌

B　模具表面冲蚀过程分析

a　材料对模具表面冲蚀的影响

镁合金压铸模一般在大于 600℃ 的高温环境下工作,并且要承受高温液流对它的冲击作用,故一般使用硬度较高的热作模具钢。SKD-

61 钢成分符合日本标准 JIS G4404(2000)，是一种性能很好的热作模具钢，选材是合理的。而且金相组织、硬度都合乎要求。

　　b　高温流体对模具表面冲蚀的影响

　　内浇口镁液速率的计算　　为了使生产的压铸件品质优良，压铸人员必须了解并优化压铸机台和模具的关系，也就是根据机台和模具的状况选择成形条件。内浇口速率指的是金属液流经内浇口时的速率，它可以通过柱塞头的速率得到，因为两者的流量是相等的。经计算，该内浇口速率为 $114 \sim 125.5$ m/s。

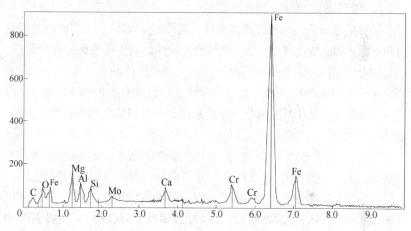

图 5-38　冲蚀坑中残留物的 EDS 分析结果

　　当然，这只是理论值，考虑到柱塞头摩擦及内浇口在压力作用下的扩张，内浇口镁液速度应为 $110 \sim 120$ m/s。

　　液体冲击角度的影响　　发生冲蚀的入子由于其右下方有一分流岛（见图 5-39 和图 5-40），故液体以与浇口大约成 60° 的角度冲击到该入子表面，并且沿着分流岛的液流束速度最大，所以在此方向上冲蚀最严重。镁液从内浇口是喷射而出并与可动模表面成一定角度。由冲蚀位置可知，在离浇口中心大约为 10 mm 时开始冲蚀，而内浇口与可动模侧的断差约为0.2 mm，故流速最大的镁液的流动方向相对入子表面的冲击角度大约为 2°，然后由于冲击角度的减小而使冲蚀程度减小，直至离中心约 100 mm 以后基本无冲蚀现象。

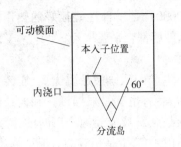

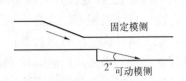

图 5-39　镁液冲击模面的平面图　　　图 5-40　镁液冲击模面剖面图

c　液滴温度与冲击速度的影响

冲蚀磨损首先发生于镁液高速冲击区,如浇口部位。液滴冲蚀磨损是由两方面原因造成的[63]:一是液滴冲击开始瞬时对固体表面的作用载荷,二是冲击到固体表面上的液滴由冲击处向外流产生的剪切作用。一个液滴高速冲击固体表面,可产生足以使固体表面发生变形和断裂的能力。内浇口镁液速度高达 110 m/s,当高速镁液以某一倾斜角度冲击材料表面时,液滴由圆而扁然后四散溅开,就在这一瞬间在液滴中心附近的一些局部压力相当大,一个冲击液滴对材料表面的冲击和沿径向向外射流使表面载荷表现为正向力和剪切力,单次冲击不致使模具表面产生明显的变化,但是在后续镁液的不断撞击下,镁液垂直方向的冲击作用和水平方向的剪切作用最终导致材料表面产生疲劳,强度和塑性下降,降低了材料表面的屈服强度,若冲击点所承受的应力超过材料的屈服强度,将迫使冲击点四周发生塑性变形,形成弧状凹陷,凹陷的边缘并出现因挤压作用及液体沿径向向外流而形成隆起的屑片,随着进一步的冲蚀,一些小凹陷长大成凹坑,甚至相互连接,最终使模具损耗。图 5-41 为此过程示意图。

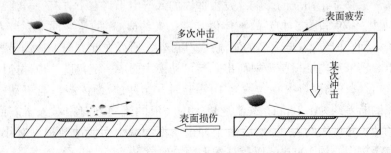

图 5-41　镁液冲击材料表面示意图

经计算,熔融的金属镁液滴的冲击压力约为 10.95 MPa。

5.4.3 镁合金薄壁压铸件推力试验

近年来,镁合金应用日益广泛,包括电子产业、航空航天、汽车应用及家具用品等[64,65]。大多数的镁基材料以压铸的形式应用,压铸完成后铸件表面非常光滑,后续阶段不需要更多的机械加工[66]。尽管如此,由于压铸过程非常复杂,影响因素很多,一些压铸缺陷往往会对性能产生显著影响[25,32],因此这方面的研究有重要的意义。

5.4.3.1 一种含有多肉缺陷的卡钩的推力性能

一种压铸生产的移动电话框架结构,其上的卡钩处分布着一些倒钩,它的作用是固定装配到铸件框架上的电子元件。因此卡钩处需要承受比其他部位更高的载荷。在生产中主要检查卡钩处的缺陷,尤其是卡钩与铸件框架结构结合的转折部位,这是因为该部位在固定电子元件时承担的载荷最大。

移动电话框架铸件是由 AZ91D 镁合金在 200 t 的热室压铸机上生产的。该铸件的平均厚度为 0.8 mm。一段时间以来,在卡钩转折处,会存在如图 5-42 所示的多肉现象。该缺陷的形成是由于模具的对应部位呈直角,速度快、温度高的金属镁液在充填该部位时,很容易造成模具的冲蚀,从而使该部位由直角向钝角变化,其最终结果是造成了模具该部位存在凹凸不平的缺损,反映在铸件上就形成了凸凹不平的多肉。由于不同模具的使用状况不同,成形于不同模具内的产品多肉状况也不同。

多肉属于一种微观缺陷,肉眼观察与裂纹非常相似,因此在有这种缺陷存在的情况下,卡钩耐受推力是大多数生产厂家要求的。为此选择了无多肉、小多肉和严重多肉的三种铸件来作推力测试,结果表明三组铸件的最大推力载荷都大于其规定的标准最大载荷,因此多肉的出现对于铸件的最大推力载荷无明显影响,相反,最大推力载荷随着多肉的增加还出现了微小的增大。

实验部位卡钩与框架连接的转折处存在加强肋,它可以增大最大推力载荷,如果忽略这方面的作用,就可以将施加推力的卡钩部位简化成一根悬臂梁。利用公式计算卡钩部位的弯曲强度 σ_b 为 120 MPa。考虑到加强肋的作用,卡钩部位实际的弯曲强度值要低于该计算值,那么

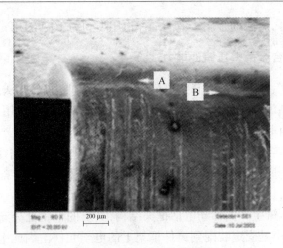

图 5-42 转折处的缺陷形貌

它也低于通常铸造镁合金的最大拉伸强度(大于170 MPa)[67]。一般来说材料的弯曲强度要远大于其拉伸强度,从以上计算可以推知可能存在一些其他的因素影响了所研究材料的弯曲强度。

通过 SEM 对铸件断口进行了分析,发现无多肉、小多肉、严重多肉铸件的断裂处没有明显差异。图 5-43 显示了存在小多肉的铸件在转折处断裂的截面形貌。从图中可以看见有很多孔洞,这种铸造缺陷会导致铸件微观结构不致密从而对铸件的力学性能产生严重的破坏作用。该缺陷的形成往往是压射过程中压力不足所致。从图 5-43b 及图 5-43c 可以看出孔洞的形状呈圆形,外部比内部大且更光滑,这很有可能是因为铸件在充填的最后阶段,补缩通道越来越窄,导致在铸件中所形成的孔洞沿通道方向直径由小变大[68]。假如压铸过程中压铸机能提供足够的压力,孔洞可能会很小,同时形状也将不规则。

在金属液充填完型腔后的凝固过程中,液体中卷入的气体会形成气孔存在于铸件中。同时,液体镁在其凝固过程中由于密度的增大,会发生收缩,则铸件中就会产生缩孔,它们都属于孔洞。在孔洞的形成过程中,若受周围镁的挤压不均匀时则其形状会变得不均匀,因此铸件中的孔洞形状大小不一,可能呈现圆形也有可能不规则。另外,当金属液与其卷入的空气相互作用时,会形成纳米级的氧化镁颗粒[22],如果这种作用比较充分的话,会形成球状的氧化镁微粒,如图 5-43e 箭头所示。

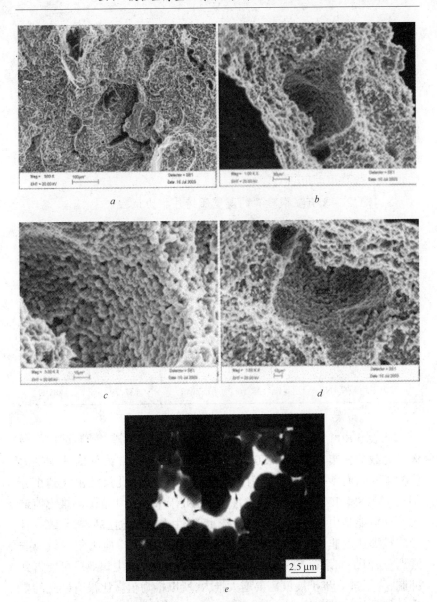

图 5-43 存在小多肉的断裂截面

a—端口形貌；b—具有大尺寸的一个孔洞；c—包含椭球状颗粒的孔洞内壁；
d—另一孔洞的截面；e—压铸过程中形成的氧化镁

　　这种孔洞通常在压铸件中都可以找到,它的存在对铸件的力学性能有很大的影响,同时破坏了其整体性能,因此试图通过减小晶粒尺寸来提高铸件力学性能的想法迄今一直没有实现。

　　总的来说,孔洞的形成存在两个主要原因:凝固收缩及液体中卷入气体。对于观察这些孔洞以及评估它对铸件的力学性能的影响是比较困难的。这些孔洞不仅会减小铸件承载力的截面积而且会导致产生裂纹的应力集中。更重要的是,被包裹气体会和镁液接触形成氧化镁,还会带来一些严重的危害。

5.4.3.2　含有显微砂孔的薄壁压铸件推力试验

　　一种镁合金制造的手机压铸件,存在不同程度的铸造砂孔。为了了解砂孔对装配卡钩力学性能的影响,选择了一系列试件进行了推力试验。这些试件的砂孔情况示于图 5-44。砂孔的直径分为 $d < 30\ \mu m$、$30 < d < 50\ \mu m$、$d > 50\ \mu m$ 和无砂孔 4 组。推力试验结果如表 5 8 所示。

表 5-8　含有程度不同的砂孔试样的推力试验结果

试　　样	A组	B组	C组	D组
推力平均载荷/N	144.23	157.45	137.79	128.99

　　从表 5-8 可知,铸件卡钩的推力值分布比较稳定。所有试件的最大推力载荷分布在 110~170N 之间。有趣的是正常铸件的平均推力值为 129N,而砂孔的铸件推力值都比较高,按照砂孔尺寸由大到小分别为 137.8N、157.5N 和 144.2N。砂孔处于中等尺寸范围的推力值最大。这可能是由于镁合金韧性较差,断裂性质属于脆性断裂,裂纹一旦形成扩展速度非常快。没有砂孔的铸件,裂纹的尖端应力集中效应非常严重,但是如果存在一定尺寸的砂孔,裂纹扩展时尖端效应可能得到抑制,为了进一步扩展就需要增大推力,所以推力值就比没有砂孔的要高。但是如果砂孔尺寸过大,减小了承受推力的横截面积,最大推力值就会反而下降。所以对镁合金压铸件而言,存在一定尺寸和数量的砂孔并不一定完全是件坏事。

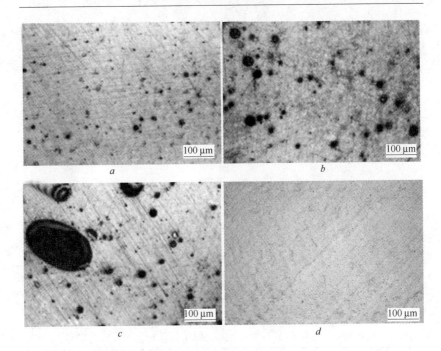

图 5-44　砂孔的不同形貌

a—d<30 μm; b—30<d<50 μm; c—d>50 μm; d—无砂孔

5.4.4　离型剂中金属离子浓度对压铸产品的影响

脱模剂是压铸生产中不可或缺的辅料,压铸件的许多缺陷如气泡、气孔、夹杂以及裂纹、粘模等都与脱模剂的选择和使用方法不当有直接的关系[69]。优质脱模剂不仅在高温下起到润滑作用,同时可避免金属液对型腔表面的冲刷作用,改善模具的工作条件,防止粘模,降低模具的热导率和模温,调节模具各部分的温度达到相对稳定,改善成形性。此外,所形成的薄膜还可以减少铸件与模具型腔特别是型芯之间的摩擦与磨损,延长模具寿命[70]。

某厂 A 厂区生产压铸镍合金产品,在生产过程中,对同一种离型剂,在相同机台参数及相同离型剂浓度条件下(稀释用水为工业自来水),当产品肉厚小于 0.7 mm 时,产品严重充填不良。而对同样的产品,在 A 厂区及 B 厂区的良品率又有很大不同,B 厂良品率非常高,而 A 厂几乎无良品,产品全部充填不良。而当 A 厂区采用纯水稀释离型剂时,又有一定的良品率,而不良的主要原因是产品表面及模具表面离型剂粘附严重。这说明不同水质稀释的离型剂或者是其中的离子浓度对压铸件质量有明显的影响。

通过各种仪器的检测,A、B 两厂区的水质结果如表 5-9 所示。从表 5-9 可以看出,A 区自来水中各种离子浓度都比 B 区高很多,说明 A 区的自来水含较多杂质。

表 5-9　A、B 厂区自来水水质测试结果

指　　标	B 厂区自来水	A 厂区自来水	A 厂区纯水
pH 值(25℃)	5.25	7.5	5.68
电导率(25℃)/$\mu s \cdot cm^{-1}$	82	1520	26
氯离子/$mg \cdot L^{-1}$	8.6	568	4.8
全硬度(以 CaO 计)/$mg \cdot L^{-1}$	20.5	365	0.1
钙离子/$mg \cdot L^{-1}$	10.5	95.4	0.1
镁离子/$mg \cdot L^{-1}$	1.8	99.2	ND[①]

① ND 表示 Not detect。

根据表 5-9 的结果,将 A 厂区纯水与自来水按 1:1、2:1、4:1、6:1、8:1 混合然后试用。结果表明,当纯水比例为 1:1、2:1 时,产品依旧几乎无良品,当纯水比例更高时,产品成形较好,良品率均大于 80%。各种配比的水的检测结果如表 5-10 所示。

表 5-10　不同比例的水质检测结果

纯水:自来水	4:1	6:1	8:1
pH 值(25℃)	6.88		
电导率(25℃)/$\mu s \cdot cm^{-1}$	315.2	239.4	192.0
氯离子/$mg \cdot L^{-1}$	107.4	85.3	67.4
全硬度(以 CaO 计)/$mg \cdot L^{-1}$	73.3	52.2	40.6
钙离子/$mg \cdot L^{-1}$	21.1	13.7	10.7
镁离子/$mg \cdot L^{-1}$	20.8	14.2	11.0
备　　注	实测值	计算值	计算值

按照 B 厂区的水质,进行了不同配比的实验,结果如表 5-11 所示。其中良品率较高的序号 1 和序号 2 的 pH 值和电导率测试结果如表 5-12 所示。

表 5-11 纯水 + 离子实验结果

序号	配比	氯离子(计算值)/mg·L^{-1}	钙(镁、钠)离子(计算值)/mg·L^{-1}	良品率/%	主要不良
1	0.5gCaCl$_2$:20L 纯水	16.0	9.0	>90	50模次后粘附严重
2	2.0gCaCl$_2$:20L 纯水	64.0	36.0	>90	粘附现象消失
3	4.0gCaCl$_2$:20L 纯水	128.0	72.0	0	产品尾部冷接纹
4	2.0gMgCl$_2$:20L 纯水	74.8	25.2	76	裂 纹
5	4.0gMgCl$_2$:20L 纯水	149.6	50.4	20	裂 纹
6	4.0gNaCl:20L 纯水	121.4	78.6	18	裂 纹
7	2.0gNaCl:20L 纯水	60.7	39.3	0	裂 纹

表 5-12 表 5-10 中序号 1 与 2 配比溶液特性检测结果

序 号	pH 值	电导率/μs·cm^{-1}
1	5.76	92
2	6.58	198

水基脱模剂稀释用水的品质容易被忽视,优质脱模剂如意大利 LEVENIT 及 MIARBO 化学制造公司的产品,除具有一套完整的生产工艺和质量检测系统外,对水质的纯净度、软硬度、pH 值、调和水温等均有严格的控制,因为脱模剂中若混入不合格的水,将部分失去应有的特性[53]。

5.4.4.1 离型剂附着量与模具温度的关系

模具温度是水基脱模剂应用时遇到的一个重要的问题。当向型腔喷涂脱模剂时,如果型腔表面温度过高,一方面,由于水蒸气膜阻碍了润湿性,即发生了莱顿弗罗斯特现象,液滴全部爆离型腔表面,使其中的有效成分无法沉积到型腔表面;另一方面,模具温度高时由于水的蒸发容易引起浓缩、乳化破坏,对于附着性是有利的。只有温度下降到某一温度值后,液滴才能与型腔表面具有一定接触时间,型腔表面可以和液滴发生热传导,液滴中的有效成分才有机会沉积到型腔表面。如果在未降到此温度前停止喷涂,则不会有足够的脱模剂粘附于型腔表面,从而影响脱模效果。如果型腔温度降至低于某一温度,水分的蒸发速度慢,喷涂时作为主成分的有机物很难附着在表面,结果出现了被冲洗掉的现象,脱模剂不能有效地形成沉积膜,而且还会造成脱模剂的浪费。故模具温度要在一定的范围内才能提高离型剂的附着性。

5.4.4.2　离子对离型剂附着性的影响

由实验可知,金属离子对离型剂的附着有很大的影响。当加入少量的 $CaCl_2$ 时,离型剂仍出现烧附现象,当加入一定浓度的 $CaCl_2$、$MgCl_2$ 和 $NaCl$ 后,离型剂均无烧附现象,而烧附是由于离型剂附着量太少,由此可看出金属离子的存在对离型剂的附着是有利的。

但是,加入不同的金属阳离子,良品率各有不同。加入 $0.1g/L$ 的 $CaCl_2$ 时良品率最高,加入 $MgCl_2$ 时良品率有一定的下降,而加入 $NaCl$ 几乎无良品,这说明钙离子的存在对产品成形是有利的,而氯离子几乎无影响。但是,钙离子的存在也有一定的范围,过少时离型剂附着差而烧附,过多时影响镁液的流动性。

由于 $0.1g/L$ 的 $CaCl_2$ 中氯离子含量较高,故产品化学转化后进行了盐雾腐蚀实验,试验结果表明,加入 $0.1g/L$ 的 $CaCl_2$ 对耐腐蚀性没有明显影响。

参 考 文 献

1　Carnahan R D, Decker R F, Vining R, et al. Influence of solid fraction on the shrinkage and physical properties of thixomolded Mg alloys. Die Casting Engineering, 1996(5~6): 54~59
2　燕战秋. 镁合金在汽车上的应用. 汽车工艺与材料, 1994, 8:26~28
3　余刚. Mg 合金的腐蚀与防护. 中国有色金属学报, 2002, 12:1087~1099
4　曾爱平, 薛颖, 钱宇峰, 等. 镁合金的化学表面处理. 腐蚀与防护, 2000, 21 (2): 55
5　边风刚, 李国禄, 刘金海, 等. 镁合金表面处理的发展现状. 材料保护, 2002, 35(3):1~4
6　曾爱平, 薛颖, 钱宇峰, 等. 镁合金表面改性新技术. 材料导报, 2000, 14 (3): 19~20
7　中国腐蚀与防护学会 主编. 化学转化膜. 北京: 化学工业出版社, 1988
8　张洪生. 无毒植酸在金属防护中的应用. 电镀与精饰, 1999, 18 (4):38~41
9　陈洪希. 肌醇六磷酸酯在低温磷化液中的应用. 四川化工与腐蚀控制, 2000, 3 (4):7

10　高波,郝胜智,董创,等. 镁合金表面处理研究进展. 材料保护, 2003, 36(3)：1~3

11　蒲以明,张志强,杜荣. 镁及镁合金表面处理初探. 表面处理,2002,25(4):32~36

12　杨发中. 金属的磷化及其进展. 材料保护, 1986,19(3):26~29

13　Gray J E, Luan B. Protective coatings on magnesium and its alloys. Journal of Alloys and Compounds, 2002, 336:88~113

14　Avedesion M M. Magnesium and magnesium alloys. In：ASM Special Handbook. Ohio: ASM International, 1999

15　Ghali E. Corrosion and protection of magnesium alloys, Material Science Forum, 2000, 350 ~351：261~272

16　Yukio Y, Makoto F. Formation of highly corrosion resistant coating filming magnesium alloy materials. JP Pat. , 7204577, 1995

17　姚敏琪,卫英慧. 溶胶－凝胶法制备纳米粉体.稀有金属材料与工程,2002,31(5):325~329

18　姚敏琪,卫英慧,胡兰青,等. SnO_2 纳米粉体制备及其气敏性能的研究.稀有金属材料与工程,2004,33(1):105~108

19　余锡宾,王华林. 无机有机杂化材料的进展. 材料导报, 1997,11(4):49~52

20　朱立群,李雪源. 发动机镁合金件改性硅溶胶防护涂层的研究.材料保护, 2002,35(2):17~18

21　Wagner G W, Sepeur S. Novel corrosion resistant hard coatings for metal surfaces, Key Engineering Materials, 1998, 150:193~198

22　Ying-hui Wei, Guo-sheng Yin, Li-feng Hou,et al. Formation mechanism of pits on the surface of thin-wall die-casting magnesium alloy components. Engineering Failure Analysis, 2006, 13(4):558~564

23　Campbell J. Castings. Butterworth Heinemann, 1991

24　Guangling Song, Andrej Atrens, Matthew Dargusch. Influence of microstructure on the corrosion of diecast AZ91D alloy. Corrosion Science, 1999, 41:249~273

25　焦少阳,卫英慧,侯利锋,等. 镁合金薄壁压铸件表面亮斑形成原因.机械工程材料, 2007,31(1):67~69

26　齐丕骧. 挤压铸造. 北京：国防工业出版社,1984

27　袁华. 提高压力铸造产品合格率的途径. 重庆工商大学学报,2004, 21(1)：72~74

28　Sequeira W P,Murry M T, Dunlop G L, et al. Effect of section thickness and gate velocity on the microstructure and mechanical properties of high pressure die cast magnesium alloy AZ91D. TMS on automotive alloys, Orlando, FA, February 9~13, 1997

29　Rajan Ambat, Naing Aung, Zhou. W. Evaluation of microstructure effect on corrosion behavior of AZ91D magnesium alloy. Corrosion Science, 2000, 42：1433~1455

30　韩恩厚,柯伟. 镁合金的腐蚀与防护现状与展望. 见:2002 全国镁行业年会会议论文集, 2002.83~94

31　Cerri E, Cabibbo M, Evangelista E. Microstructure evolution during high-temperature exposure in a thixo-cast magnesium alloy. Mater. Sci. & Eng. , 2002, A333: 208~217

32　阴国盛. 压铸镁合金 AZ91D 组织结构和性能研究:[硕士学位论文]. 太原:太原理工大学,2004

33　Mathieu S, Rapin C, Hazan J. Corrosion behavior of high pressure die-cast and semi-solid cast AZ91D alloys, Corrosion Science, 2002(44):2737~2756

34　Aren K Dahle, Young C Lee, Mark D Nave, et al. Development of the as-cast microstructure in Mg-Al alloys. Journal of Light Metals, 2001(1):61~72

35　Guangling Song, Andrej Atrens, Xianliang Wu, et al. Corrosion behavior of AZ21, AZ51 and AZ91 in sodium chloride. Corrosion Science, 1998(40): 1769~1791

36　陈光华. 压铸件气孔产生的原因及改进. 材料工艺,2002, 5:19

37　Balasundaram A, Gokhale A M. Quantitative charact-erization magnesium alloys. Materials Characterization, 2001, 46:419~420

38　张新平,刘文辉,柳百成. 基于 Matlab 压铸镁合金气孔的定量分析. 铸造, 2004, 53(3):211~213

39　刘文辉, 张新平, 熊守美, 等. 孔洞对 AZ91D 镁合金压铸件性能的影响. 稀有金属材料与工程, 2005, 34(6):872~875

40　陈虎魁, 刘建睿, 沈淑娟, 等. 熔镁铁坩埚对镁液的溶铁污染及防止措施. 铸造技术, 2004, 25(9):710~712

41　王栓强, 刘建睿, 李娜, 等. 镁及镁合金熔炼用铁质坩埚腐蚀及防护. 铸造技术, 2007, 28(3):443~445

42　李美栓. 金属的高温腐蚀. 北京:冶金工业出版社, 2001

43　王益志. 镁合金熔炼中采用 SF6 对环境的影响. 铸造, 2002, 51(4):239~241

44　张诗昌, 段汉桥, 蔡启舟等. 镁合金的熔炼工艺现状及发展趋势[J]. 特种铸造及有色合金, 2000, (6):51~54.

45　Nayeb-Hashemi A A, Clark J B. Phase diagrams of binary magnesium alloys. Ohio:Metals Park, ASM International, 1988

46　波尔特诺伊 K N,列别杰夫 A A. 镁合金手册——工艺与性质. 北京:冶金工业出版社, 1959

47　Pierre D, Peronnet M, Bosselet F, et al. Chemical interaction between mild steel and liquid Mg-Si alloys. Materials Science and Engineering, 2002 (B94):186~195

48　Pierre D, Bosselet F, Peronnet M, et al. Chemical reactivity of iron base substrates with liquid Mg-Zr Alloys. Acta Mater, 2001 (49):653~662

49　Pierre D, Viala J C, Peronnet, et al. Interface reactions between mild steel and liquid Mg-Mn alloys. Materials Science and Engineering, 2003 (A349):256~264

50　刘树勋, 刘宪民, 李培杰, 等. 高 Co 热作钢在 AZ91D 镁合金液中腐蚀行为. 中国腐蚀与防护学报, 2003, 23(2):120~123

51　Jean Claude Viala, David Pierre, Francosie Bosselet, et al. Chemical interaction processes at the interface between mild steel and liquid magnesium of technical grade. Scripta Materialia,

1999, 40(10):1185～1190

52 刘树勋, 李培杰, 曾大本, 等. 液态金属腐蚀的研究进展. 腐蚀科学与防护技术, 2001, 13(5):275～278

53 焦少阳, 卫英慧, 侯利锋, 等. 压铸机用镁液坩埚失效分析. 机械工程材料, 2006, 30(11):91～94

54 林慧国, 林钢, 吴静雯. 袖珍世界钢号手册. 北京:机械工业出版社, 1995

55 Hau J L. Understanding the micro structure of overheated carbon steel. Materials Performance, 2004, 60(11):1095～1100

56 魏成富, 王学前. 过冷奥氏体的异常分解与碳化物粒化. 热加工工艺, 1999(2):21～27

57 徐恒钧. 材料科学基础. 北京:北京工业大学出版社, 2001

58 夏立芳. 金属热处理工艺学. 哈尔滨:哈尔滨工业大学出版社, 1996

59 张云. 模具失效因素浅析. 桂林航天工业高等专科学校学报, 2005, 4:22～24

60 熊建武, 周进, 陈湘舜, 等. 模具失效原因及预防措施研究. 科技信息, 2007, 5:68～69

61 杨宗田. 模具失效的原因及预防措施. 模具制造技术, 2004, 6:56～58

62 陈秋龙. 压铸模的失效对比分析. 上海金属, 1999, 21(6):50～54

63 孙家枢. 金属的磨损. 北京:冶金工业出版社, 1992

64 Magers D. Magnesium alloys and their applications. In: Mordike B L. , Kainer K U. , eds. Proceedings of the conference on Mg alloys and their applications. Wekstoff-informationsgesellschaft, 1998. 105

65 Harbodt K. Clow B B. In:Aghion E, Eliezer D, eds. Proceeding of the second Israeli international conference on magnesium science and technology. Beer-Sheva 84100, Israel:Magnesium Research Institute (MRI) Ltd. , 2000. 472

66 John Neely. Practical metallurgy and materials of industry. New York:John Wiley and Sons, 1979. 321-333

67 汪之清. 国外镁合金压铸技术的进展. 铸造, 1997, 8:47～51

68 潘理. 压力下凝固对真实压铸胀型力的影响. 铸造技术, 1996, 2:63～66

69 修毓平. 压铸用水基脱模剂的选用方法. 特种铸造及有色合金, 2000, (6):75～76

70 范琦. 关于压铸用水基脱模剂的几个问题. 特种铸造及有色合金, 1995(6):30～32

6 新型镁合金研究和开发进展

6.1 新型高强镁合金

镁合金是最轻的实用金属材料,密度仅为 $1.35 \sim 1.8 \text{ g/cm}^3$,具有高的比强度和比刚度、很好的抗磁性、高的电负性和导热性、良好的消震性和切削加工性能[1]。但是镁合金的强度总的来说均低于铝合金。此外,高温性能差也是阻碍镁合金广泛应用的主要原因之一,当温度升高时,它的强度和抗蠕变性能大幅度下降,这大大限制了其应用。所以提高镁合金的室温强度和高温强度是镁合金研究中要解决的首要问题。目前国内外主要从稀土元素合金强化、镁基复合强化和快速凝固粉末冶金法等方面进行研究,以期提高镁合金的室温强度和高温强度[2]。

6.1.1 添加稀土元素强化镁合金

在镁合金中,稀土元素具有提高合金高温强度及抗高温蠕变性能和改善铸造性能的作用,因而从 20 世纪 70 年代就开始了添加稀土元素强化镁合金的广泛研究和应用。如 20 世纪 70 年代,Petterson G[3] 提出在 Mg-Al 合金中加 RE,得到了较好的效果。后来,DOW 化学公司开发了实用的 AE42 合金。90 年代有人研究指出,在 Mg-Al 合金中加入 1% 左右的 RE 会形成含 RE 的化合物,如 $Al_{14}RE$、$Al_{11}RE_3$ 或 Al_2RE 相,而没有发现 Mg-RE 相或 Mg-RE-Al 相化合物,说明在 RE 加入量较少时,稀土与镁难以结合生成化合物,但由于 RE 与 Al 结合生成 RE-Al 化合物,减少了 Al 形成低熔点相 $Mg_{17}Al_{12}$ 的数量,有利于提高 Mg-Al-RE 合金的蠕变性能,因此使其具有很高的热稳定性。

Unsworth W[4] 等对 Mg-8%Zn-1.5%RE 铸态组织进行的研究结果表明,含 RE 的 Mg-Zn 合金中会产生高稀土含量的 Mg-Zn-RE 三元相。Mg-Zn-RE 合金具有明显的时效硬化特点,且在 20 h 后才出现硬度峰值,说明 RE 具有推迟过时效作用。再如有人在 Mg-8%Li 合金中分别加入 1%～2% 的 La、Ce 和 Nd,经过一定的均匀化处理后,组织中的 α 相细化,并产生 $Mg_{17}La_2$、$Mg_{17}Ce_2$(或 $Mg_{12}Ce$)及 Mg_3Nd 等稀土镁化合物。这些化合物具有较高的硬度,因此使合金的硬度及强度提高。加 RE 还可以提高 Mg-Li 合金的再结晶温度,并促进 Mg-Li 合金的时效硬化。

将稀土元素作为主要合金元素而研发出的一系列镁合金,已广泛地应用于航空、导弹和汽车工业[5]。其中典型的镁合金牌号如表 6-1 所示。

表 6-1 典型稀土镁合金成分(质量分数/%)**及应用**

牌　号	RE	Zr	Y	Nd	Al	Zn	Mn	Mg	应用
AE42	2.0				4.0		0.3	其余	汽车
EK41	3.5	0.6		0.4				其余	航空发动机
EZ33A	3.0	0.6	2.5					其余	
QE22A	2.2	0.6	2.5					其余	
WE54	3.2	0.5	5.1					其余	汽车导弹
WE43	1.0	0.5	4.0	2.5				其余	

由于资源和成本的原因,目前主要以稀土 Ce 或稀土 Y 或富 Ce 混合稀土的形式加入镁合金[6]。稀土 Ce 在 Mg-Al 系合金中,首先与 Al 形成化合物 $Al_{11}Ce_3$,且分布于 α-Mg 晶界处。$Al_{11}Ce_3$ 熔点为 200℃,在 α-Mg 中的最大固溶度仅为 0.5%,因而它是一种耐高温的稳定相。同时由于消耗了一定的 Al 而减少了高温软化 β 相($Al_{12}Mg_{17}$)的生成量,在同一工艺条件下,与 AZ91 合金相比,添加富 Ce 稀土后,其组织明显优化,随着 Ce 的加入量增加,β 相在晶界的连续性逐步减弱并有粒化的趋势。而 Ce 在 Mg-RE 系合金中则以共晶相 $Mg_{12}Ce$ 存在,其共晶点为 560℃,且该相也为高温硬化相,同样分布于 α-Mg 晶界处。它们在晶界处不仅能阻止晶粒长大,而且还阻止了高温下晶界迁移和减小扩散性蠕变变形。通过上述两方面的作用,明显地提高了镁合金的高温强度及其高温稳定性,并随着 Ce 含量的增加,镁合金的高温性能也进一步增加,当 Ce 含量达到 0.8% 时,高温性能达到最佳状态,其使用温度可达到 250℃。

稀土元素 Y 与镁一样,同样具有密排六方晶体结构,原子半径相近,Y 在镁基固溶体中具有 12.0%的固溶度[7]。在室温条件下,Mg 与 Y 以 $Mg_{24}Y_5$ 高温强化共晶相化合物形式弥散分布于 α-Mg 晶内和晶界处。所以 Mg-Y 合金具有很显著的时效硬化特性,时效温度一般在 200℃左右,时效过程分为 $\beta'' \rightarrow \beta' \rightarrow \beta(Mg_{24}Y_5)$ 3 个阶段。一方面,$Mg_{24}Y_5$ 分布在 α-Mg 晶内,可以弥散强化基体。另一方面,$Mg_{24}Y_5$ 分布于晶界,可以阻止晶界滑移,强化晶界,进而能有效地提高镁合金的高温强度和抗高温蠕变性能。当 Y 加入量低于 0.9%时,铸态组织得到明显细化,晶粒尺寸变得细小,晶界上网状共晶相逐渐变为断续、弥散分布的骨骼状,同时有颗粒状新相出现。当 Y 加入量高于 0.9%时,晶界变得粗大,新相由颗粒状变为团块状(由于尺寸较大,外形不再是颗粒状)结构,如图 6-1 所示。

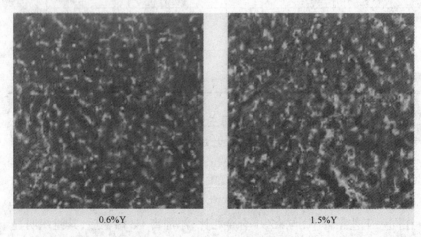

0.6%Y   1.5%Y

图 6-1 Mg-Al-Zn-Y 合金铸态组织

近年来,Y 对镁合金的有利作用越来越受到人们的重视,Mg-Y 系合金被视为很有发展潜力的一类耐高温合金。

其他的稀土元素还包括 La、Pr、Nd、Gd、Dy 等,同样也被应用于镁合金之中。其中 Nd 的作用尤为优良,由于其最大固溶度为 3.6%,远大于 Ce 的固溶度 1.6%,以 $Mg_{12}Nd$ 高温稳定共晶相存在,所以其表现与 Ce 不尽相同,它不仅能提高镁合金的高温强度,而且还能提高室温强度。由于上述原因,人们又开发出了一些多元的稀土镁合金如 Mg-Y-Nd-Zr 合金,室温强度和抗高温蠕变性能都比其他镁合金高,使用温度可达 300℃。稀土 Gd、Dy 的原子半径与镁的更为接近,所以它们在镁中的固溶度更大,分别为 23.5% 和 25.8%,且随温度的降低而降低,具有比 Y 更高的时效硬化特性,其中 Gd 的作用更为明显,而 La 的作用最弱。由于稀土资源的原因,对大部分稀土元素还缺乏广泛的研究和应用。我国盛产富 Ce 和富 Pr 的混合稀土,对它们予以开发应用是我国镁合金发展的主要方向之一。

含 Ba 镁合金高温抗拉强度的提高主要得益于 Ba 对合金的固溶强化作用和 Al_4Ba 高熔点热稳定相的弥散强化作用,由固溶处理试验可知 Ba 能够明显提高组织中晶界上 $Mg_{17}Al_{12}$ 相的熔点,改善其热稳定性较低的弱点。这是由于一部分 Ba 固溶于 $Mg_{17}Al_{12}$ 相中。另外组织中新生成的高熔点 Al_4Ba 相也在晶界处与 $Mg_{17}Al_{12}$ 相结合在一起。因此能够有效提高 $Mg_{17}Al_{12}$ 相的熔点,有利于镁合金高温稳定性能的提高。其中 Ba 的固溶强化能够阻碍高温应力下晶界位错的滑移而晶界上弥散分布的 Al_4Ba 相在高温条件下能对相邻晶粒的移动起到钉扎作用,阻碍高温应力下晶界和位错的移动。这些措施都有效提高了合金的高温抗拉强度,有效改善了 AZ91 合金的耐热性能。

6.1.2 镁基复合材料

以镁合金为基材来制作复合材料时,所选增强体通常要求物理化学相容性好,以避免增强体和基体合金之间的界面反应,润湿性良好,载荷承受能力强等。常用的增强体主要有碳纤维、钛纤维、硼纤维、Al_2O_3 短纤维、SiC 晶须、B_4C 颗粒、SiC 颗粒和 Al_2O_3 颗粒等[8]。但镁与镁合金较铝和铝合金化学性质更活泼,考虑到增强体与基体之间的润湿性、界面反应等情况,镁基复合材料所用的增强体与铝基复合材料不尽相同。

目前镁基复合材料所采用的增强体主要为 SiC、B_4C、ZrO_2 或石墨的纤维、晶须和颗粒等。增强体在镁合金中的存在,增加了材料内部的界面面积,加强了晶界的强化作用且细化了 α-Mg 基体晶粒。由于增强体与镁基体的线膨胀系数相差较大,在复合材料的冷却过程中,界面处及近界面处将存在热错配残余应力,引起基体的塑性流变,产生高密度位错,起到位错强化的作用。通过以上的强化机理,镁基复合材料便能比镁合金具有更高的室温强度、硬度、弹性模量和抗磨性。

Al_2O_3 是铝基复合材料常用的增强体,但其与 Mg 会发生 $3Mg + Al_2O_3 = 2Al + 3MgO$ 的反应,降低其与基体之间的结合强度,而且常用的 Al_2O_3 含 5% 的 SiO_2,SiO_2 与 Mg 发生强烈反应:$2Mg + SiO_2 = Si + 2MgO$,余量的 Mg 与反应产物 Si 经反应 $2Mg + Si = Mg_2Si$ 产生危害界面结合强度的 Mg_2Si 沉淀,所以镁基复合材料中较少采用 Al_2O_3 短纤维、晶须或颗粒作为增强体。

碳纤维束是由直径 $7 \sim 15 \mu m$ 的单丝组成的集合束,每束有 $1000 \sim 30000$ 根不等。碳纤维的耐热性好,在 2000℃下强度几乎不发生变化。碳纤维的耐疲劳性好。天然纤维、黏胶纤维和合成纤维都可以制成碳纤维。

碳纤维高强、低密度的特性使其成为镁基复合材料最理想的增强体之一。碳纤维的化学性能与碳十分相似,在室温下是惰性的。除能被强氧化剂氧化外,一般的酸碱对碳纤维不起作用。虽然 C 与纯镁不反应,但却与镁合金中的 Al、Li 等反应,可生成 Al_4C_3、Li_2C_2 化合物,严重损伤碳纤维。因此,要制造出超轻质的碳纤维增强的镁基复合材料的当务之急是研制出有效的碳纤维表面涂层。在这方面,已有研究者通过真空铸造方法制备出了高强度 CZM5 复合材料,碳纤维表面经 C-Si-O 梯度涂层处理后,在体积分数为 35% 时,复合材料的抗拉强度达到了 1000 MPa。

1973 年美国采用化学气相沉积(CVD)法通过三氯甲基硅烷热分解在碳纤维或钨丝表面沉积硅烷化合物,再经热处理后,制成 SiC 晶须。SiC 纤维的强度高、模量大,并具有抗氧化和抗腐蚀的特点。SiC 和 B_4C 的结晶型结构比硼纤维具有更好的抗蠕变性能,因此适宜做高温增强材料。通过挤压铸造制备的含 SiC 晶须(体积分数为 20%)的 SiC/AZ91D 镁基复合材料,经过 410℃ × 2 h 的固溶处理,然后在 170℃ 进行 5 h 的时效处理,其室温抗拉强度达到了 392 MPa。许多研究者研究了 SiC 与镁合金基体之间的界面反应,在复合材料的制造过程及高温固溶处理(500℃ × 12 h)中都没有发现任何不利的界面化学反应。由此可见,SiC 晶须或颗粒是镁基复合材料合适的增强体[9]。

B_4C 与纯镁不反应,但 B_4C 颗粒表面的玻璃态 B_2O_3 与 Mg 能够发生界面反应可使液态 Mg 对 B_4C 颗粒的润湿性增加,所以这种反应不但不降低界面结合强度,反而可使复合材料具有优异的力学性能。

将纳米级的 SiC、ZrO_2 颗粒加入到镁合金中,能通过弥散强化作用明显提高复合材料的室温和高温强度,如含有体积分数为 3% 的平均粒径为 14 nm 的 SiC 镁基复合材料,在 100℃ 时的抗拉强度为 180 MPa,室温抗拉强度为 320 MPa。由上可见,现有的镁基复合材料的强度虽有明显提高,但其结果仍不尽人意,究其原因是基体材料的强度太低。如果基体材料的力学性能能够得到一定的提高,再附以复合强化手段,那么就有希望研发出高强度的镁基复合材料[10,11]。

6.1.3 RS/PM 高强度镁合金

快速凝固/粉末冶金(RS/PM)法是近 10 年发展起来的材料制备新工艺,包括快速凝固制备粉末和粉末固化成形两部分,其中快速凝固制粉技术是镁合金晶粒细化的关键[12]。

快速凝固是在保护气氛中,将熔融的镁合金喷送到具有较高热容的低温金属模上,使熔融的镁合金急剧冷却凝固。当使用的低温金属模为一转轮时,可得到较薄的镁合金带,晶粒十分细小;当镁合金的成分恰当时,甚至还能得到纳米晶或非晶;还可用高压的惰性气体将熔化的镁合金喷到大块低温金属腔以得到块状的镁合金;此外,也可用溅射、气相沉积、激光处理等手段使熔融的镁合金急剧冷却来获取快速凝固的镁合金。

快速凝固制成的镁合金,不仅可以提高材料的力学性能,而且也能增加其耐蚀性。提高耐蚀性的原因可能与如下几方面有关。

(1) 它可能生成新相使有害杂质在新相中的电化学活性降低,或提高杂质的容许极限。

(2) 它使镁合金的晶粒细化甚至非晶化,同时使相与成分分布均匀化而降低微电偶腐蚀的活性。

(3) 它提高对耐蚀性有益的元素在镁中的固溶度,从而降低镁的电化学活性[13]。

由于快速凝固制粉设备能提供非常快的冷却速度,进而能得到极细的甚至是超细的晶粒,一方面大幅度地增加了晶界的面积,另一方面还可以使分布于晶界处的 β 相或其他强化相,尤其是含稀土的耐高温强化相能更加弥散地分布于 α-Mg 基体上,明显地加强了细晶强化、晶界强化和弥散沉淀强化的作用[14]。因此,通过快速凝固粉末冶金法可以制得高强度高塑性的镁合金。

采用快速凝固/粉末冶金法制备镁合金材料的工艺流程如图 6-2 所示。在快速凝固过程中,合金元素在镁基体内的最大固溶度大大提高。例如,在镁中的最大固溶度(摩尔分数),Al 可以提高到 22%,Y 为 9.7%,Ca 为 6.5%,Ag 为 5.9%,Ce 为 3.15%,Sr 为 3.1%,Mn 为 2.2%,Zr 为 0.32%,Ba 为 2.0 等。

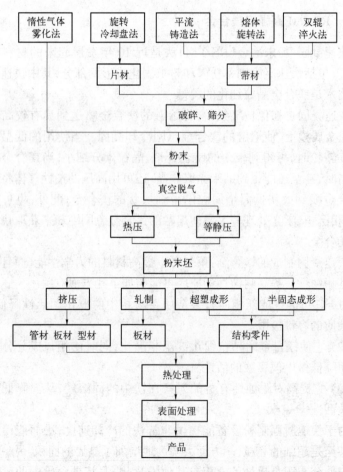

图 6-2　快速凝固/粉末冶金法制备镁合金材料工艺图

快速凝固工艺可以显著细化镁合金的晶粒,甚至可细化到 1 μm 左右,在合金粉末的固结和成形过程中,从基体中析出的弥散相的尺寸在 10 nm 左右[15]。

在含 Si 的快速凝固镁合金如 Mg-2Si、Mg-6Si,和含 Ba 的快速凝固镁合金如 Mg-4.5Ba、Mg-8.3Ba 中,容易形成小弥散的 Mg_2Si 和 Mg_2Ba 沉淀相微粒。这种微粒不仅强化了基体,还可以阻止晶粒的长大。这种合金在 317℃时的强度比常规铸造 ZK60 合金(Mg-6Zn-0.7Zr)的提高 3～5 倍。而快速凝固 ZK60 合金在 60℃挤压成形后的屈服强度比铸造并锻造后相同成分合金的增加了 120 MPa,抗拉强度增加了 60 MPa,同时还具有很好的塑性。除了强度的提高外,快速凝固后晶粒的细化和在合金中加入 Ni、Li、Si、Pd、Pt、Sb、Ge、Sc 和 In 等合金元素使合金中形成具有立方结构的相,都有效地改善了镁合金的塑性。此外,快速凝固镁合金的热稳定性也比常规镁合金的有较大提高,例如 Mg-Al-Zn 合金,快速凝固形成的弥散和 Al_3Zr 沉淀相钉扎了晶界,阻止了晶粒长大,所以在 300～400℃保温达 300 h 后仍然能保持室温强度不变。快速凝固镁合金微观组织结构的均匀化和弥散沉淀相的形成还提高了合金的抗腐蚀能力,快速凝固 Mg-5Al-2Zn-2Y 合金是已知镁合金中抗腐蚀性最高的合金。某些新型快速凝固镁合金还同时具有很好的强度、塑性、抗腐蚀性和高温稳定性,快速凝固 Mg-(5～8)Al-(1～2)Zn-(0.5～2)X(X=Pr,Nd,Ce,Y)(摩尔分数,%)就是其中典型的合金。这些合金快速凝固后在晶粒细小(尺寸为 0.36～0.70 μm)的基体上产生了弥散的 $Mg_3X(X=Pr,Nd,Ce)$ 或 $Mg_{17}Y_3$ 沉淀相(尺寸为 40～70 nm),这些沉淀相是有很高熔点和热稳定性的金属间化合物,挤压固结成形和高温条件下不发生明显粗化,并能对晶界产生有效的钉扎作用。这些合金具有十分突出的室温与高温综合力学性能。

快速凝固工艺极大地改善了镁合金的力学性能[16]。与常规铸造镁合金及现有的铝合金比较,室温快速凝固镁合金的比极限抗拉强度(UTS/ρ)超过常规镁合金及铝合金的 40%～60%;压缩屈服强度与拉伸屈服强度比值(CYS/TYS)由 0.7 增加到 1.1 以上,比拉伸屈服强度(TYS/ρ)与常规镁合金及铝合金的相比大 52%～98%,比压缩屈服强度(CYS/ρ)则大了 45%～230%;伸长率为 5%～15%,经过热处理后可以上升至 22%。与其他轻合金比较,快速凝固镁合金在 100℃以上的温度下具有优良的塑性变形能力或超塑性。由于晶粒非常细,材料的疲劳强度为常规镁合金的两倍。镁合金与 SiC 等陶瓷颗粒具有良好的相容性,可以作为复合材料的良好基体。此外,镁合金的抗腐蚀性也有很大的改善。

日本有人就曾利用该工艺方法,研制出了高强度纳米晶 Mg_{97} Zn_1Y_2(原子数)RS/PM 镁合金。该合金以 α-Mg 相为基,在晶界处分布有少许的 $Mg_{24}Y_5$ 化合物,其平均晶粒半径为 100～200 nm,室温抗拉强度高达 610 MPa,伸长率为 5%。

6.1.4 喷射沉积技术

喷射沉积的概念最早是由英国的 A. R. E. Singer 教授提出的。该技术的原理是将金属或合金熔体用高压惰性气体雾化,形成液滴喷射流,直接喷射到水冷或非水冷基体上,经过撞击、聚结、凝固而形成大块沉积物,这种沉积物可以立即进行锻造、挤压或轧制加工,也可以是近终形产品[17]。

喷射沉积技术的基本特点是:

(1) 沉积坯的冷却速度高。在喷射沉积过程中,颗粒飞行时的冷却速度可达到 $1 \times (10^2 \sim 10^4) \text{K/s}$,沉积物冷却速度可达 $1 \times (10 \sim 10^3) \text{K/s}$,比传统铸锭冶金方法的冷速高得多,在沉积物中能够得到快速凝固态组织,组织细小均匀;合金成分偏析程度小。

(2) 材料的氧化程度小。喷射沉积过程是在惰性气氛中瞬时完成的,金属氧化程度小。而且,由于液态金属是一次成形,工艺流程短,减轻了材料的污染程度。

(3) 材料力学性能优越。由于喷射沉积坯冷却速度大,组织细小均匀,且氧化程度比快速凝固/粉末冶金方法的低,因而材料力学性能达到或超过粉末冶金/快速凝固材料的,明显优于铸锭材料的,这种材料能够满足特殊领域的需求。此外,喷射沉积是一种近终成形技术,工艺简单,且灵活性高,原则上能生产任何金属产品,如能生产高性能的金属基复合材料,双金属和多金属材料及摩擦材料等。

采用喷射沉积技术不仅可以大幅度提高传统材料的性能,而且可以制备出传统方法难以获得的高合金材料,甚至还可以开发出新合金。该技术也可以制备管、板、带、环、筒和圆锭坯。雾化沉积过程中,在雾化锥内加入陶瓷颗粒,进行共沉积,还可以制备出复合材料坯。采用喷射共沉积工艺制备复合材料坯的优点是:陶瓷颗粒分散均匀,加入量可以控制;由于沉积坯的冷速高,沉积层温度较低,因而不会发生有害的界面反应;可以制备出大尺寸的复合材料坯件。目前国外比较知名的喷射沉积工艺有 Osprey 工艺、LDC(液体动态压实)工艺、CSD(受控喷射沉积)工艺、离心喷射沉积工艺等[18,19]。

喷射沉积工艺可以显著细化镁合金的晶粒,一般在 $10 \sim 30~\mu m$,为等轴晶粒,晶粒尺寸及材料的组织均匀。Lavernia 等[20]研究了喷射沉积 Mg-8.4Al-0.2Zr-X(质量分数,%)和 Mg-5.6Zn-0.3Zr-X 的组织和性能特点。结果表明,与铸态材料相比,力学性能有大幅度提高。Mg-7Al-4.5Ca-1.5Zn-1.0RE 和 Mg-8.5Al-2Ca-0.6Zn-0.2Mn 合金的晶粒尺寸为 $3 \sim 25~\mu m$,在晶界处析出了 $Mg_{17}Al_{12}$、Al_2Ga、$MgRE$ 和 $AlRE$ 沉淀相。与经挤压加工和时效处理后的 I/MZK60 合金及 AZ80 相比,LDCMg-5.6Zn-0.3Zr 及 LDCMg-8.4Al-0.2Zr 合金在不降低强度的条件下得到了更好的塑性,其强度及塑性与熔体旋转法制备的 ZK60 合金的相同。对 LDCMg-Al-Zr 合金的研究表明,挤压材料在 413℃ × 5 h 固溶处理,并在 205℃ × 20 h 时效后未发现再结晶及粗化现象,这是由于存在更稳定的沉淀相如 Al_3Zr 之故。喷射沉积镁合金 QE22 材料与相应的 I/M 材料比较,强度提高了 40%,塑性增加了 3% ~ 10%,耐蚀性提高了 1/3。

6.2 镁合金的设计

虽然镁合金得到迅速发展,但是还存在许多问题,如合金牌号少、抗蚀性差、高温性能不佳、易燃烧等。因此急需研究和开发新型的具有良好耐蚀性、良好常温及高温性能,并且能满足成形性和低成本的要求的合金系。通过研究在生产中应用的标准镁合金(无论是铸造镁合金还是变形镁合金)的性质,可以看出,这些合金并不能完全满足工业对现代发动机、机器和仪器所需材料的迅速增长的需要。所以,国内外研究人员都在继续进行着寻找耐热的、在室温下具有较高强度的、工艺性质较标准合金优良的新型镁合金的合理组成的工作[21,22]。

合金化设计从晶体学、原子的相对大小,以及原子价、电化学因素等方面进行考虑,选择的合金化元素应在镁基体中有较高的固溶度,并且随着温度变化有明显的变化,在时效过程中合金化元素能形成强化效果比较突出的过渡相。除了对力学性能进行优化外,还要考虑合金化元素对抗蚀性、加工性能及抗氧化性的影响。

现将某些新型镁合金(一部分已在工业上经过考验,并列入某些国家的标准中)的组成、结构和性能描述于下。

6.2.1　Mg-Al 系

目前,对于 Mg-Al 系镁合金的研究主要集中在以下两方面:

(1) AZ 系(Mg-Al-Zn)镁合金的耐热性改善,其主要通过添加微量合金元素(如 RE、S、Ca、Ba、Bi、Sb 和 Sn 等)改善 AZ 系合金中 β 相($Mg_{17}Al_{12}$)的形态结构和/或形成新的高熔点、高稳定性的第二相来提高其耐热性。

(2) 新型镁合金系列的开发,其主要以 Mg-Al 二元合金为基础,通过单独或复合添加 Si、RE、Ca 和 Sr 等合金元素,以形成具有抗高温蠕变性能的新型镁合金系列[23]。

6.2.1.1　AZ 系

AZ 系(Mg-Al-Zn)镁合金是商业上应用最广的结构镁合金材料,具有优良的铸造性能、力学性能和抗腐蚀性能。近年来,人们对 AZ91 镁合金的性能进行了大量的研究。通过调整主要合金元素 Al 和 Zn 含量,并在此基础上通过添加微量元素 Sb、Bi、Sn、RE、Ca 或 Si 等来实现[24,25]。

AZ91 镁合金的铸态显微组织包含有基体(α-Mg)和 β($Mg_{17}Al_{12}$)沉淀相,如图 6-3a 所示。图 6-3b 是含 2% Bi 的 Mg-9Al-0.8Zn-0.2Mn-2Bi 的 SEM 图,β 相已经细化,同时晶粒和晶界中观察到一些棒状的微粒,其成分为 Mg_3Bi_2。通过 XEDS 分析表明这些沉淀相有近似的成分(Mg-38Bi-4Al-1Zn)。

合金中添加 Sb 后,有相似的显微组织,少量的 Sb 就可以引起 β 相的细化,同时形成棒状微粒,如图 6-3c 所示。通过 XRD 分析 Mg-9Al-

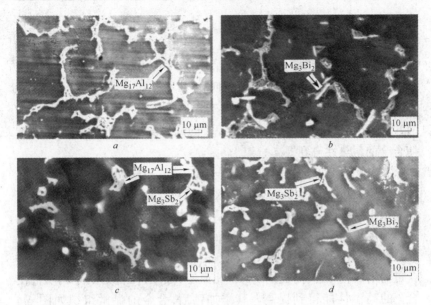

图 6-3 显微组织

a—Mg-9Al-0.8Zn-0.2Mn；b—Mg-9Al-0.8Zn-0.2Mn-2Bi；

c—Mg-9Al-0.8Zn-0.2Mn-0.4Sb；

d—Mg-9Al-0.8Zn-0.2Mn-1.0Bi-0.4Sb

0.8Zn-0.2Mn-0.4Sb 合金发现 $D5_2$ 晶型的 Mg_3Sb_2 相。棒状微粒的成分近似为 Mg-40.34Sb-1.59Al。当 Bi 和 Sb 联合加入时，Mg_3Bi_2 和 Mg_3Sb_2 同时形成，如图 6-3d 所示，β 相更加细化，而且分布更加均匀。

在 AZ 系镁合金中，锑一方面固溶入 β 相（$Mg_{17}Al_{12}$），另一方面弥散析出具有六方 $D5_2$ 晶型且热稳定性（1280℃）好的 Mg_3Sb_2 相（位于基体和晶界处），该相除弥散分布于基体中起弥散强化作用外，还可弥补 AZ 系合金中 β 相（$Mg_{17}Al_{12}$）的不足和作为 α-Mg 基体的非自发形核基底，并促进晶内与基体具有共格结构的细小连续 $Mg_{17}(Al，Sb)_{12}$ 相的析出，因而使得合金的室温和高温性能得到改善，并显著提高合金在 150～200℃ 间的抗蠕变性能。

在 AZ 系镁合金中铋可使合金的铸态组织得到有效细化和析出具有六方 $D5_2$ 晶型且热稳定性（821℃）好的 Mg_3Bi_2 相（位于基体），使基体得到强化。同时，铋还可阻止时效过程中 $Mg_{17}Al_{12}$ 的非连续沉淀，从而使合金的耐热性得到显著提高。此外,如果将铋和锑复合添加,还可更有效地抑制非连续沉淀的析出,并且由于同时含有 Mg_3Sb_2 相和 Mg_3B 相以及细小连续 $Mg_{17}(Al,Zn,Bi)_{12}$ 相和 $Mg_{17}(AlSb)_{12}$ 相的析出,合金的热稳定性更高,蠕变速率更低。

在 AZ 系镁合金中锡可生成具有氯原子结构和远高于基体熔点的 $Mg_2Sn(770℃)$ 颗粒相,使合金拉伸时的晶界滑移受到有效抑制,从而使合金的耐热性得到提高。

在 AZ 系镁合金中 RE 可使 $Mg_{17}Al_{12}$ 沉淀相的数量减少且细化,还能形成棒状 $Al_{11}RE_3$ 相,虽然 $Al_{11}RE_3$ 相对合金的室温极限抗拉强度影响很小,但可显著提高合金 150℃ 时的极限抗拉强度和伸长率,并且屈服强度也随 RE 的加入而提高。

在 AZ 系镁合金中钙除细化枝晶尺寸和 $Mg_{17}Al_{12}$ 相外,还会随钙含量的增加,形成高熔点的 Al_2Ca 相而使 $Mg_{17}Al_{12}$ 相数量减少,从而使合金的高温性能得到提高。其添加钙后,合金的显微组织如图 6-4 所示。

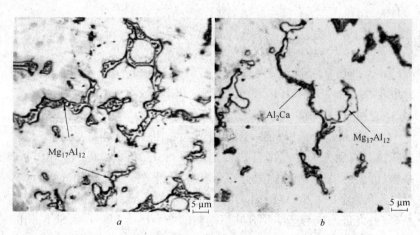

图 6-4　Mg-Al-Zn-Ca 合金的显微组织

a—含 0.4%(质量分数)Ca;b—含 0.8%(质量分数)Ca

此外,复合添加钙和硅还可使 AZ 系镁合金高温性能得到进一步提高,这主要是由于一方面钙溶入到 $Mg_{17}Al_{12}$ 相中,提高了该相的热稳定性,另一方面,由于硅加入在合金基体中形成了弥散分布的高熔点 Mg_2Si (1085℃)相,从而使合金的热稳定性更高,蠕变速率得到大幅降低。

加钙可使 AZ91D 合金的晶粒尺寸减小,如图 6-5 所示。

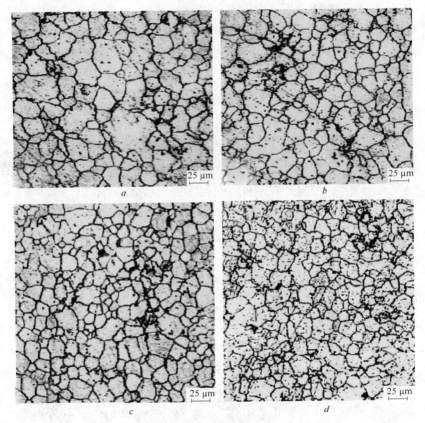

图 6-5 AZ91D 镁合金的晶粒尺寸

a—没有添加元素;b—含 0.1%(质量分数)Ca;c—含 0.4%Ca;d—含 0.8%Ca

硅对 AZ 系镁合金耐热性的改善主要通过形成具有高熔点 (1085℃)、与基体相近的低密度(1.99 g/cm³)、高弹性模量及低线膨胀系数等特点的 Mg_2Si 相来实现。

Mg-5Al-1Zn-1Si 合金的显微组织如图 6-6 所示,在 α-Mg 集体中存在有汉字形 Mg_2Si 相和晶间 β-$Mg_{17}Al_{12}$ 相。热处理 420℃ × 10 h 后,β

相溶解在基体中,只存在汉字形 Mg$_2$Si 相,如图 6-6b 所示,这表明在高温下 Mg$_2$Si 的稳定性较好。向合金中添加锑,Mg$_2$Si 的形貌由粗大的汉字形变为细小的多边形,平均晶粒尺寸从 134 μm 减小到 68 μm,如图 6-6b 和图 6-6c 所示。添加锑可以细化晶粒,这是由于凝固时液固界面分布着大量的多边形 Mg$_2$Si 相,抑制晶粒的进一步长大。图 6-6d 为 Mg-5Al-1Zn-1Si-0.2Ca 的显微组织。由图可知,钙对组织的细化不如锑,变形的 Mg$_2$Si 微粒尺寸较大。锑和钙的加入可以改善合金的力学性能,尤其是锑的加入对合金性能的影响更明显。

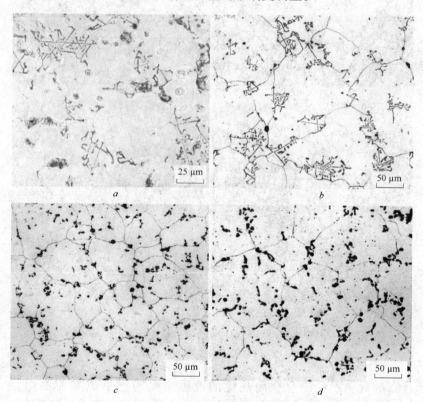

图 6-6　AZ 系镁合金的显微组织

a—铸态 Mg-5Al-1Zn-1Si 合金;

b—热处理 Mg-5Al-1Zn-1Si 合金;c—热处理 Mg-5Al-1Zn-0.5Sb 合金;

d—热处理 Mg-5Al-1Zn-1Si-0.2Ca 合金

由于在较缓慢冷却速度下,Mg_2Si 相会形成粗大的汉字状,恶化合金性能,因此向 AZ 系镁合金添加硅的同时,需要加入 Ca、P、Sr、Sb 或 Bi 等元素来改善 Mg_2Si 相的形状。

通过以上这些合金元素的合金化作用,AZ 系镁合金就可以从原来只应用于油阀套、离合器壳体、转向盘轴、凸轮轴、制动托板支架等常温结构件向变速器、曲轴箱、发动机、油底壳等高温结构件转变,从而使 AZ 系镁合金的用途得到拓宽。

在 Mg-Al-Zn-0.25Ag 合金中,基体为 Mg 的 δ 固溶体和沿晶界以不连续网状分布的 $\gamma(Mg_{12}Al_{17})$ 相、MgZn 相和 $T(Al_2Mg_3Zn_3)$ 相[26]。晶粒内部也有类似球状相以及不连续的 Mg-Mn 质点,铝固溶在基体中,经固溶处理后 γ 相、MgZn 相和 T 相基本溶入 δ 相中,其组织的晶界有明显的晶粒,晶界处有少量的 γ 相,晶内有点状黑色化合物 Mn-Al 散乱分布。经时效处理,γ 相又重新从过饱和的 δ 固溶体中析出。整个组织看不出有从晶界向晶内的非连续层片状析出相,使得弥散性连续析出的 γ 相呈较均匀的分布。银量增加可使合金的抗拉强度、屈服强度和伸长率都有不同程度的增加。银含量在 0.20% ~ 0.35% 的范围,合金的各项性能指标增长较快。特别是屈服强度增幅达75 MPa,抗拉强度增幅也达 50 MPa。由于银是贵金属,从成本考虑,含量不宜高。银使 Mg-Al-Zn 合金力学性能提高。

产生上述情况的原因有 3 个方面:

(1) 由于银在镁中的溶解度大(最大可达 15.5%),其原子半径与镁相差 11%,故当银溶入镁中后,间隙式固溶原子造成非球形对称畸变产生很强的固溶强化效果。

(2) 银能增大固溶体和时效析出相间的单位体积自由能。

(3) 银与空位结合能较大,可优先与空位结合,使原子扩散减慢,阻碍时效析出相长大,阻碍溶质原子和空位逸出晶界,减少或消除了时效时在晶界附近出现的无沉淀带,使合金组织中弥散性连续析出的 γ 相占主导地位。因此,随着银量增加,比较显著地提高了合金的屈服强度和抗拉强度。

6.2.1.2 AS (Mg-Al-Si) 系

AS 系耐热镁合金的开发始于 20 世纪 70 年代,其适合于 150℃ 以下的场合,目前已用于汽车空冷发动机曲轴箱、风扇壳体和发动机支架等镁合金零部件生产。该系耐热镁合金的强化主要通过在晶界处形成细小弥散的 Mg_2Si 相来实现,但以往研究结果表明:当硅含量低于 Mg-Mg_2Si 共晶点时,AS 系耐热镁合金蠕变强度的增加有限,只有高硅如过共晶合金,才能大幅度改善 AS 系耐热镁合金的蠕变强度。早期开发出的比较典型的 AS 系耐热镁合金主要有 AS41、AS21 等牌号,其中AS21 因铝含量较低,$Mg_{17}Al_{12}$ 相数量减少,其蠕变强度和抗蠕变温度高于 AS41,但其室温抗拉强度、屈服强度和铸造性较差。而 AS41 在温度达 175℃时的蠕变强度稍高于 AZ91 和 AM60,且具有良好的韧性、抗拉强度和屈服强度[27]。

尽管 AS 系列有较高的高温性能,但其推广应用仍然因以下的不足而受到一定程度的限制:硅在合金中形成的 Mg_2Si 相往往以粗大的汉字块形态出现,使合金的室温性能特别是伸长率下降。这主要是由于在 Mg_2Si 颗粒周围存在很大的应力集中,会促进显微空洞的萌生和扩展,并且随着温度升高,空洞会随之增大,从而导致性能下降较快。由于每增加 1% 的硅,Mg_2Si 合金的液相线温度提高约 40℃,导致合金的流动性变差和合金的压铸工艺性能降低。由于铝含量较低,耐腐蚀性较差,并且在压铸条件下成形困难,容易产生热裂。由于慢的冷却速度将导致粗大汉字块形态的 Mg_2Si 相生成,因此 AS 系列仅适用于冷却速率较快的压铸件,而无法用于砂型铸造等工艺。

针对 AS 系列的不足,国内外从微合金化角度对 AS 系列进行了进一步的研究,结果表明:通过添加适量的 Ca、Sr、RE、P、Sb 或 Bi 等微量合金元素,可以改善 AS 系中 Mg_2Si 相的形态并使之细化,从而使合金力学性能以及铸造性能等得到改善。添加少量的钙改性 AS41 合金,可使 Mg_2Si 相的形态得到改善并使之细化,从而合金力学性能和流动性得到提高,抗氧化温度可达到 900℃,同时也可使合金用于砂型铸造。又如通用汽车公司在 Mg-Al-Si 中添加 Ca 和 Sr,通过形成新的金属间化合物(Mg,Al)$_2$Ca,使合金的流动性得到明显改善,抗热裂性能也得到提高。此外,挪威镁业通过添加 Ce 及 Mn 发展的 AS21X 合金与 AS21 合金相比,虽然其拉伸及蠕变强度提高较小,但其耐腐蚀性却得到明显改善。

目前,AS 系耐热镁合金中的 AS41 合金已被大众公司大量应用于"甲壳虫"系列汽车的发动机和空冷汽车发动机的曲轴箱以及其他如风扇护风罩和电机支架等零部件,而最近通用汽车公司也已将该合金用于叶片导向器和离合器活塞等的生产。

6.2.1.3 AE(Mg-Al-RE)系[28,29]

以往的研究表明,在 Mg-Al 合金中添加一定量的稀土可有效提高镁合金的高温性能和抗蠕变性能,特别是对于铝的质量分数小于 4%的 Mg-Al 合金。该系合金的强化机理一方面在于 RE 与合金中的 Al结合生成 $Al_{11}RE_3$ 等 Al-RE 化合物而减少了 $Mg_{17}Al_{12}$ 相的数量,有利于提高合金的高温性能;另一方面在于 RE 与合金中的 Al 结合生成 $Al_{11}RE_3$ 等。Al-RE 化合物具有较高的熔点(如 $Al_{11}RE_3$ 的熔点为1200℃等),而且这些化合物在镁基体中的扩散速度慢,表现出很高的热稳定性,可有效钉扎住晶界而阻碍晶界滑动,从而使合金的高温性能得到提高。与 AS 系列相比,AE 系中的 RE 较 AS 系列中的硅对于提高合金的高温性能更为有效,这主要是由于 Al-RE 化合物较 Mg_2Si相的作用更大和合金组织中 $Mg_{17}Al_{12}$ 相数量的减少。

对于 AE 系耐热镁合金中的合金相,虽然目前知道可能出现的有$Mg_{17}Al_{12}$、$Al_{11}RE_3$、Al_2RE、$Mg_{12}RE$、$Al_{10}RE_2Mn_7$ 和 $MgCe_2$ 等合金相,但对于是否还有其他的 Al-RE 相形成及其对合金蠕变性能的影响机制目前还尚不清楚。一般而言,在稀土加入量较少时,AE 系合金中RE 优先与 Al 结合而不会与 Mg 形成化合物相或 Mg-Al-RE 三元相。但当 RE/Al 大于 1.4 时,除形成 $Al_{11}RE_3$ 相和其他富 RE 的 Al-RE 相(如 Al-RE 等)外,还会形成富 RE 的 $Mg_{12}RE$ 相,并且含 Mn 时,RE 与Mn、Al 还会形成团状三角系晶体结构的 $Al_{10}RE_2Mn_7$ 相。此外,在Mg-1.3RE 二元合金中也观察到了细小分散的 $MgCe_2$ 相,并且发现Mn 能抑制其粗化。

尽管 AE 系合金(如 AE42)的高温性能好,抗腐蚀能力强,并且具有中等强度,但仍然存在不少的问题需要解决。由于合金的铝含量相对较低,并且与 RE 形成 Al-RE 化合物还会进一步损耗基体中的含铝量,因此流动性差,压铸时粘模倾向严重,铸造性能不好。慢的冷却速度将导致粗大的 REAl$_2$ 等 Al-RE 化合物生成,使合金的力学性能降低,因此仅适用于冷却速率较快的压铸件,而无法用于砂型铸造等工艺。此外,由于稀土添加量较大,熔体处理复杂,成本高。

目前,已报道的 AE 系耐热镁合金的主要牌号有 AE21、AE41 和 AE42,其中 AE42 具有最好的耐热性,适用于 150℃ 环境下使用的工件,目前该合金已被 GM 用于生产汽车用变速箱。

6.2.1.4　AX(Mg-Al-Ca)系[30~32]

20 世纪 60 年代,英国专利报道了在 Mg-Al 合金中添加 0.5%~3%Ca 可提高合金耐高温性能的研究结果,并同时指出了该合金在压铸过程中容易产生热裂缺陷。70 年代,德国大众公司曾经尝试在 Mg-Al 合金中加入 1%Ca 以开发压铸 Mg-Al-Ca 合金,但由于合金热裂倾向严重,脱模性能差,合金未得到实际应用。近年来,以色列镁技术研究所对 Mg-Al-Ca 合金的研究给予了高度重视,并报道了一种 AX51 (Mg-5%Al-0.8%Ca)牌号的 Mg-Al-Ca 合金,尽管从报道结果看,该合金具有与 AE42 相当的蠕变强度和与 AZ91D 相当的耐腐蚀性,但其压铸性能和可应用的范围还尚待评估。以往的研究表明:AX 系耐热镁合金的强化主要通过 Ca 和 Mg、Al 形成 Mg$_2$Ca(Ca/Al>0.8)、Al$_2$Ca 或 (Mg,Al)$_2$C(Ca>2%时)等来实现,由于一方面 Al$_2$Ca 和 (Mg,Al)$_2$Ca 在晶界生成,有助于抑制低熔点 Mg$_{17}$Al$_{12}$相的生成,促使合金高温时的晶粒稳定度提高,另一方面由于 Al$_2$Ca、Mg$_2$Ca 和 (Mg,Al)$_2$Ca 的熔点高、热稳定性好,因而合金的高温蠕变性能和高温硬度得以改善和提高。

从以往的研究结果和生产试验看,对于 AX 系耐热镁合金,当钙含量超过 0.3%时,铸造不良率相当高,特别是钙含量在 1% 左右时,冷隔、粘模和热裂铸造缺陷相当严重,而当钙含量超过 2% 时,铸造缺陷可得到大幅度改善。此外,通用公司通过研究发现,在 Mg-Al-Ca 合金中添加 0.1%Sr,不但可进一步改善合金的蠕变强度,还可将合金的耐腐蚀性恢复到 AZ91D 的水平,如其开发的 AX51J 合金系列的拉伸蠕变强度和压缩蠕变强度分别较 AE42 提高 40% 和 25%,并且在成本和铸造性能上与 AZ91 相当。目前,虽然有 AX51、AX52、AX53、AX506、AX508、AX51J 等牌号的 AX 系耐热镁合金被报道,但迄今为止还尚未有 AX 系耐热镁合金在汽车工业上应用的成功范例。

6.2.1.5　ACM 或 MRI(Mg-Al-Ca-RE)系[33]

ACM 系耐热镁合金目前已报道的合金牌号主要有 ACM522 合金,其是由日本本田研究开发公司和三井矿冶公司专为压铸汽车发动机油盘而研制开发的一种 Mg-Al-Ca-RE 系合金。该合金主要通过添加 0.25%～5.5%的钙元素,以达到降低 AE42 合金成本和获得更佳的拉伸强度和蠕变强度目的。由于 ACM522 合金在晶界分布着 Al-Ce、Mg-Ca、Al-Ca 等化合物,合金的耐热性能和抗蠕变性能得到较大提高。该合金在 20～250℃ 温度范围内的抗拉强度和屈服强度比常规镁合金(如 AE42,AZ91D)高得多,仅比 A384 铝合金低一些。同时,ACM522 合金在 150℃ 时的 0.1% 蠕变强度达 100 MPa,比 AE42 合金高 67%,为 AZ91D(11MPa)的 9 倍,几乎与 A384 铝合金的蠕变强度相等。此外,ACM522 合金的疲劳强度也相当高,抗腐蚀性能也比较强。尽管目前 ACM522 合金已被小批量用于"洞察"燃料/电力混合车的油盘,但其与 AE42 合金一样,成本高的问题仍然没有得到解决,此外,其非常低的延展性(2%～3%)和冲击强度(4～5 J/m²),以及合金中含有 2% 的钙将使壁厚小于 2.5～3 mm 且形状复杂的铸件产生热裂,都使得该合金的应用前景不容乐观。

MRI 系耐热镁合金是由死海镁业和德国大众公司合作开发的一种 Mg-Al-Ca-RE 合金系列,该系列目前已报道的合金牌号有 MRI153。该合金能在 150℃ 高温环境及 50～80MPa 高负荷下长时间使用,并且可以在不改变原有模具浇道系统及产品设计条件下,生产出变速箱及离合器壳体,与 AZ91D、AE42、AS21 等合金相比,MRI153 合金在压力为 50～85MPa 及 130～150℃ 高温条件下的性能得到很大提高,其有望成为制造变速箱壳体、油底盘、进气歧管等汽车动力零部件生产的优选镁合金材料。目前,关于该系镁合金详细研究开发情况的报道还比较少。

6.2.1.6　AJ(Mg-Al-Sr)系[34]

基于 AZ、AS 和 AE 系等耐热镁合金应用于汽车动力系统表现出来的局限性,加拿大诺兰达公司在 AM50 合金的基础上,通过添加碱土金属元素 Sr 和 Mn(主要用于提高合金的耐腐蚀性)开发出了 AJ 系耐热镁合金系列,如 AJ50X、AJ51X、AJ52X、AJ62X 和 AJ62LX 等牌号的合金,其中 AJ52X 已被成功用于生产油盘及阀门盖等薄壁镁合金零部件。研究结果表明:AJ52X 耐热镁合金的最高工作温度可达 175℃,并且在高温条件下其拉伸强度、蠕变强度均比传统压铸镁合金好。虽然和 AE42 合金相比,AJ52X 耐热镁合金的伸长率要差一些,但对于汽车动力部件而言还是可行的。而对于 AJ 系耐热镁合金中的合金相,目前已知道的有 $Mg_{17}Al_{12}$、Al_4Sr 和 $Al_3Mg_{13}Sr$ 等合金相,但对于 Al_4Sr、$Al_3Mg_{13}Sr$ 等的形成机理以及是否还有其他含锶的合金相形成及其对合金蠕变性能的影响机制目前还尚不清楚。

目前,限制 AJ 系耐热镁合金进一步应用的主要问题之一是该系合金的熔化及浇注温度较高,造成压铸条件苛刻,使得目前采用的压铸设备很难进行该系合金的生产。此外,含有大量锶元素的 AJ 系耐热镁合金,其价格远高于以钙和铈镧混合稀土元素为主要成分的合金的价格,也是限制 AJ 系耐热镁合金大量应用不可忽视的重要原因。

6.2.2 Mg-Zn 系

Mg-Al 合金具有较好的室温强度,但是其温度稳定性差。由于通过添加合金元素而进一步提高 Mg-Al 合金高温性能的作用有限,人们将注意力转而投向 Mg-Zn 合金系。Mg-Zn 合金系的研究集中在通过加入第三组元素来降低 Mg-Zn 二元合金的脆性、热收缩性以及细化晶粒方面。这类合金的主要合金相已基本确定[35]。

锌在共晶温度 340℃ 时在镁中的溶解度为 6.2%,溶解度随温度降低而减小,100℃ 时降到 2% 以下。工业用镁合金中锌含量一般不超过 7%。锌起固溶强化和时效硬化的作用,提高合金强度和高温蠕变抗力。锌还可以消除镁合金中铁、镍等杂质元素对腐蚀抗力的不利影响。

铸态下 Mg-Zn 合金中的共晶化合物为 Mg_7Zn_3(或 $Mg_{51}Zn_{20}$)体心正交点阵,点阵常数为 1.4083 nm,$b = 1.4486$ nm,$c = 1.4025$ nm,另外还存在着合金凝固冷却过程中由该共晶相分解而来的 MgZn 相和 $MgZn_2$ 相。Mg-Zn 共晶化合物以离异共晶形式分布在晶界和枝晶间。固溶处理过程中共晶相将继续发生分解。Mg-Zn 二元合金经 315℃ × 4 h 固溶处理后,共晶化合物完全分解形成 $MgZn_2$ 相与 $\alpha(Mg)$ 固溶体相互交织的混合产物。

与 Mg-Al 合金不同,Mg-Zn 合金在时效过程中有共格 GP 区和半共格中间沉淀相形成,其时效析出序列为:

$$SSSS \rightarrow GP \; 区 \rightarrow \beta'_1(MgZn_2) \rightarrow \beta'_2(MgZn_2) \rightarrow Mg_2Zn_3$$

其中,SSSS 表示过饱和固溶体;GP 区呈圆盘状,与基体半共格,圆盘平行于 $\{0001\}_{Mg}$;β'_1 呈棒状,与基体完全共格,棒垂直于 $\{0001\}_{Mg}$,密排六方结构,$a = 0.52$ nm,$c = 0.85$ nm,该相的析出对应于合金的时效硬化峰值;β'_2 呈圆盘状,与基体完全共格,盘平行于 $\{0001\}_{Mg}$,$(1120)_{MgZn_2}$ $//(1010)_{Mg}$,密排六方结构,$a = 0.52$ nm,$c = 0.848$ nm。β'_2 的大量析出使合金开始发生过时效。

过时效生成的平衡非共格析出相 Mg_2Zn_3 属三角系,$a = 1.724$ nm,$b = 1.445$ nm,$c = 0.52$ nm,$\gamma = 138°$

6.2.2.1　Mg-Zn-Si 合金[36]

硅的加入可以改善合金浇注时的流动性能,形成的 Mg_2Si 有较高的熔点(1085℃),高硬度(HV460),低密度(1.9 g/cm³),高弹性系数(120 GPa)和低线胀系数(7.5×10^{-6} K⁻¹)。在高温下,这些金属间相非常稳定,而且能阻止晶界滑移。

在 Mg-Zn-Si 合金中,随着锌含量的增加,拉伸强度和屈服强度增大,而延展性能降低。在锌含量小于 6% 时,拉伸强度明显增大,延展性的降低不明显。当锌含量大于 6% 时,拉伸强度变化微弱,而延展性急剧降低。此外,进一步增加锌含量,热裂倾向和密度也会增加,所以最佳的锌含量应控制在 6%。

Mg-6Zn-1Si 合金的综合力学性能和抗蠕变相都明显优于 AZ91 合金。在此合金中加入钙,可以细化 Mg-6Zn-1Si 合金的显微组织,同时改变 Mg_2Si 的汉字块形貌。

通过 XRD 光谱分析,Mg-6Zn-1Si-0.5Ca 中主要的金属间相有 Mg_2Si、MgZn 和 $CaSi_2$,见图 6-7。图 6-8*a* 给出了 Mg-6Zn-1Si 的显微组织,MgZn 枝晶间存在有汉字形的 Mg_2Si,少量的钙(0.1%~0.25%)的加入,Mg_2Si 微粒的形状由汉字形变为细小的多边形状,同时 MgZn 相也开始变细而且分布更加均匀(图 6-8*b*)。增大钙的含量,发现粗大

的多边形 Mg_2Si 微粒形成,而且在 Mg_2Si 微粒中含有一些小的微粒,作为 Mg_2Si 的成核点,如图 6-8c 所示。

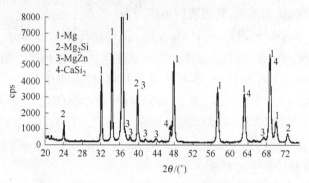

图 6-7　Mg-6Zn-1Si-0.5Ca 合金光谱分析

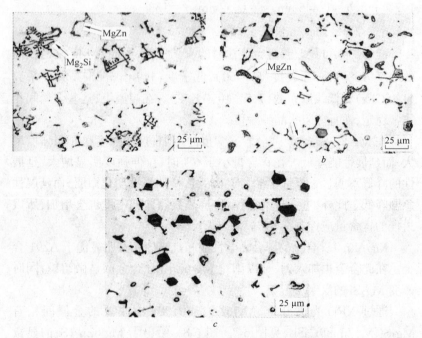

图 6-8　Mg-6Zn-1Si 系合金显微组织

在 Mg-6Zn-1Si 合金中加入钙,有利于提高镁合金的力学性能。随着钙含量的增加,在室温和 150℃下,延展性降低很小,而屈服强度和拉伸强度明显增加。钙含量超过 0.25% 后,屈服强度和拉伸强度都有所下降。

6.2.2.2 Mg-Zn-Cu 合金[37]

Mg-Zn 合金中加入铜可以显著提高合金的韧性和时效强化程度,大于 1% 的铜对合金有晶粒细化效果,这类合金如 ZC63、ZC71。铜使共晶化合物的形态转变为层片状。大部分的铜存在于共晶相 $Mg(Cu, Zn)_2$ 中,减小了铜对合金抗腐蚀性的不利影响。铜的加入提高了共晶温度,使合金可以在更高的温度下进行固溶处理,从而提高了锌和碳的最大固溶量。有铜存在时,棒状 β'_1($MgZn_2$)共格相和圆盘状 β'_2($MgZn_2$)半共格相中至少一种析出相的浓度比不含铜时增加,因而提高了合金的时效硬化效果。

6.2.2.3 Mg-Zn-Mn 合金[38]

Mg-Zn-Mn 合金典型牌号有 ZM21 等。Mg-Zn 合金中加入锰可以细化晶粒,提高合金的腐蚀抗力。锰的加入使合金铸态组织中出现一种富含锰和锌的化合物相。该相在 450℃ 左右重新溶解于镁基体中。时效过程中基体内析出富含锰、锌的第二相。

6.2.2.4 Mg-Zn-Zr 合金

Mg-Zn-Zr 合金铸造组织为镁固溶体和 Mg-Zn 块状化合物,并可能存在 Zn_3Zr_2 金属间化合物。Zn_3Zr_2 金属间化合物可能在熔铸过程中由于不合适的熔炼或熔体转移技术而形成,也可能在铸造过程中由于异常的慢冷而形成。Mg-Zn-Zr 合金属高强度镁合金,一般锌含量不超过 6%~6.5%,也有锌含量高达 9% 的铸造合金。随锌含量增加,抗拉强度和屈服强度提高,伸长率略有下降,铸造性能、工艺塑性和焊接性能恶化。铸造 Mg-Zn-Zr 三元合金典型牌号有 ZK51A、ZK61A,变形合金有 ZK21A、ZK31、ZK40A、ZK60A、ZK61 等。

为了解决 Mg-Zn-Zr 合金锌含量高而给工艺上带来的困难,可以采取牺牲强度来达到改善合金工艺性的目的,如降低锌含量,或添加稀土金属或钍,从而形成了 Mg-Zn-RE-Zr 和 Mg-Zn-Th-Zr 系合金。添加 RE 或 Th 后,由于形成了 Mg-Zn-RE(Th)化合物,固溶体中锌含量大大降低,从而合金热裂、显微疏松倾向大为改善。但也正是由于晶界上分布了含锌和稀土的脆性化合物,而且由于 Mg-Zn-RE 相十分稳定,一般的固溶处理不能使其溶解或破碎,同时化合物的形成使固相线温度降低,从而降低了时效前的固溶处理效果,因此,通过一般的固溶处理不能明显地提高合金的力学性能。含钍化合物脆性较小,对合金力学性能的降低较稀土小。另外钍的加入还使离异 Mg-Zn 共晶化合物转变为层片状的 Mg-Th-Zn 共晶化合物。目前得到广泛应用的 Mg-Zn-RE-Zr 铸造合金为 ZE41A,人工时效后具有中等强度,可用于直升机传动箱体。Mg-Zn-Th-Zr 系合金如 ZH62A,开发出的该类变形合金牌号有 ZE10A 板材、ZE42A 和 ZE62 锻件,但目前无相应产品。将含稀土的 Mg-Zn-Zr 合金置于 H_2 中固溶处理,合金可以恢复到未添加稀土时的高性能水平。这是因为固溶处理时,氢扩散到合金基体中去,与晶界上 Mg-Zn-RE 相中的稀土元素反应,生成不连续而细小的颗粒状稀土氢化物,而 Mg-Zn-RE 相中的锌则释放出来并扩散到基体内强化了合金,从而使合金兼有优良的铸造性能和力学性能。这一工艺目前已成功地应用于 ZE63A 薄壁铸件的处理中。

6.2.3 Mg-Mn 系

镁合金中加入锰可以消除杂质铁、铜、镍的有害影响,提高合金的腐蚀抗力。Mg-Mn 合金室温下的组织为 α(Mg)固溶体和角状的初生锰。典型牌号如 M1A。

6.2.3.1 Mg-Mn-Ce 合金

在 Mg-Mn 系中添加少量铈(0.15% ~ 0.35%),铈使晶粒细化而使合金强度明显提高,如前苏联开发的 MA8 镁合金和我国的 MB8。铈的添加使 Mg-Mn 合金中出现 Mg_9Ce 化合物相。研究表明工业态 MB8 板材(晶粒度 6.8 μm)在变形温度 400℃应变速率(0.22~5.56)×10^{-3} s^{-1}的变形条件下具有超塑性,最大伸长率为 312%[39]。

6.2.3.2 Mg-Mn-Sc 合金

在 Mg-Mn 合金中加入钪的 Mg-Mn-Sc 三元合金可望用于 300℃以上的工作温度[40]。钪(熔点温度为 1541℃)提高镁固溶体的熔点,而且在镁基体中具有低的扩散系数,是提高镁合金高温性能最具潜力的合金元素之一。钪加到 Mg-Mn 合金中,在时效过程中生成了与基体共格的 Mn_2Sc 第二相,该相的生成可以显著提高合金的高温蠕变抗力,提高强度和硬度。该类合金的成分如 $MgSc_6Mn_1$ 和 $MgSc_{15}Mn_1$,其抗拉强度稍低于传统 WE43 合金,而钪含量增加可提高屈服强度。铸态下显微组织如图 6-9 所示,表现为细小的胞状组织,在晶界和 Mg-Sc 固溶体中有 Mn_2Sc 第二相的出现。

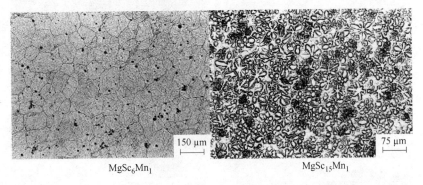

$MgSc_6Mn_1$

$MgSc_{15}Mn_1$

图 6-9 $MgSc_6Mn_1$ 和 $MgSc_{15}Mn_1$ 的铸态显微组织

由于钪比较贵,开发了钪含量较低的 Mg-Mn-Sc 系合金,如 $MgMn_1Gd_5Sc_{0.8}$(质量分数)和 $MgMn_1Gd_5Sc_{0.3}$(质量分数)。Mg-Sc-Mn 合金中加入铈,可以提高合金的塑性。在 Mg-Sc-Mn-Ce 四元系中,化合物为 Mn_2Sc 和 $Mg_{12}Ce$。目前该类合金尚处于实验室研究阶段,未得到商业化应用[41]。

6.2.4 Mg-Li 系

镁中加入锂可进一步降低材料的密度。Mg-Li 合金是目前最轻的合金,是发展超轻高强合金最具潜力的合金系之一。Mg-Li 系相关合金相研究较少,当锂在镁中的含量低于 6% 时,Mg-Li 合金室温下的组织为单相 α(Mg);锂含量为 6% 时开始析出体心立方结构的 β(Li)相,合金为 α(Mg) + β(Li) 两相组织。当锂含量超过 11% 时,则形成单一的 β 相组织,改善了镁合金的塑性成形性能。Sanschagrin 等人研究发现锂的加入促进了锥面〈c + a〉滑移,从而提高了塑性。锂的加入提高了合金的塑性,但使合金强度降低、热稳定性下降、耐蚀性变差[42]。

Mg-Li 合金及添加元素后合金的显微组织如图 6-10 所示。

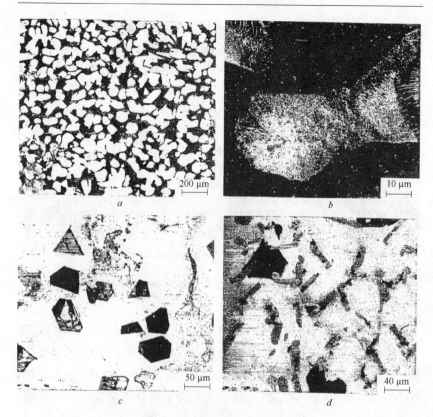

图 6-10　Mg-Li 系合金的显微组织

a—Mg-8.7Li；b—Mg-8.8Li-6.4Al；c—Mg-8.2Li-6.9Al-1.1Si；
d—Mg-8.2Li-6.8Al-1.2Si-4.5RE

6.2.4.1　Mg-Li-Al 和 Mg-Li-Si 合金[43,44]

铝加入 Mg-Li 合金中,一方面起固溶强化作用,另一方面形成面心立方晶格结构的 LiAl、Li_2MgAl 等金属间化合物相,使合金抗拉强度提高。硬质相 Li_2MgAl 在时效过程中发生向 MgLiAl 的转变,使合金强度降低。LiAl 具有很高的化学活性,对合金抗腐蚀性能不利。加入合金中的硅可能与镁化合生成 Mg_2Si 相。LA141A 和 LS141A 是商业化应用比较成功的两种 Mg-Li 合金。

6.2.4.2　Mg-Li-Al-RE 合金[45]

Mg-Li-Al-RE 合金(Li<5.3%)的组织为 α-Mg 和在晶粒内分布的

球状 Al_2RE 和 Al_4RE 颗粒。Al_xRE 在大气中具有很好的稳定性。由于锂含量较低以及 RE 元素的加入,合金兼有较好的热、化学稳定性和优良的变形性能。

6.2.4.3　Mg-Li-RE 合金[46]

在双相 Mg-Li 合金中加入 1%～2% 的 Nd、Ce、La 等稀土元素,生成 $Mg_{17}La_2$、$Mg_{17}Ce_2$、$Mg_{12}Ce$、Mg_3Nd 等稀土镁化合物,同时细化了 α(Mg) 相,使合金强度和塑性提高。加入稀土还可以提高合金的再结晶温度,从而降低合金的温度敏感性。

6.2.4.4　Mg-Li-Ca 合金[47]

Mg-12Li-xCa 合金的显微组织如图 6-11 所示,二元 Mg-12Li 合金由单一的 bcc 结构的 β 相组成,随着钙的加入,合金进入伪二元共晶系,合金由初始枝状的 β 相和枝晶间 β 相与 $CaMg_2$ 形成的共晶区域组成。

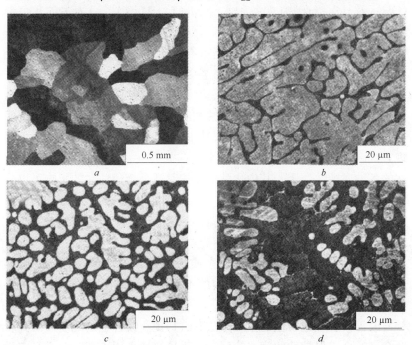

图 6-11　Mg-12Li-xCa 合金的显微组织
a—$x=0$;b—$x=5$;c—$x=10$;d—$x=15$

枝晶间共晶产物的含量随着钙含量的增加而增加,当钙的质量分数为5%、10%和15%时共晶化合物的体积分数分别为18%、46%和65%。共晶化合物在初始枝状晶之间生成,为片状结构,厚度大约为$0.2\sim0.5~\mu m$,由富镁相和富钙相组成。

6.3　镁合金腐蚀与防护的新思路

镁有着丰富的储量和优异的结构性能,但迄今为止,镁作为结构材料的应用潜力与现实之间依然存在巨大反差。造成这种现状的主要原因就是镁的腐蚀问题。镁是一种非常活泼的金属,其标准电极电位为$-2.37~V$,是所有结构金属中最低的,因此在阴极保护中常作为牺牲阳极使用。镁极易氧化,暴露于空气中表面即能自发形成一层以$Mg(OH)_2$及其次级产物(如各种水合$MgCO_3$、$MgSO_3$等)为主的灰色薄膜。由于自身的热力学稳定性不高,这层钝化薄膜在pH值小于11条件下不稳定,对基体金属的腐蚀基本不能提供保护作用,因此如果不经适当的表面处理,镁及镁合金仍易遭受各种腐蚀。

镁及镁合金的腐蚀类型包括:全面腐蚀和接触腐蚀、高温氧化、点蚀、缝隙腐蚀和晶间腐蚀、应力腐蚀和腐蚀疲劳等。影响镁及镁合金耐蚀性的因素包括冶金和环境因素,其中冶金因素包括化学组成、加工处理方式以及晶粒尺寸等。环境因素包括如大气、土壤和水等环境中存在的各种腐蚀性介质。其中化学组成按对镁合金耐蚀性的影响可以分为3类,即无害组成如Na、Si、Pb、Sn、Mn、Al以及Be、Ce、Pr、Th、Y和Zr等,有害组成如Fe、Ni、Cu和Co,以及介于两者之间的组成如Ca、Zn、Cd和Ag。

总之,自身化学活泼性高,对杂质特别是Fe、Ni、Cu和Co的敏感以及pH值小于11条件下钝化膜的不稳定是造成镁腐蚀问题的主要根源[48,49]。

改善镁合金耐蚀性的主要方法有:(1)提高镁合金的纯度或研究新合金;(2)合成保护性的膜或涂层;(3)采用快速凝固工艺;(4)进行表面改性。前两种方法是传统的方法,后两种方法较为新颖。

6.3.1 开发高纯度镁合金

杂质元素主要指 Fe、Ni、Cu、Co,这 4 种元素在镁中的固溶度很小,在其浓度小于 0.2% 时就对镁合金产生非常有害的影响,大大加速了镁合金的腐蚀。因此减少镁合金中杂质元素的含量,使其控制在一定的范围内,即开发高纯镁合金,可以大大提高镁合金的耐蚀性。高纯镁合金成分中 Fe、Ni、Cu 的含量仅约为普通镁合金的十分之一,从而极大地提高了合金的耐腐蚀性能而不降低其力学性能。

镍是对镁合金耐蚀性非常有害的杂质元素。镍在固态镁中溶解度极小,常与镁形成 Mg_2Ni 等金属间化合物,以网状形式分布于晶界,降低镁的耐蚀性。当镍含量大于 0.016% 时,镁合金腐蚀速率显著加快。因此必须限制耐蚀镁合金铸件的镍含量小于 0.002%,镁锭的镍含量小于 0.001%。但镍在镁液中的溶解度很高,为防止熔炼时增镍,必须使用低镍不锈钢制造的熔炼工具和设备。

铜也降低镁合金的抗腐蚀性。铜在镁合金中溶解度极小,常与镁形成 Mg_2Cu 等金属间化合物,以网状形式分布于晶界,降低镁的耐蚀性能。当铜含量大于 0.15% 时,镁合金的腐蚀速率显著加快,因此必须严格控制镁合金的铜含量。

铁不溶于固态镁,以金属铁形式分布于晶界,降低镁的耐蚀性。当铁含量大于 0.0165% 时,镁合金的腐蚀速率急剧加快。

镁合金中对杂质元素铁含量的限制与合金中锰含量有着直接的关系,只有优化镁合金中的 Fe/Mn,方能使镁合金具有最佳的耐蚀性。

人们早已知道在铁含量和锰含量之间存在着相互制约的关系,对这种制约关系的重要性及 Fe/Mn 的精确值,未全面掌握,至今仍在探讨中。

美国材料试验学会(ASTM)标准的压铸镁合金化学成分中,不仅规定铁的最高含量和锰的最低含量,而且还对 Fe/Mn 作了硬性规定。在相应的欧洲标准 EN1753172 中对铁的最高含量及锰的最低含量也作了明确规定。表 6-2 给出了一些常用镁合金的 Fe、Ni、Cu 含量和 Fe/Mn 极限值。

表 6-2   常用镁合金的 Fe、Ni 和 Cu 含量以及 Fe/Mn 极限值

合　金	质量分数/%			Fe/Mn
	$w(Fe)$	$w(Ni)$	$w(Cu)$	
AZ91D	≤0.004	≤0.001	≤0.025	0.032
AM60B	≤0.004	≤0.001	≤0.008	0.021
AM50A	≤0.004	≤0.001	≤0.008	0.015
AS41B	≤0.035	≤0.001	≤0.015	0.010
AE42	≤0.004	≤0.001	≤0.04	0.020

在 AZ91 镁合金中当 Fe/Mn 小于 0.032 时,合金的耐腐蚀性最佳。而对于 AM50 镁合金其临界 Fe/Mn 为 0.016,略高于 ASTMB94 标准的规定值 0.015。

高纯度压铸镁合金如 AZ91D,其 Fe、Ni、Cu 的质量分数仅为一般合金的 1/10,合金中几乎没有 Al_3Fe、Mg_2Cu、Mg_2Ni 等阴极相的存在、其抗腐蚀能力明显高于 380 铝合金和碳钢。最近研究的许多新合金[50,51]中,AZ91E 比 AZ91C 耐蚀性强是由于降低了 Fe、Ni、Cu 的含量。WE43（Mg-4Y-2.25Nb-1HRE）和 WE54（Mg-5.25Y-1.75Nb-1.75HRE)的盐雾腐蚀速率比 AZ91C 合金低 2 个数量级。AZ 系列的镁合金显示的高温力学性能差和多微孔,而 Mg-Zr 系列合金具有优良的可铸造性和无孔特性。AZ91E 和 Mg-Zr 系列合金的耐点蚀能力比 AZ91C 好,抗电偶腐蚀能力差不多。但 AZ91E 和 WE43 几乎不存在热潮腐蚀,而 AZ91C 腐蚀却相当严重。

6.3.2　表面改性处理新技术

6.3.2.1　离子注入

由于腐蚀首先发生在金属表面,所以金属种类、表面成分、结构和表面状态与腐蚀密切相关。离子注入技术通过过饱和固溶强化、晶粒细化和单相弥散强化等方法来改善表面的抗腐蚀特性。

离子注入法是将一束高能离子在真空条件下加速注入固体表面的方法,此法几乎可以注入任何离子。注入的深度与离子的能量、状态和靶状态有关,一般在 50～500 nm 间变化。离子在固溶体中处于置换或间隙位置,形成不能达到相平衡的均匀组织表面层,提高合金的耐蚀性。

离子注入技术具有以下特点:

(1) 可根据需要获得各种各样的引出离子,并可得到高纯的离子束。

(2) 可注入到各种各样的固态物质中,由于自身能量高,进入固态中不受固体溶解度的限制。

(3) 由于注入的电荷数量可精确控制,因此注入原子数量可精确测量和精确控制;注入能量可通过改变加速电压来实现,因此注入元素深度分布可精确控制;同时,注入的深度和注入的量可精确重复。

(4) 注入薄膜可实现掺杂和增强膜与基体的粘合作用,若在蒸发和溅射过程中伴随离子注入,可改善镀膜特性,亦可合成多元成分膜。

(5) 可得到大面积均匀的掺杂。

(6) 注入时靶温可控制在低温、室温和高温下,低温和室温注入可保持精密加工件尺寸不变,适合于精密件加工的要求。

(7) 注入离子是直进的,横向扩展小,因此适合于微细加工,热扩横向和纵向扩展比接近于 1,而离子注入仅为 0.1。

(8) 可在合金表面生成新的表层合金及表层的均匀化;表面改性的同时保持材料本体的性质不变;消除了改性层与基体之间的附着问题。

在纯镁表面注入硼,可使镁的开路电势正移 200 mV,扩大钝化区电势范围,降低临界钝化电流密度。在 AZ91C 合金上注入硼,不改变开路电势,但降低电流密度,改变膜的性质。

Akavipat 等人分别在镁和 AZ91C 镁合金中注入 Fe^+,研究发现[57],耐蚀性能主要与离子注入剂量有关,与注入离子的能量关系不大。当 Fe^+ 剂量低时对基体的耐蚀性的影响并不大;当离子剂量高时,耐蚀性得到很大的提高,当剂量达 5×10^{16} ions/cm² 时不仅腐蚀电流密度的降低超过一个数量级,而且开路电位得到了很大的提高。在腐蚀试验中还发现,在未经处理试样中的 $Mg_{17}Al_{12}$ 周围有非常严重的深沟状的局部腐蚀痕迹;而在经离子注入的试样中,$Mg_{17}Al_{12}$ 本身被腐蚀,而周围的固溶体没有发现严重的腐蚀现象。

Vilarigues 等人在镁中分别注入剂量为 5×10^{16} ions/cm² 和 $5 \times$

10^{17}ions/cm^2 的铬离子[58]。研究发现,注入剂量为 5×10^{17}ions/cm^2 时表面的腐蚀速度是未经处理表面的腐蚀速度的 1/10,注入剂量为 5×10^{16}ions/cm^2 时腐蚀速度更低。可见,合适的注入剂量可显著提高镁合金表面的耐蚀性能。Nakatsugawa 等人对 AZ91D 镁合金注入 N^{2+} 的研究发现[59],注入区深度为 0.2 μm,而注入影响区深度可达 100 μm,这一区域存在大量的位错节点和位错线,从而使表面的硬度、抗疲劳性能、耐蚀性都得到提高。注入剂量为 5×10^{16}ions/cm^2 时的腐蚀速率是未经注入试样的 15% 左右。同时还发现,离子注入量和注入影响区的程度比注入离子的种类(如 B$^+$、Fe$^+$、H$^+$ 和 N^{2+})对耐蚀性能的影响更大。注入区和注入影响区减小基体和金属间化合物的电化学差异,并可以得到类似无定形态的性质,从而提高基体的耐蚀性。

但也有人认为,通过离子注入提高合金的耐蚀性与注入何种离子有关,如注入耐蚀的元素(如铬)能提高合金的耐蚀性,其原因是影响了膜的成分和结构。

有人通过在浸没于金属等离子体中的镁合金上进行离子注入和沉积,获得复合层的方法,来改善其抗腐蚀性能[60]。浸没在等离子体中的工件加上瞬间脉冲负高压和低的直流负偏压,在负偏压的作用下,等离子体中的正离子移向工件而形成离子镀层,短脉冲负高压则引起正离子的注入,因此该方法是将这两个过程合二为一。在直流(DC)模式下发生阴极弧光放电以得到金属等离子体,并通过曲轴磁滤器滤掉部分粒子。在离子注入中采用高压和在沉积中采用偏压的目的是避免在基体上产生弧光。

腐蚀试验利用电化学方法在 0.1 mol/L Na$_2$SO$_4$ 溶液中进行。结果表明,随着膜层中铬的减少,以及在膜层沉积前增加离子注入步骤,腐蚀电位将升高,材料更加钝化,镁合金的抗蚀性显著提高。这可以解释为:是表面氧化物的清除、复合层的形成以及膜层缺陷数量减少等原因所致。

离子注入的优点是以在材料表面内侧形成一层新的表面合金层及表层的均匀化来改变表面状态,表面改性的同时保持材料本体的性质不变,从而解决了其他工艺制备的涂层表面与基体的附着问题[50]。但是离子注入技术也存在一些不足,离子注入技术较为复杂,成本费用还略显高些;离子注入层一般比较浅,只能经受一定时间的抗腐蚀。因此,经常同其他技术相结合进行。

6.3.2.2 激光处理

激光的单色性与高能量可使它方便地用于材料表面改性,使用激光辅助手段可对材料表面进行快速、局部的处理。目前已经发展了许多激光处理改性材料的手段,如表面熔凝、涂覆、合金化、激光辅助化学、物理气相沉积和焊接等[61,62]。

根据激光与材料表面作用时的功率密度、作用时间及方式不同,激光表面改性技术分为激光相变硬化、激光熔融及激光表面冲击 3 类。

利用激光技术对镁合金进行表面处理的研究主要集中在激光熔融一类中。激光熔融一类包括激光熔凝处理、激光表面合金化和激光表面熔覆等。

激光熔凝处理是利用能量密度高的激光束在金属表面连续扫描,使之迅速形成一层非常薄的熔化层,并且利用基体的吸热作用使熔池中的金属液以 106～108 K/s 的速度冷却、凝固,从而使金属表面组织发生较大的变化,其中包括晶粒细化,显微偏析减少,还可生成非平衡相等,这些都可以引起表面的强化。Dube 等人使用 100～300 W 的脉冲激光器(脉冲为 1～6 ms)以 3～20 mm/s 的速度对 AZ91D 和 AM60B 表面进行处理,得到一层 100～200 μm 厚的熔化层,在熔化层中 Al 和 Zn 的含量远高于基体,直接导致 β 相 $Mg_{17}Al_{12}$ 体积百分比的上升,于是金属表面的硬度得到提高,且钝化行为也较好。但是耐蚀性的提高程度不大,其腐蚀行为表现为熔池交界处比熔池中心更能耐蚀。

激光熔凝处理也能改变金属表面形成亚稳态结构固溶体。在纳秒范围内脉冲激光可以产生高达 $10^{10}℃/s$ 的冷却速率,使金属进行快速凝固。激光退火除了具有离子注入的优点外,还具有处理复杂几何状态的表面,处理深度可以达到几个 μm,对表面层改性后的浓度范围控制更大,加工成本低廉。缺点是由于处理后的尺寸变化,还需额外机械加工。据报道,有人采用激光熔凝工艺对 AZ91D 和 AM60B 镁合金进行了处理。其方法是:表面熔凝采用激光器,平均脉冲功率范围为 100～300 W,相应的脉冲时间为 1～6 ms,扫描速度为 3～20 mm/s,各扫描带之间重叠达 50%～80%。在激光处理过程中,通以高纯氩气保护试样表面。典型的熔融深度达 $100\sim200~\mu m$。在任何处理条件下都有蒸发现象。分析表明:激光熔凝层具有铝元素富集和整个微结构细化两大特点,有利于抗蚀,但同时,由于表层应力的存在又强化了腐蚀过程,所以,激光熔凝不能显著提高其抗蚀性,甚至在一些处理参数条件下降低抗蚀性。

激光合金化是用激光束将金属表面与预先涂敷的膜层或在表面熔化的同时注入某些粉末一起熔化后,迅速凝固在金属表面获得合金层的技术。Akavipat 等[57]在 AZ91C 涂上 100 nm 厚的 Al、Cr、Cu、Fe 和 Ni 薄层,进行激光退火,在硼酸 – 硼酸盐溶液中加 1000×10^{-6} 的氯化钠,用动电势法测定击穿电势,评定其耐点蚀能力。涂铝的合金表面经激光处理后击穿电势正移 600 mV,经过激光处理的 AZ91C 合金表面形成了一层合金和玻璃状的混合氧化物。镁合金表面的均相和无晶体化的表面处理有利于提高抗点蚀能力。

激光熔覆是指用不同的填料方式在被涂敷基体表面上放置选择的涂层材料,经激光辐照使之和基体表面薄层同时熔化,并快速凝固后形成稀释度极低,与基体材料成冶金结合的表面涂层,从而显著改善基体材料表层特性的工艺方法。Subramanian 等[63]对镁及其合金进行了激光熔敷 Mg-Zr 和 Mg-Al 合金层的研究。为了解决氧化问题,他们采用了真空装置。结果是晶粒得到细化,腐蚀性能得到提高。Yue 等[64]则在真空条件下对 ZK60/SiC 镁基金属复合材料进行了激光表面气体合金化和激光表面熔敷铝合金层的研究。两者均不同程度地提高了 ZK60/SiC 材料的耐腐蚀性能,而激光表面熔敷则更能提高材料的腐蚀电位。

激光表面改性技术具有以下特点:

(1) 激光功率密度大,加热速度快($105\sim109$℃/s),基体自冷速度高(大于 104℃/s);

(2) 输入热量少,工件处理后的热变形很小;

(3) 可以局部加热,只加热必要部分;

(4) 加工不受外界磁场影响;

(5) 能精确控制加工条件,可实现在线加工,也易与计算机连接,实现自动化操作。

激光表面处理技术还存在一些问题：

(1) 对反射率高的材料要进行防反射处理(黑化处理)；

(2) 不适宜一次进行大面积处理；

(3) 激光本身是转换效率低的能源；

(4) 相关设备价格较贵；

(5) 该技术尚不很成熟。

因此,利用该方法,要选择适当的零件和工艺,充分利用其优点,使之成为高效、有经济效益的方法。

6.3.2.3 表面渗层处理

A 氮化处理

镁合金可通过离子渗氮提高表面抗腐蚀能力。此法是通过把氮气解离,用高电压加速装置,把氮离子植入镁合金的表面。Nakatsugawa 等人对镁合金 AZ91D 进行离子渗氮的研究表明[65],在 5% 的 NaCl 溶液中进行腐蚀试验,镁合金表面的氮离子在大于 1×10^{16} 个/cm^2 时可明显提高耐蚀性,在 5×10^{16} 个/cm^2 时平均腐蚀率和坑蚀深度达到最小。没有渗氮的试样最大腐蚀深度达 200 μm,而经 5×10^{16} 个/cm^2 渗氮处理试样的最大腐蚀深度才 80 μm。可以看出氮离子的渗入大大提高了镁合金的抗蚀性。

B 渗铝

众所周知,铝合金表面要比镁合金表面容易处理,铝的氧化膜有较好的保护作用,而且三氧化二铝有高的硬度,提高了铝合金的耐磨性。因此,镁合金表面渗铝也能提高其耐蚀、耐磨性。Shigematsu 和 Naka-mura 等人[66]对镁合金表面进行了渗铝研究,采用固体粉末渗铝,将镁件埋入铝粉,通入纯度大于 99.995% 的氩气,在 450℃ 下加热 1 h,然后在炉内冷至 100℃ 以下,可得 750 μm 的 Al-Mg 中间过渡层。铝在表面氧化为三氧化二铝分散在镁表面,提高了镁件的表面硬度和耐腐蚀性能。由 X 射线分析可知,表面层主要由 δ 相 Mg 和 γ 相($Al_{12}Mg_{17}$,典型的金属间化合物)组成。经渗铝的镁合金,渗铝层的硬度为 HV140~160,比其基体的硬度 HV60 有很大的提高。

使用 Al、Zn 混合粉可以实现 Al、Zn 元素扩渗溶入 ZM5 镁合金衬底并形成表面合金层,该合金最外层为 Mg-Al-Zn 金属间化合物相区

（Al6Mg10Zn，Al5Mg11Zn4），在 Mg-Al-Zn 金属间化合物相区与 ZM5
镁合金衬底之间为 Al、Zn 含量高于 ZM5 镁合金基体的 Mg-Al-Zn 固溶
体过渡区。经 470℃、12 h 扩渗 Al、Zn 处理，在 ZM5 镁合金衬底形成
表面合金层，其最外层 Mg-Al-Zn 金属间化合物相区（Al6Mg10Zn，
Al5Mg11Zn4）的显微硬度高达 3660 MPa，其对提高试样的磨损性能具
有积极意义。固态扩渗 Al、Zn 的试样，经 28℃、96 h 盐水浸泡腐蚀后，
其耐腐蚀性能较经未处理的 ZM5 镁合金的试样大幅度提高。

6.3.2.4　热喷涂[81,82]

热喷涂技术是一种重要的表面工程技术，自 1982 年由德国人发明
以来，发展迅速，相继出现了超声速火焰喷涂（HVOF）、高速电弧喷涂
（HVAS）、气体爆炸式喷涂和低压等离子弧喷涂等。热喷涂通过火焰、
电弧或等离子体等热源，将某种线状或粉状的材料加热至熔化或半熔
化状态并加速形成高速熔滴，喷向基体在其上形成涂层，可以对材料表
面进行强化，提高其耐磨和耐腐蚀等性能。在镁合金表面喷涂铝并加
热扩散，使表面涂层的铝和次表面层中的镁能相互扩散，形成 β-Mg$_{17}$
Al$_{12}$，同时消除了基体与喷涂层间的孔隙，达到了封闭涂层的效果，涂
层熔合致密，可有效地提高镁合金表面的耐腐蚀性能。

近年来随着纳米科技的发展和以纳米粉末的制作为主，以及纳米
材料研究的不断深入，越来越备受关注的是纳米材料的结构化问题。
特殊的表面性能是纳米材料的重要独特性能之一。由于表面工程对纳
米材料的成功应用，以及用表面工程技术制备纳米结构涂层的发展，纳
米表面工程技术新领域正在形成。

纳米表面工程技术是以纳米材料和其他低维非平衡材料为基础，
通过特定的加工技术、加工手段，使固体材料表面纳米化，或直接在固
体表面形成具有纳米结构涂层的一种先进的系统工程，而镁合金表面
喷涂纳米材料就是这样一种涂层系统。它可以是由单一纳米材料组成
的涂层材料，也可以是由两种或多种纳米材料组成的复合纳米体系。
日本 Mazda 汽车公司利用热喷涂技术组装 2618 涂层时就获得了
50 nm 的粒状 S-Al$_2$CuMg 和针状 S′-Al$_2$CuMg 纳米相，该项技术已在发
动机气缸衬里等复杂形状的工件上得到应用。美国 USN 公司用等离
子方法获得了纳米结构相的 Al$_2$O$_3$/TiO$_2$ 涂层，涂层致密度为 95%～

98%,结合强度比传统喷涂粉末层高3倍,显微硬度明显增强。

通过控制非晶物质的再结晶,可以制成纳米块材。在热喷涂过程中,高速飞行的粒子撞击冷基体,冷却速度极高,能够制备出非晶态涂层。控制随后的再结晶温度和时间,可以得到纳米结构涂层。

镁合金表面涂层纳米化的研究是设法使表面涂层的孔隙率降低,硬度提高,涂层与基体之间粘附力加强,从而提高镁合金的耐蚀耐磨性能,解决镁合金腐蚀的关键问题。

镁合金表面形成含 MgO、$MgAl_2O_4$、MgF_2、SiO_2 纳米晶粒膜或涂层的结构,有利于提高镁合金表面的耐蚀性。研究实现该涂层结构的工艺是镁合金表面处理的研究新趋势。

总之,从已有的研究结果看,用热喷涂技术制备纳米结构涂层无论其结构怎样变化,与传统涂层相比,纳米结构涂层在强度、韧度、抗蚀、耐磨、抗热疲劳等方面均有显著提高。

6.3.2.5　微弧氧化[99~102]

微弧氧化又称为微等离子阳极氧化或阳极火花沉积,是一种在金属表面原位生长陶瓷膜的新型表面处理方法,该技术突破了传统阳极氧化技术工作电压的限制,将工作区域引入到高压放电区,在阳极区产生等离子微弧放电,火花放电使阳极表面局部温度升高,微区温度高于1000℃,从而使阳极氧化物熔覆于金属表面,形成陶瓷质的阳极氧化膜,极大地提高了膜层的综合性能。

镁合金微弧氧化的特点有:

(1) 膜层均匀,孔隙率低,提高了膜层的耐腐蚀性能;

(2) 膜层以高温转变相为主,硬度高、韧性好、耐磨性好;

(3) 陶瓷层与基体结合紧密,不易脱落;

(4) 通过改变工艺条件和在电解液中添加胶体微粒,很方便地调整膜层的微观结构,从而实现膜层的功能设计;

(5) 能在工件的内外表面生成均匀膜层,扩大应用范围;

(6) 陶瓷层厚度易于控制,最大可达 $200 \sim 300 \, \mu m$,提高了微弧氧化的可操作性;

(7) 处理效率高,获得 $50 \, \mu m$ 左右的膜层只需 $10 \sim 30 \, min$;

(8) 操作简单,不需要真空或低温条件,前处理工序少,性能价格

比高,适宜于自动化生产;

(9) 对材料的适应性宽,可在 Al、Mg、Ti 等金属及其合金表面生长陶瓷膜。

微弧氧化原理是将被处理的镁合金制品作阳极,置于脉冲电场环境的电解液中,使被处理样品表面在脉冲电场作用下产生微弧放电而生成一层以冶金形式与基体结合的氧化镁瓷层。其生长特点可简述为:置于电解液中的镁合金制品,其表面原有的氧化膜受端电压击穿而发生火花放电现象,放电过程产生的微区高温高压条件使样品表层的镁原子与电解液中处于电离态或等离子态的氧离子反应生成氧化镁陶瓷层;生长过程发生在放电微区,开始是对自然状态形成的氧化膜(皮)进行转换,而后进入增厚生长阶段;由于镁氧化物的高阻抗特性,在相同电参数条件下,薄区总是优先被击穿而生长增厚,最终达到整个样品均匀增厚;电解液中无环保限制元素加入,不需酸洗除去样品表面原有的氧化膜(皮),前处理简单,减少了污水排放。

微弧氧化前期所形成的沉积膜是发生微弧放电的必要条件,在阴阳两极通电以后,由于含氧金属阴离子在阳极电压的作用下,在镁 - 电解质溶液界面形成一层含镁水合物的阴离子凝聚层,随电压和阳极电流的增大,凝聚层不断加厚,并且出现过饱和而在镁 - 电解质溶液界面发生沉积,同时高电压、大电流在界面产生的巨大焦耳热,使这一沉积层进一步发生浓缩、脱水和快速冷却进而形成氧化膜。因此镁合金在微弧氧化前期氧化膜的形成可以认为是由于阴离子凝聚层在阳极 - 电解质溶液界面发生不均匀沉积,并在高电压和大电流的作用下沉积层发生物理与化学变化的结果。在电场的作用下,沉积膜在阳极上形成一层阻碍电子通过的阻挡层,导致了阻挡层中高电场的形成,随着电势的进一步增加,电场越来越大,以至达到击穿电压,引起火花放电。当控制电压超过某一临界电压值时,膜层的某些分散薄弱区域由于介质失稳而发生击穿,并伴有火花放电现象。首先由于微区域的介质失稳而导致在氧化层内形成大量分散的放电通道,产生的电子雪崩使放电通道内的物质被迅速加热,在强电场作用下,阴离子组分(主要为 O^{2-})通过电泳方式进入通道;同时放电通道内的等离子在不足 10^{-6} s 的时间内达到高温和高压,这种高温高压作用使基底镁及合金化元素熔化或通过扩散进入通道并发生氧化;然后镁及其他组分的氧化产物从放电通道中喷射出来并到达与电解液接触的涂层表面,在电解液的"冷淬"作用下迅速凝固,从而增加了放电通道附近局部区域的涂层厚度;最后放电通道冷却,反应产物沉积在通道的内壁,该过程进行迅速并伴有放热效应与体积膨胀。

随氧化过程的进行,在整个涂层表面分散的相对薄弱的区域重复上述过程,促使涂层整体均匀增厚。在恒流氧化方式下,涂层以近恒定的速度增长,涂层厚度增加则涂层自身阻抗增大,为保持所需要的恒定电流值,电压随氧化的进行而逐渐增长,单脉冲放电的能量随电压值增长也增大,即单位微放电的强度增加在微弧阶段,镁合金表面产生大量均匀细小的火花放电,微放电导致的放电通道也非常细小均匀,放电衰减后残留的放电微孔数目多且孔径小。随氧化过程的进行,在微放电机制下涂层增厚的同时,火花放电通道的数目减少,电压值迅速增大,当电压值增加到某一临界值时,进入局部弧光阶段,此时由于电压较高,单脉冲放电能量增大,单脉冲的涂层生成量增加,这使得放电通道冷却凝固后留下的微孔孔径增大;同时,随处理时间的延长,陶瓷层的厚度增加,微区击穿熔融时,所形成的熔池体积增大,熔融物增多,喷出后所形成的熔融颗粒也较大;另外,多个脉冲在涂层相对薄弱区域产生连续放电或多个放电通道,并合并成一个大通道也使微孔的孔径增大,因此最终形成的陶瓷层微孔孔径较大,膜层变得相对比较疏松。

根据微弧氧化陶瓷层的形成和生长特点及能量参数对其影响的机理,分别控制不同生长时期的能量分配,尽量延长均匀生长过程而避免局部火花放电的出现,以保证所得到的陶瓷层均匀致密。

此技术主要应用在 Al、Mg、Ti、Zr、Nb、Ta 等金属或其合金中。AHC 公司推出的 MAGOXID-COAT 在镁合金表面上形成一种氧化陶瓷转化膜,不仅防腐耐磨,而且能防止电化学腐蚀。

一般认为微弧氧化过程经过 4 个阶段,第 1 阶段,通电后材料表面有大量气泡产生,金属光泽逐渐消失,表面生成氧化膜。第 2 阶段,氧化膜被击穿,并发生等离子微弧放电。第 3 阶段,氧化进一步向深层渗透,微等离子体现象仍然存在,氧化并未终止。第 4 阶段为氧化、熔融、凝固平稳阶段。在微弧氧化过程中,当电压增大至某一值时,镁合金表面微孔中产生火花放电,使表面局部温度高达 1000℃ 以上,从而使金属表面生成一层陶瓷质的氧化膜。其显微硬度在 HV1000 以上,最高可达 HV2500～3000。在微弧氧化过程中氧化时间越长,电压值越大,生成的氧化膜越厚,但电压最高不应超过 650 V,当电压超过 650 V 时氧化过程中会发出尖锐的爆鸣声,使氧化膜大块脱落,并在膜表面形成一些小坑,从而大大降低氧化膜的性能。其膜与一般的阳极氧化膜一样,具有两层结构:致密层和疏松层。与普通的阳极氧化膜相比,微弧氧化膜的空隙小,空隙率低,生成的膜与基体结合紧密、质地坚硬、分布均匀,从而具有更高的耐蚀耐磨性能。微弧氧化技术是镁合金阳极氧化的重要发展方向之一,开发无污染的阳极氧化液也是研究的重点。

通过研究了 AZ91D 和 AE41AMg 合金阳极氧化的阳极火化沉积,得到了比 HAE 和 Dow17 工艺所得膜层的耐磨防蚀性能更好的 MgO 膜,此工艺是在含 KOH、K_2SiO_3 和 KF 的溶液中并在温度为 10～20℃、电流密度为 5～15 A/dm^2、电压不大于 340 V 的条件下进行的。

在质量浓度为 10 g/L 的 $NaAlO_2$ 溶液中,采用 30 kW 微等离子体氧化装置对 MB15Mg 合金进行 2 h 的微弧氧化处理,得到由立方结构的 MgO 和分量的 $MgAl_2O_4$ 尖晶石相组成的致密氧化膜,膜厚超过100 μm,大大提高了镁合金的耐蚀性。也研究了 ZM5Mg 合金微弧氧化陶瓷膜的生长规律,发现在微弧氧化初始阶段,氧化膜的向外生长速度大于向内生长速度,达到一定厚度后,氧化膜完全转向基体内部生长。在整个过程中,热扩散和电迁移对膜生长起较大作用。生成的氧化膜由表面疏松层和致密层组成,致密层厚度占总膜厚度的 90%,生成的膜除少量孔洞外无明显的裂纹,具有较好的致密性。

微弧氧化工艺流程一般为:除油—去离子水漂洗—微弧氧化—自来水漂洗,比普通的阳极氧化工艺简单。根据需要,微弧氧化技术可用来制备防蚀膜层、耐磨膜层、装饰膜层、电防护膜层、光学膜层、功能性膜层等,在航空航天、汽车、机械、电子、纺织、医疗、装饰等领域得到广泛应用。

利用交流脉冲方法可以在 AZ91D 铸造镁合金表面成功实现阴、阳双极微弧电沉积陶瓷膜,由于对称交流脉冲电压的幅值关于零值对称,在每个脉冲的前半周期,与电源正极相连的电极是阳极,与负极相连的是阴极;在脉冲的后半周期情况则相反,这种电极极性的改变按照给定的频率交替进行,阴、阳离子在变化的电场力作用下向两个电极交替地定向移动。如果两个电极都采用镁合金工件,在热化学、电化学、等离子化学的共同作用下,阴、阳离子在两个电极上微弧电沉积也按既定频率交替产生,这就相对减少了每个电极微弧放电的时间,整个过程释放出的热量要比直流或单向脉冲式电压作用时少得多。当对称交流脉冲电压的占空比取 0.5 时,不仅在阴、阳极都得到具有一定厚度的表面美观、耐蚀性好的微弧陶瓷膜层,而且阴、阳极陶瓷膜的结构与性能都十分接近。交流脉冲双极微弧电沉积技术操作简便、设备工艺简单、减少能耗、生产效率高并且环境友好。另外,应用该方法可以使电解液中的阳离子在阴、阳双极沉积,克服了普通阳极氧化和一些单极微弧氧化中存在的阳离子沉积受到限制的问题。

使用 SEM 和 XRD 等手段对陶瓷膜的厚度、组织形貌、成分、结构和耐蚀性作相应研究分析。结果表明,应用交流脉冲方法不仅能够在 AZ91D 铸造镁合金上实现阴、阳双极微弧电沉积陶瓷膜,同时在阴、阳极陶瓷膜中电沉积有稀土元素 Ce。通过比较动电位扫描极化曲线和交流阻抗分析发现阴、阳极微弧氧化处理后 AZ91D 镁合金的耐蚀性得到显著提高。

微弧阳极氧化工艺获得的涂层非常坚硬,对镁合金的力学性能有副作用,造成强度的损失。应避免火花产生膜结构的不均匀性。采用无火花工艺用染料在生产广泛的颜色和纹理方面是有效的,而且将增加涂层的耐盐雾性能。有些彩色染料通过表面化学反应粘附在合金表面上可以保证好的附着力,阳极氧化膜即使被划伤或穿透也不会发生腐蚀。

6.4 镁合金的应用及发展

6.4.1 镁合金的应用

镁合金具有一系列优越的性能,使其在手机、笔记本电脑、数码相机、摄像机、飞机、汽车、摩托车、自行车、军工产品、纺织、印刷、冶金化工和防腐等行业均获得了应用[105,116]。

6.4.1.1　通讯电子行业

镁合金在电子行业中的应用以 3C 产品(手机、笔记本电脑和数码相机)为主导,用镁合金制造的壳罩与传统塑胶壳罩相比,具有如下优缺点[107]。

其优点有:

(1) 轻量化。镁合金密度为铝合金的 2/3,为锌合金的 1/4,与塑料材料相比,镁合金密度为塑料的 1.5 倍;镁合金密度是所有结构用合金中最小的,因此非常适于做 3C 产品外壳。

(2) 强度、刚度高。镁合金强度比塑胶的大 4～5 倍,刚度大 20倍。用作外壳,可以做得更薄、更轻。

(3) 振动吸收性良好。镁合金的比阻尼容量为铝合金的 10～25倍,锌合金的 1.5 倍,说明其吸振能力的优异,可减少噪声及振动,用在可携式设备上有助减少外界振动源对内部精密电子、光学组件的干扰。

(4) 电磁波绝缘性佳。镁合金是金属,本身就是良导体,可直接扮演电磁遮蔽的角色,不像塑料材料需另作导电处理。

(5) 散热性良好。镁合金的热导率略低于铝合金及铜合金,但远高于钛合金,比热容则与水接近,是常用合金中最高者。从笔记本电脑等产品的散热需求来考虑,镁合金外壳传热快,自身又不容易发烫,无疑是个极佳的选择。

(6) 耐蚀性佳。镁合金耐腐蚀(盐腐蚀试验上)能力为碳钢的 8倍,为铝合金之 4 倍,更为塑料材料之 10 倍以上,防腐能力优良。

(7) 质感极佳。使用镁合金,外观及触摸质感佳。

(8) 可回收使用。在环保意识高涨的大环境下,只要花费相当于新料价钱的 4%,就可将镁合金制品及废料回收使用。

其缺点有:

(1) 制造周期长,镁合金制品制造工序冗长,开模耗时长,成形后还需二次加工和后续处理;

(2) 生产成本高,原料贵,制造工序多,产品的良品率低,使镁合金制品成本偏高;

(3) 色彩变化少,镁合金本身为银灰色,只能用涂装印刷变色,无法如塑料壳那样混色出多种色彩与纹路。

综上所述,镁合金与塑胶各有所长,但随着镁合金制件加工方式的改进,镁合金具有越来越强的竞争力。国内目前在镁合金的应用上虽处于起步阶段,但整个电子、电气行业市场广阔,发展速度极快。

6.4.1.2 汽车行业

镁合金压铸件由于具有重量轻、伸长率高、减震性能强、屏蔽性能好、易加工、易回收等诸多优良特性,所以具有良好的社会效益和经济效益,目前已被发达国家广泛用于汽车仪表板、座椅支架、变速箱壳体、方向操纵系统部件、发动机罩盖、车门、框架、发动机缸体等零部件上[108,109]。

镁合金零件带给汽车的好处是显而易见的。一是它的质量轻,换用镁合金就能减轻整车重量,也就间接减少了燃油消耗量;二是它的比强度高于铝合金和钢,比刚度接近铝合金和钢,能够承受一定的负荷;三是它具有良好的铸造性和尺寸稳定性,容易加工,废品率低,从而降低生产成本;四是它具有良好的阻尼系数,减振量大于铝合金和铸铁,用于壳体可以降低噪声,用于座椅、轮圈可以减少振动,提高汽车的安全性和舒适性。镁合金虽然有这些优点,但从成本上看它仍然偏高于铝合金。尽管如此,镁合金的应用前景仍然看好。

目前汽车工业中镁合金用量较多的地区和国家主要是北美、欧洲、日本和韩国。

轿车用镁合金零部件已超过 60 种,各个厂家各种车型使用量各不相同,综合起来包括车内构件、车体构件、传动系统以及底盘的多种零部件。美国福特、通用、克莱斯勒 3 家公司在每辆汽车上采用的镁合金铸件分别达到 30 个、45 个和 20 个。瑞典最新推出的沃尔沃 CP2000 车型全重 700 kg,所用镁合金件达 50 kg,包括轮毂、离合器箱、转向齿轮箱、后悬臂、发动机架、进气歧管、气缸体等重要部件。

我国汽车厂使用镁合金件还刚刚开始,目前一汽、东风和上海大众等厂家已在使用,上海桑塔纳轿车的变速箱壳体、壳盖和离合器外壳等使用镁合金量约 8.5%,总的来说还远远落后于发达国家,这方面的市场潜力还很大。

6.4.1.3 自行车行业

自行车是人力驱动的工具,减轻质量可以方便使用。自行车生产商一直积极探索并不断使用新材料和新技术,生产公众需要的更轻便的车架。作为自行车架,镁合金具有密度小、可加工性好、减振性能优异等优点[110]。另外,镁合金制品具有较高的抗侧向冲击与负载的能力。

中国台湾自行车工业研究发展中心联合多家自行车厂,已经开发完成镁合金自行车,计划每年生产镁合金自行车 10 万辆,三年内达到 300 万辆,每辆售价为 450 美元,销往欧美市场。我国大陆近年来也在开发镁合金自行车,由北京首钢集团特钢公司与保定远东集团组建成的北京首特钢远东镁合金制品公司,已开发出“远东美”镁合金自行车,车架由镁合金压铸而成,其余部件为铝合金,整车质量约 8~10 kg,现已上市。

6.4.1.4　生物医用材料

镁作为硬组织植入材料,具有一系列突出的优点,如密度小、接近人骨的密质骨密度、比强度和比刚度高、加工性能好、弹性模量较低(和人体匹配,能有效缓解应力遮挡效应)等。另外,镁参与人体内一系列新陈代谢过程,包括骨细胞的形成,加速骨愈合能力。但是由于镁及镁合金的耐蚀性较差,很难在腐蚀性较强人体生理环境的中长期发挥作用。因此,增强耐蚀性成了镁合金在生物材料领域应用的关键[109]。

6.4.1.5　航空航天领域

就航空材料而言,结构减重和结构承载与功能一体化是飞机机体结构材料发展的重要方向[115]。镁因其低密度、高比强度的特性很早就在航空工业上得到应用。航空材料减重带来的经济效益和性能的改善十分显著,商用飞机与汽车减重相同重量带来的燃油费用节省,前者是后者的近 100 倍。而战斗机的燃油费用节省又是商用飞机的近 10 倍,更重要的是其机动性能改善可以极大提高其战斗力和生存能力。正因为如此,航空工业才会采取各种措施增加镁合金的用量。

6.4.2　镁合金材料的发展方向

6.4.2.1　超塑性镁基合金[112~115]

镁合金属于密排六方结构,在室温下通常只有一个滑移系,因此塑性较差,但在一定条件下,镁合金可获得明显的超塑性。

经典的超塑性(superplasticity,简称 SP)定义是指材料在一定的组织条件(如晶粒形状及尺寸、相变等)和环境条件下(如温度、应变速率等),呈现出异常低的流变抗力、异常高的流变性能(例如大的伸长率)的现象,可分为结构超塑性(如镁合金)和相变超塑性(如碳素钢和低合金钢)。结构超塑性的特点是材料具有微细的等轴细晶组织,在一定的温度区间($T_s \geqslant 0.5T_m$,T_s 和 T_m 分别是超塑变形和材料熔点的绝对温度)和一定的变形速度条件下(应变速率在 $10^{-4}\,s^{-1} \sim 10^{-1}\,s^{-1}$ 之间)呈现超塑性。因此,初始组织具有微细晶粒尺寸以及所需的高温、低速是获得良好的结构超塑性的 3 个必备条件。

从金属材料的超塑性被发现以来,经过多年来的研究,对超塑变形的理解在逐渐深化。目前,普遍认为晶界滑动是超塑变形的主要机制——即单个晶粒作为变形中主要基本单元, 通过其界面的相互滑动而实现晶粒的换位及移动,而在变形中原子与空穴的扩散及位错的运动对晶界的滑动起协调作用。在这种机制下,金属材料经历大变形后仍能维持其原有的等轴晶粒形态特征。在特定的协调机制下,如较低速率下的扩散蠕变与较高速率下的位错运动,其变形特点主要发生在晶粒内部,变形的主要基本单元或是单个的原子及空穴,或是一系列的原子及空穴。另外,在超塑变形机理研究中,有些学者又提出了另一种变形单元,或称变形层次,即若干个晶粒作为一个群体参与变形。这一群体中各晶粒之间相互运动较小,而作为一个整体相对于周围介质流动较大。

镁合金获得超塑性主要是通过晶粒细化(小于 10 μm)。镁合金晶粒细化的方法有以下几种:

(1) 热机械处理方法。一般有等通道角挤压和轧制等方法。等通道角挤压和轧制都是通过比较大的剪切应力,使镁合金获得细小晶粒组织的处理工艺。通过等通道角挤压的方法可获得 1 μm 以下的晶粒。Mabuchi 等人研究了挤压态和轧制态 AZ91 合金在低温低速率条件下的超塑性变形,变型机制是晶界滑移控制。

(2) 通过热挤压的方法可以使晶粒尺寸细化至 10 μm,而无需进一步热处理。研究表明,晶粒尺寸的大小受挤压温度的影响较大。挤压温度降低,则晶粒尺寸变小。晶粒尺寸细化,镁合金的强度和韧性都有所提高,其高温超塑性也有所提高。

(3) 使用快速凝固的粉末冶金法。Watanabe 研究了粉末冶金 ZK61 镁合金的超塑性能。将快速凝固的镁合金粉末在 250℃ 和 235 MPa 下烧结,然后在 250℃ 轧制,得到粉末冶金的镁合金,晶粒度微 0.5 μm 左右。粉末冶金镁合金在 200℃ 和 10^{-3} s^{-1} 下获得的最大伸长率为 659%。

有人对大晶粒金属间化合物开展了超塑变形研究,发现这些合金的变形行为与传统的细晶超塑变形不一致,细晶超塑一般是通过晶界滑移来实现,而平均尺寸在 200 μm 以上的晶粒,很难通过晶界直接滑移来实现。大晶粒合金的变形组织呈现出一定的晶粒细化效果,是由于在不断的变形过程中,位错不断产生和运动并形成位错网或胞状组织,最后形成不稳定的亚晶粒。亚晶粒吸收晶内运动的位错而转变成小角度晶界,甚至大角度晶界,最终导致晶粒细化。

高应变速率超塑变形是超塑性研究领域的一个新方向,由于经典的超塑变形的应变速率一般选择小于 10^{-4} s^{-1},因而生产效率低下,多用于制造航空航天高性能部件。为降低成本、提高生产率,将超塑变形技术推广到民用领域,开发高速率超塑变形技术具有广阔的市场前景。研究表明,高速率超塑变形通常要求晶粒尺寸小于 3 μm。随着超细晶材料制备技术的相继开展,必须进一步深入研究高速率超塑变形技术。在高应变速率超塑变形中,由于变形时间很短,扩散流动和位错运动没有足够的时间释放应力,这就需要一个新的机制及时地释放高的应力集中,而此时界面处液相的存在可以有效地消除应力集中,阻止内部微裂纹的形成使材料获得较高的伸长率。

镁合金在热加工变形过程中,经常因加热温度过高或变形量过大,导致在变形时严重氧化、过烧或流淌。因此,开发低温($T < 0.5T_m$)热变形技术对于镁合金应用具有非常重要的经济技术意义。Watanabe 等人分别开展了具有超细晶组织(晶粒尺寸为 1 μm 左右)的 ZK60、ZK61 和 AZ91 合金在低温下的超塑变形行为研究。发现经过超大变形量的热挤压后,这些合金能够在 150～250℃ 下呈现超塑性,如 P/ MZK61 合金在应变速率为 10^{-3} s^{-1} 时,伸长率达到 659%,而当应变速率提高到 10^{-1} s^{-2} 时,伸长率还能达到 283%。显然,低温下的高伸长率归功于超塑变形前的微细组织。

6.4.2.2 镁基大块非晶材料[116]

镁基合金具有强的非晶形成能力,是目前最重要的非晶合金之一,有着比传统晶态材料更为优异的性能,一直受到广泛重视。其中三元镁基非晶合金力学性能优异,如 Mg-Y-Ni、Mg-Y-Cu 合金抗拉强度最高达 800 MPa 以上,是传统镁基合金的两倍。Mg-Ca-Al、Mg-Ca-Ni 比强度高于 Mg-Y-Ni、Mg-Y-Cu;Mg-Y-Mn 合金强度虽然不高,但具有良好的抗腐蚀性能。迄今为止发现的镁基合金中,非晶形成能力最强的合金系为 Mg-Y-Cu。通常大块非晶合金组元一般应满足三个原则:合金由三种以上元素组成;组成元素原子尺寸差大于 12%;主要组成元素间的混合熔为负值。

6.4.2.3 镁基复合材料

镁合金的基体组织具有优越的与颗粒物质以及陶瓷微粒相结合的能力,通过 SiC、Al_2O_3、ZrO_2 或 C 等相的复合强化可大幅度提高镁合金的力学性能。微粒强化镁合金材料可提高合金的抗耐磨性,如果同时与 SiC、Al_2O_3、ZrO_2 或 C 等增强相复合,可进一步提高镁合金的强度、刚度、耐磨性以及耐高温强度。目前比较典型的镁基复合材料为 $ZC71/SiC_p$,其室温下抗拉强度为 400 MPa,屈服强度为 370 MPa,伸长率为 1%,并且 150℃时的蠕变强度提高了一倍。

6.4.2.4 镁基贮氢材料

众所周知,镁贮氢能力非常大,镁与镍的化合物 Mg_2Ni 是一种最有前途的蓄电池阳极材料,Mg_2Ni 材料的理论放电能力为 1000 mA·h/g,大约是 $LaNi_5$ 的 2.7 倍。目前存在的问题是 Mg_2Ni 的充放电是在高温 200~300℃ 的条件下,改变 Mg_2Ni 的化学成分,用少量的钇和铝取代部分镁,并采用机械合金化方法制备的 $MG-Mg_{1.95}Y_{0.005}Ni_{0.92}Al_{0.08}$ 在室温的充放电反应将得到明显改善[117]。当前镁基贮氢材料值得进一步研究与开发。

6.4.2.5 阻燃镁合金[118~121]

镁合金在熔炼浇铸过程中容易发生剧烈的氧化燃烧。在 20 世纪 70 年代以前,熔炼镁合金主要依靠加盐熔剂进行保护,熔融的熔剂借助表面张力的作用,在镁液的表面形成连续、完整的覆盖层,从而隔绝空气,阻止镁与空气反应,防止镁的燃烧。常用的熔剂为氯化物,由于在为熔体提供阻燃保护的同时还具有精炼的作用,熔剂法在镁合金的重熔、精炼工序中具有很多优势,但使用过程中会产生 HCl、Cl_2 等有害气体,同时容易引起非金属夹杂,使得镁合金的力学性能下降。为此开发用气体保护的无熔剂熔炼工艺,目前用的主要保护气体是 SF_6、SO_2、CO_2、Ar 等。20 世纪 70 年代中期,美国密西根大学发明了 SF_6 与空气混合的气体保护工艺,在镁液的表面形成致密的连续薄膜从而阻止镁液的氧化,但该气体具有强烈的温室效应,其温室作用是 CO_2 的 23900倍,不能满足现在的环保要求且成本较高,其使用正日渐减少,并终将被禁用。据报道,SO_2 可取代 SF_6,起到对镁合金液的保护作用。德国OTUJUNKER公司正与大众公司和阿亨工业大学合作用氩气代替SF_6 和 CO_2 作为镁合金熔体的保护气体,但气体保护熔炼会使熔炼和铸造设备及操作复杂化,并增加压铸件的生产成本。

合金化是防止镁燃烧的一种新方法。人们采用在镁合金中添加铍元素来提高镁合金的阻燃性能,通常加入 0.001% ~ 0.003% 的铍,以在合金液的表面形成一层致密的保护性表面氧化膜。但铍的毒性较大,且加入量过高会引起晶粒粗化和增加热裂倾向,因此受到添加量的限制。日本学者研究认为,添加一定量的钙能明显提高镁合金的着火点温度,但是存在着加入量过高,且严重恶化镁合金的力学性能。同时加入钙和锆具有阻燃效果。

在添加了富铈稀土的镁合金中,阻燃过程实际上是铈不断与 MgO 的反应过程,合金的表面是由 MgO、$CeMg_{12}$ 以及 Al_2O_3 组成的。研究表明,富含铈稀土聚集于熔体表面的数量、聚集速度对镁合金的阻燃效果具有显著作用。

金属钇是一种很重要的抗氧化和阻燃元素。Ravi Kumar 等通过研究 Mg、AZ91 和 WE43 合金的氧化及燃烧行为,发现钇能够大大提高镁合金的阻燃性能。在加热过程中,纯镁在处于固态、温度低于熔点温度时就会燃烧,AZ91 合金在半固态下燃烧,WE43 由于钇的加入具有阻燃性,在 750℃高温下完全熔化后仍不会燃烧。

参 考 文 献

1 Yuan Guangyin, SunYangshan. Effects of bismuth and antimony additions on the microstructure and mechanical properties of AZ91 magnesium alloy. Materials Science and Engineering, 2001, A308:38~44

2 张崧,唐建新,冯可芹,等.高强度镁合金的研究现状及发展.热加工工艺,2004,8:52~54

3 Petterson G, Westengen H, Hcpier R. Microstructureof pressure die cast Mg4%Al alloy modified with rare earth additions. Material Science & Engineering,1976(1):115~120

4 Unsworth W, King J F. A new magnesium alloys system. Light Metal Age,1979(8):29~32

5 陈刚,陈鼎,严红革.高性能镁合金的特种制备技术.轻合金加工技术,2003,31(6):40~45

6 张诗昌,蔡启舟,王立世,等.钇和混合稀土对 AZ91 合金高温力学性能的影响.特种铸造及有色合金,2005,25(5):287~291

7 Yamamuro Takao, Nishida M, Nagano M, et al. Electron microscopy study of microstructure modifications in RSPM MgZnY alloy. Materials Science Forum, 2003, 421:715~720

8 John E, Allison, Gerald S. Metal matrix composites in the automotive industry opportunities and challenge. JOM, 1993(1):19~26

9 权高峰.SiC 颗粒增强镁基复合材料的研究.西安交通大学学报,1997,31(6):121~123

10 Saravanan R A, Surappa M K. Fabrication and characterization of pure magnesium 30%SiC particle composite. Materials Science and Engineering, 2000, 276A:108~116

11 Feest E A. Interfacial phenomenain metal-matrix composite. Composites, 1994,25(2):75~86

12 Ohloshi K. Changes in mechanical properties and crystallographic textures wish the rolling Conditions of the AZ31 magnesium alloy sheets. Journal of Japan Institute of Light Meals, 2001,51(10):534~538.

13 宋光铃.镁合金腐蚀与防护.北京:化学工业出版社,2006

14 程天一,章守华.快速凝固技术与新型合金.北京:宇航出版社,1990

15 Chole S S. Structure and properties of rapid solidified Mg-Al alloys. Journal of Materials Science, 1999, 34(17):4311~4329

16 Srivatsan T S, Sudarshan T S. Rapid solidification technology-an engineering guide. Pennsulvania USA:Technomic Publishing Co. Inc, 1993.2

17 Singer A. The Principle of Spray Rolling of Meals. Metal Mater, 1970,(4):246~265

18 Leatham A G, Brooks R G. The osprey process for the production of spray deposition disc, billed and preform. Modern Development in Powder Metallurgy, 1984(5):157~163

19 陈振华,张豪,刘秋林,等.多层喷射沉积法制备 6066Al/SiC$_p$ 复合材料.中国有色金属学报,1996, 6(4):83~87

20 Lavernia E J, Baram J. Precipitation and excess solid solubility in Mg-Al-Zr and Mg-Zn-Zr processed by spray actornization and deposition. Materials Science and Engineering. 1991 (132):119~133

21　Unsworth W, King J F. A new magnesium alloys system. Light Metal Age, 2001(8): 29～32

22　袁广银,刘满平. Mg-Al-Zn-Si 合金的显微组织细化.金属学报,2002,38(10):1105～1108

23　杨明波,潘复生,张静. Mg-Al 系耐热镁合金的开发及应用.铸造技术,2005,26(4):331～ 335

24　Li Y. Effect of RE and silicon additions on structure and propertie of meltspun Mg-9%Al-1% Zn Alloy. Material Science & Technology, 1996(8):651～661

25　Sun Y S, Zhang W M, Min X G. Tensile strength and creep resistance of Mg29Al21Zn based alloys with calcium addition. Acta Metallurgical Sinica,2001,14 (5):330～334

26　白聿钦,赵丕峰,赵文波. Ag 对 Mg-Al-Zn 系镁合金显微组织和力学性能的影响. 铸造, 2003, 152(12):28～32

27　Yuan Guangyin, Liu Manping. Microstructure and mechanical properties of Mg-Al-Si-based alloys. Materials Science and Engineering, 2003(A357): 314～320

28　LU Yizhen, Wang Qudong, Zeng Xiaoqin, et al. Effects of rare earths on the microstructure properties and fracture behavior of Mg-Al alloys. Materials Science and Engineering, 2000 (A278):66～76

29　Powell A, Rezhets V, Balogh M, et al. Therelationship between microstructure and creep behaviorin AE24 magnesium diecasting alloy. Metals and Materials Society, 2001:175～181

30　Min Xuegang, SunYangshan. Analysis of valence electron structures (VES) of intermetallic compounds containing calcium in Mg-Al-based alloys. Material Chemistry and Physics,2003, 78(1):88～93

31　Luo A A, Powell B R. Tensile and compressive creep of magnesium- aluminum-calcium based alloys, Metals and Materials Society, 2001: 137～144

32　Ding Shaosong, SunYangshan. Effect of calcium addition on the microstructure and mechanical properties of AE41-based magnesium alloys. Jiangsu Metallurgy, 2003, 31(1):1115～ 1119

33　Rudi R S, Kamado S, Lkeya N, et al. High temperature strength of semi- solid formed Mg-Al-Ca alloys. Materials Science Forum, 2000, 350: 79～84

34　Argo D, Pekgularyuz M, Labelle P, et al. Process Parameters and Die Casting of Norandas AJ52 High Temperature Mg-Al-Sr Alloy. The Minerals, Metals & Materials Society(TMS), 2002:87～93

35　Wei L Y, Dunlop G L, Westengen H. Intergranular microstructure of cast Mg-Zn and Mg-Zn-rare earth alloys. Metallurgical and Materials Transactions A, 1995,26A(8): 1947～1955

36　Clack J B. Transmission electron microscopy study of age hardening in Mg25%Zn Alloy. Acta Metallurgical,1965(12):1281～1289

37　Polmear I J. Magnesium alloys and applications. Materia Science & Technology, 1994(1):1 ～16

38 张诗昌,段汉桥,蔡启舟.主要合金元素对镁合金组织和性能的影响.铸造, 2001, 50 (16):310~315

39 Wei L Y, Dunlop G L, et al. Precipitation Hardening of Mg-Zn and Mg-Zn-RE Alloys. Metallurgical and Materials Transactions, 1995, 26 A :1705~1716

40 Gribner J Schmid, Fetzer R. Selection of promising quaternar candidates from Mg-Mn-(Sc, Gd, Y, Zr) for development creep resistant magnesium alloys . J. Alloys & Compounds, 2001, 320: 296~301.

41 Buch F, Lietzau J. Development of Mg-Sc-Mn alloys. Materials Science and Engineering, 1999, A263: 1~7

42 Sanschagrin A, Tremblay R. Mechanical properties and microstructure of new magnesium-lithium base alloys. Materials Science and Engineering, 1996, A220:69~77

43 Chang T C,Wang J Y,Chu C L. Mechanical properties and microstructures of various Mg-Li alloys. Materials Letters. 2006(60):3272~3276

44 Song G S, Staiger M S, Kral M V. Enhancement of the properties of Mg-Li alloys by small alloying additions. Magnesium Technology 2003, TMS Annual Meeting. San Diego: CAUSA, 2003,5:77~80

45 Sanschagrin A,Tremblay R,Angers R.Mechanical properties and microstructure of new Mg-Li base alloys. Material Science & Engineering A, 1996(1):69~77

46 Metenier J, Gonzalez G. Superplastic behavior of fine-grained two-phase Mg-9wt% Li alloy. Material Science & Engineering A. 1990,(1):195~202

47 Song G S, Kral M V . Characterization of cast Mg-Li-Ca alloys. Materials Characterization, 2005(54):279~286

48 张永君,严川伟,王福会,等.镁的应用及其腐蚀与防护.材料保护,2002,35(4):4~6

49 Uzan P, Frumin N, Eliezer D,et al. The role of composition and second phases on the corrosion behavior of AZ alloys. DeadSea, Israel: MRI, 2000: 385~391

50 Zhang Z, Tremblay R. Solidification microstructure of ZA10ZA104 and ZA106 magnesium alloys and itseffecton creepde formation. Canadian Metallurgical Quarterly, 2000, 39(4):503 ~512.

51 Guangling S, Amanda L, Bowles,et al. Corrosion resistance of aged diecast magnesium alloy AZ91D Material. Science and Engineering 2004(A366):74~86.

52 Mathieu S, Rapin C, Steinmetz J . A Corrosion Study the Main Constituent Phases of AZ91 Magnesium Alloys. Corrosion Science, 2003(45): 2741~2755

53 Morales E D, Ghali E. Corrosion behaviour of magnesium alloys with RE additions in sodium choride solutions. Materials Science Forum, 2003, 419(11):867~872

54 Eliezer D, Uzan P,Aghion E. Effect of second phases on the corrosion behavior of magnesium alloys[A]. Materials Science Forum, 2003. 857~866

55 Guangling Song, Andrej Atrens, Matthew Dargusch. Influence of Microstructure on the Cor-

rosion of Diecast AZ91D. Corrosion Science, 1999(41): 249~273

56　Young Jin Ko, Chang Kong Yim, et al. Effect of $Mg_{17}Al_{12}$ precipitate on corrosion behavior of AZ91D magnesium alloy. Materials Science Forum, 2003.851~856

57　Akavipat S, Hale E B, Habermann C E, et al. Effects of iron implantation on the aqueous corrosion of magnesium. Materials Science and Engineering, 1985, 69:311~316

58　Vilarigues M, Alves L C, Nogueira I D. Characterisation of corrosion products in Cr implanted Mg surfaces. Surface and Coatings Technology, 2002, 158~159:328~333

59　Nakatsugawa I, Renaud J. Corrosion behavior of magnesium alloys with different surface treatments[J]. Journal of Japan Institute of Light Metals, 1992, 42(12):752~758

60　Stippich F, Vera E, Wolf G K, et al. Enhanced corrosion protection of magnesium oxide coatings on magnesium deposited by ion beam-assisted evaporation. Surface and Coatings Technology, 1998(103~104):29~35

61　Koutsomichalis A, Saettas L, Badekas H. Laser treatment of magnesium. Journal of Materials Science, 1994(29):6543~6547

62　Dube D, Fiset M, Couture A, et al. Characterization and performance of Laser melded AZ91D and AM60B. Materials Science and Engineering, 2001(A299): 38~45

63　Subramanian R, Sircar S, Mazumda J. Laser cladding of Zirconium on magnesium for improved corrosion properities. Journal of Materials Science, 1991, 26:951~956

64　Yue T M, Wang A H, Man H C. Improvement in the Corrosion Resistance of Magnesium ZK60/SiC Composite by Excimer Laser Surface Treatment. Scripta Materialia, 1998, 38 (2): 191~198

65　Nakatsugawa I, Martin R, Knystautas E J. Improving corrosion resistance of AZ91D magnesium alloy by nitrogen ion implantation. Corrosion, 1996, 52(12):921~926

66　I Shigematsu, M Nakamura, N Satou, et al. Surface treatment of AZ91D magnesium alloy by aluminum diffusion coating. Journal of Materials Science Letters, 2000(19):472~475

67　Diplas S, Tsakiropoulos P, Brydson R M D, et al. Development of Mg-V Alloys by Physical Vapour Deposition Part 2 : Characterisation of Corrosion Products Formedin 3wt% NaCl. Materials Science and Technology, 1998, 14:699~711

68　Xu Yue, Chen Xiang, Lu Zushun, et al. Preparation and corrosion resistance of rare earth conversion coatings on AZ91 magnesium alloy. Chin. R. E. Soc, 2005, 23:40~45

69　Barta K, Duane E, Lemieux, et al. Hard Anodic Coating for Magnesium Alloys. U S Pat al: 5470664, 1995

70　Gonzalez Nunez M A, Skeldon P, Thompson G E, et al. Kinetics of the development of a nonchromate conversion coating for magnesium alloys and magnesium metal matrix composites. Corrosion, 1999, 55(12):1136~1143

71　Hinton B R W. Corrosion prevention and chromates, the end of an era. Metal Finishing, 1991, 89(9):55~61

72 Gonzalez M A . A non-chromae conversion coating for magnesium alloys and magnesium-based metal matrix composites. Corrosion Science, 1995, 37(11): 1736~1772

73 李宝东,申泽骥.镁合金铸件表面处理技术现状.材料保护,2002,35(4)15~17

74 Amy L R, Cannel B B. Corrosion protection afforded by rare earth coversion coatings applied to magnesium. Corrosion Science, 2000, 42:275~288

75 高波,郝胜智,董闯.镁合金表面处理研究的进展.材料保护,2003,36(10):1~3

76 Sharma A K, Suresh M R, Bhojraj H, et al. Electroless nickel plating on magnesium alloy. Metal Finishing, 1998,96 (3):1018~1022

77 Fairweather W A. Electroless nickel plating of magnesium. Trans, MF, 1997, 75(3): 113~119

78 向阳辉.镁合金直接化学镀镍活化表面状态时镀速的影响.电镀与环保,2000,20(2):21~23

79 黄新民,钱利华.镍－磷－纳米颗粒化学复合底的研究现状与发展.电镀与涂饰,2002,21(6):12~17

80 Ordike B L M, Ebert T. Magnesium properties-application-potential, Materials Science Engineering, 2001, A302:37~39

81 叶宏,孙智富,张津.AZ91D镁合金表面热喷涂陶瓷涂层研究.现代制造工程,2004(11):61~62

82 吴涛,朱流.热喷涂技术现状与发展.国外金属热处理,2005,26(4):2~6

83 Verdier S,van der Laak N. The surface reactivity of a magnesium aluminium alloy in acidic fluoride solutions studied by electrochemical techniques and XPS. Applied Surface Science, 2004,235:513~524

84 Wangner L. Mechanical surface treatment on titanium, aluminum and magnesium alloys. Materials Science and Engineering,1999,A263:210~216

85 Voytko J E. Organic finishing & pretreatment. Plating & Surface Finishing, 2000(8):54~56

86 Hiroki T. Recycling of Thin Walled AZ91D Magnesium Alloy Diecasting With Paint Finishing. Journal of Japan Institute of Light Metals, 1998, 48(1):19~24

87 Kunio Mori, Hidetoshi Hirahara, Yoshiyuki Oishi. Effect of trizine dithiols on the polymer plating of magnesium alloys. Materials Science Forum. Switzerland: Trans Tech Publications,2000.223~234

88 Hollstein F, Wiedemann R, Scholz J. Characteristics of PVD-coatings on AZ31hp Magnesium Alloys. Surface and Coatings Technology, 2003, 162: 261~268

89 Yamamoto A, Watanabce A, Sugahara K, et al. Improvement of corrosion resistance of magnesium alloys by vapor deposition. Scipta Material, 2001, 44:1039~1042

90 Benmalek M, Gimenez P, Regazzoni G. Protective coatingson magnesium alloys using PVD techniques. International Magnesium Association, 1990:117~123

91　Gevrg Reiners, Michael Griepentrog. Hard coatings on magnesium alloys by sputter deposition using a pulsed bias voltage. Surface and Coatings Technology,1995,76/77n. 1-3Pt2:809 ~814

92　Hiroyuki U. An investigation of the structure and corrosion resistance of a permanganate conversion coating on AZ91D magnesium alloys[J]. Journal of Japan Institute of Light Metals, 2000,50(3):109~115

93　韦春贝,张春霞,田修波. 镁合金表面耐蚀改性技术. 轻合金加工技术,2004,32(16):6~11

94　田修波,Paul K Chu,杨士勤,等. 基于等离子体注入技术的复合表面处理. 见:中国材料研究学会编. 2002 年材料科学与工程新进展. 北京:冶金工业出版社,2003.477~480

95　Bruckner J, Gunzel R, Richter E, et al. Metal plasma immersion ion implantation and deposition(MPⅢD): chromiumon magnesium. Surface and Coatings Technology, 1998, 103/104:227-230

96　Alex J Z, Duane E B. Anodized coatings for magnesium alloys. Metal Finishing, 1994(4):39 ~44

97　Anselm Kuhn. Plasma anodizing of magnesium alloys. Metal Finishing, 2003, 9:44~51

98　Banerjee D, Karze P. A new anodic coating to improve the corrosion and wear resistance of magnesium alloys. Giesserei-prax, 1996, (11~12): 211~217

99　蒋百灵,张淑芬,吴建国,等. 镁合金微弧氧化陶瓷层显微缺陷与相组成及其耐蚀性. 中国有色金属学报,2002,12(3):454~457

100　余刚,刘跃龙,李瑛,等. Mg 合金的腐蚀与防护. 中国有色金属学报,2002,12(6):1087 ~1098

101　薛文斌,邓志威,来永春,等. 有色金属表面微弧氧化技术评述[J]. 金属热处理,2000 (1):1~3

102　Horton J A, Blue C A, Agnew S R. Plasma arc lamp processing of magnesium alloy sheet. Magnesium Technology, 2003,243~246

103　Li Y, Lin J, Loh F C,et al. Characterization of corrosion products formed on a rapidly solidified Mg based EA55RS alloys. J Mater. Sci, 1996, 31:4017~4023

104　Makar G L, Kruger J, Sieradzki K. Repassivation of rapidly solidified magnesium aluminum alloys. J Electrochem, Soc,1992,139(1):47~53

105　翟春泉,曾小勤,丁文江,等. 镁合金的开发与利用. 机械工程材料,2001,25(1):6~9

106　Hosoda K. The difference of diecasting magnesium application development between America and Japan. J. of the Surface Finishing Society of Japan.1993,44(11):899~902

107　訾炳涛,王辉. 镁合金及其在工业中的应用. 稀有金属,2004,28(1):229~232

108　王渠东,丁文江. 镁合金研究开发现状与展望. 世界有色金属,2004,7:8~11

109　陈亚军,黄天佑. 镁合金应用现状及铸造技术研究进展. 铜业工程,2005, 11:45~49

110　夏德宏,郭樑,余涛. 镁及镁合金广阔的应用前景. 金属世界,2005,2:47~48

111 何良菊,李培杰.中国镁工业现状与镁合金开发技术.铸造技术,2003(3):161~162

112 闫蕴琪,张廷杰,邓炬,等.镁合金超塑性研究现状与进展.金属热处理,2003,28(10):1~5

113 Mabuchi M. Low temperature superplasticity of AZ91 alloy with non-equilibrium grain boundaries. Acta Mater, 1999, 47(7):2047~2050

114 Watanabe H, Mukai T, Ishikawa K. High-strain rate superplasticity in a AZ91 alloy processed by ingot metallurgy. Material Transactions, 2002, 43(1):78~81

115 Mohri T, Mabuchi M, Nakamura N, et al. Microstructure evoltion and superplasticity of rolled Mg-9Al-1Zn. Mater. Sci. Eng. A, 2000, 290:139~142

116 Gebert A, Wolff U, John A, et al. Stability of the bulk glass-forming Mg65Y10Cu25 alloy in aqueous electrolytes. Materials Science and Engineering, 2001,A239:125~135

117 Suzuki M, Kimura T, Koike J, et al. Strengthening effect of Znic heat resistant Mg_2Y_2Zn solid solution alloys. Scripta Materialia, 2003, 48:997~1002

118 Robert Brown. International magnesium association 54th annual world conference. Light Metal Age, 1997, 55(7~8):72~75

119 Sakamot M. Mechanism of non-combustibiloty and ignition of Ca-bearing Mg melt. Proceedings of the Fifth Asian Foundry Congress,1998:380~389

120 黄晓锋,周宏,何镇明.镁合金压铸过程中的阻燃研究及其进展.特种铸造及有色合金,2001(3):45~47

121 黄晓艳,周宏.镁合金的研究应用及最新进展.材料与冶金学报,2003,2(4):300~306

术 语 索 引

冶金工业出版社部分图书推荐

书　　名	定价(元)
泡沫金属设计指南	25.00
多孔材料检测方法	45.00
现代材料表面技术科学	99.00
铝合金材料的应用与技术开发	48.00
铝加工技术实用手册	248.00
陶瓷腐蚀	25.00
材料腐蚀与保护	25.00
铝阳极氧化膜电解着色及其功能膜的应用	20.00
轻金属冶金学	39.80
轻合金挤压工具与模具(上)	27.00
轻合金挤压工具与模具(下)	24.00
金属材料的海洋腐蚀与防护	29.00
材料组织结构转变原理	32.00
镁铬铝系耐火材料	9.80
崛起的中国铝业公司	39.80
铝型材挤压模具 3D 设计 CAD/CAE 实用技术	28.00
大型铝合金型材挤压技术与工模具优化设计	29.00
金属固态相变教程	30.00
新材料概论	89.00
二元合金状态图集	38.00
材料的结构	49.00
金属材料工程概论	26.00